"十四五"职业教育国家规划教材
"十三五"职业教育国家规划教材
中等职业教育农业农村部"十三五"规划教材

猪病防治

第四版

陈学风 主编

中国农业出版社
北京

内容简介

猪病防治是全国中等农业职业学校畜牧兽医专业的一门临床主干课程。通过学习本课程可使学生掌握养猪生产中必需的猪病防治的基本知识和基本技能。本教材主要内容分4个模块：第一模块为猪主要疫病；第二模块为猪普通病；第三模块为猪病防控技术；第四模块为实验实训。全书紧紧围绕中等职业教育培养目标，围绕养猪生产岗位工作流程，教材内容简明扼要，深入浅出，图文并茂；在编写形式上力求新颖、简约、有创新，注重理论联系实际，注重反映养猪生产最新知识和实践技术成果，适应当前我国养猪生产的实际。本教材不仅可作为农业中等职业学校相关专业教材，也可供从事基层畜牧兽医工作的人员及其他有关人员参考。

第四版编审人员

主　编　陈学风

副主编　王兴春　张新慧

编　者（以姓氏笔画为序）

　　　　王兴春　朱秀高

　　　　张新慧　陈学风

　　　　樱　桃　魏　坤

审　稿　王志远

第一版编审人员

主　编　秦四海（山东省临沂师范学院农林学院）

编　者（按姓氏笔画排序）

　　　　马翔空（黑龙江省农业经济学校）

　　　　秦四海（山东省临沂师范学院农林学院）

　　　　蒋开岭（山东省苍山县职业教育中心）

　　　　路　燕（辽宁省铁岭农业学校）

审　稿　王川庆（河南农业大学牧医工程学院）

责任主审　汤生玲

审　　稿　史秋梅　汤生玲

第二版编审人员

主　编　陈学风

副主编　张树清

编　者（按姓氏笔画排序）

　　　　张金营（河北省邢台市农业学校）

　　　　张树清（辽宁省朝阳工程技术学校）

　　　　陈学风（内蒙古赤峰农牧学校）

　　　　侯佐赢（云南省曲靖农业学校）

　　　　黄志善（广西柳州畜牧兽医学校）

　　　　程德元（贵州省畜牧兽医学校）

审　稿　秦四海（山东省临沂师范学院农林学院）

　　　　王自然（山东省临沂师范学院农林学院）

第三版编审人员

主　编　陈学风

副主编　张树清　程德元

编　者（按姓名笔画排序）

　　　　张金营（河北省邢台市农业学校）

　　　　张树清（辽宁省朝阳工程技术学校）

　　　　陈学风（内蒙古赤峰农牧学校）

　　　　侯佐赢（云南省曲靖农业学校）

　　　　黄志善（广西柳州畜牧兽医学校）

　　　　程德元（贵州省畜牧兽医学校）

审　稿　王自然（临沂大学生命科学学院）

第四版前言

生猪养殖业是我国农业的重要组成部分，发展生猪健康绿色养殖业，是推动绿色发展、实现乡村振兴的必由之路。绿色发展本质是对猪的健康和人的食品安全负责，最终为人民群众提供安全、健康的猪肉产品。要做到健康绿色就必须注重猪病的科学防治，强化猪场生物安全建设、合理免疫接种，减少浪费。

本教材在编写理念上以提高学生职业岗位综合能力和服务学生终身发展为目标，突出专业特色，渗透职业素质的培养，针对学生应掌握的猪病防控领域典型的工作任务及核心技能，针对养猪产业发展实际，对接职业标准和岗位能力要求，以校内实训基地、实验实训室、动物教学医院及校外实训基地等对真实的工作过程进行整体加工设计，以满足企业实际工作岗位的需求，体现"学习"和"工作"一体化，体现课程的职业指导性、实践性和开放性。为提高学生适应职业要求和继续学习的能力奠定基础。

本教材具有以下特点：

1. 在教学内容的选择上，按照"实用为先、够用为度、技能为重"的基本原则，根据多年的教学、科研、临床实践和防治经验，保留了第三版的基本风格、总体框架，补充、完善了一系列新理论、新知识、新技术和新方法。为适应教学和生产的需要，重点补充了猪主要疫病疫苗的变化情况及防控新进展，重点补充了近年来重点发生的疫病，如非洲猪瘟、塞内卡病毒感染、圆环病毒3型感染、肠病毒感染、增生性肠炎等，增加了营养缺乏症的鉴别诊断。重新规划了实验实训，增加了有实用价值的实验实训比例，根据养猪生产实践，将药敏试验、酶联免疫吸附试验（ELISA）及PCR试验作为技能拓展项目写入实训，注重补充了技能任务在养猪生产实践中的应用以及完成该实训任务相应的知识储备，增加了技能任务考核评价标准及综合技能考核题目，基本涵盖了猪病防治领域典型的工作任务。真正体现了教学理念的先进性和操作实用性的结合。

2. 在教材结构上，关注教材结构的严谨美，表述的科学美、图片的清晰美。知识体系、技能训练体系、品德态度等非智力因素的培养体系、模块、项目、任务引领式的编写体例、教学及不同知识内容的配比编排梯度明晰，序化适当。尤其在侵袭性猪病内容中突出安排了典型案例讨论分析课，使得教学过程尽量体现以学生为主体、教师为主导的角色特点，符合中职学生认知和技能学习规律。

在教材中融入相关的思政元素，引导学生学好专业知识，培养科学严谨、爱岗敬业、刻苦钻研的工作态度和探索精神。通过学习树立健康养猪、为人类提供健康的食品的意识和理念，为实现乡村振兴、建设农业强国贡献力量。

3. 为进一步丰富、提高教材的质量，使教材始终保持科学性和先进性，我们在修订教材时注重加入大量数字资源，以中国农业教育在线（http://www.ccapedu.com）中职猪病防治课程资源内容为基础，把本教材的关键知识点、技能点加以梳理，并通过网络和移动设备呈现，提升了阅读体验，改变了知识传播方式。

4. 在第四版教材修订过程中，各位参编老师做了大量工作，王兴春（山西省忻州市原平农业学校）、朱秀高［众乐（潍坊）生物科技有限公司］对模块一 猪主要疫病疫苗及疫病防控新进展进行重新梳理编写，外产科部分疾病也重新做了补充修正；魏坤（辽宁朝阳工程技术学校）对目前一些危害较大而国内尚未发现的新的猪病做了详细的补充；张新慧（河南省驻马店农业学校）对模块二 猪普通病内科病部分做了详细的整理；樱桃（赤峰农牧学校）重新规划了实验实训内容，全程参与了数字化资源的编写整理。陈学风（赤峰农牧学校）编写模块三 猪病防控技术，并对教材进行了统稿。

本教材承蒙山东畜牧兽医职业学院王志远老师悉心审阅，在此深表感谢！

由于编者水平、经验所限，错漏之处在所难免，恳请同行、读者提出宝贵意见！

编 者

2019 年 2 月

第一版前言

猪病防治是全国中等农业职业学校畜牧兽医专业的一门专业临床课程。本课程目的是使学生通过学习具备基层畜禽疾病防治人员、饲养管理人员和检疫人员所必需的猪病防治的基本知识和技能。

本教材是根据2001年教育部颁发的《中等农业职业学校畜牧兽医专业〈猪病防治〉教学大纲》编写的。供具有初中毕业文化程度的中等农业职业学校四年制畜牧兽医专业学生使用。全书共分4个单元：第1单元为猪常见传染病；第2单元为猪常见寄生虫病；第3单元为猪常见普通病；第4单元为猪的防疫程序。书中主要介绍了猪常见病的病因、诊断和防治措施。在编写过程中力求贯彻少而精、理论联系实际的原则，在保持必要的科学性、系统性的基础上，注重反映现代理论和实践技术成果。在一定程度上体现了本学科的新水平，内容紧密结合我国当前基层生产单位的实际需要。另一些特点是：本书图文并茂，以增强教材的直观性；设有复习思考题及实验实习，以培养学生独立思考和实践操作的能力；在猪常见传染病内容中注重鉴别诊断和免疫程序，以促进学生把握提高实际应用能力。本书不仅可作为中等农业职业学校的教材，也可供从事基层畜牧兽医工作的人员及其他有关人员参考。

全书承蒙河南农业大学牧医工程学院王川庆博士审稿，在此表示感谢。

由于我们水平有限，经验不足，时间仓促，缺点和错误在所难免，恳切希望同行、读者提出宝贵意见和批评。

编　者

2001年3月

第二版前言

集约化、规模化的饲养方式使得猪病发生重大变化，猪病越来越复杂，发病率越来越高，严重制约、阻碍着养猪业的发展。要使养猪业的发展有所保障，就必须做好猪病的诊断和防控工作。

猪病防治是畜牧兽医专业的一门专业实践性很强的临床课程。本课程的目的和任务是使学生通过学习具备基层畜禽疾病防治人员、饲养管理人员和检疫人员所必需的猪病防治的基本知识和基本技能。为学生在就业和职业岗位上从事专业技术工作、提高全面素质、增强适应职业变化的能力和继续学习的能力奠定基础。因此，本教材在编写过程中广泛总结历年来的教学特点、教学改革中的经验，紧紧围绕养猪生产实际，提出本教材的编写特点：

1. 根据多年的教学、科研、临床实践和防治经验，改变了以往以病原来分章节的写法，突出了将具有共同综合症候群的猪病给予相应分类，如繁殖障碍性猪病、腹泻性疫病、呼吸系统病、体表异常病、猪皮肤病、猪营养代谢病、猪中毒病等，以促进学生把握提高实际应用能力。

2. 在多年猪病研究、诊断和防治的实践中，拍摄、积累了大量的临床猪病图片，并将多年来积累的猪病临床和病理解剖的精选照片附在书后，使教材图文并茂，增强教材的直观性，具有较高的使用价值。

3. 在保证教材具有适用、实用、够用的基础上，注重补充近年来重点、频繁发生的疾病，如猪圆环病毒病（PCV-2）、高致病性猪蓝耳病、铜中毒、猪胃溃疡等，使教材更具系统性，新颖性。

4. 针对许多养猪场猪病监测薄弱这一环节，在实验实训中重点补充一系列重点猪病的监测方法，以培养学生实践操作的能力。

5. 在侵袭性猪病内容中，适当安排了讨论与分析课，使教学过程尽量体现以学生为主体、教师为主导的这一特点。注重鉴别诊断，以提高学生实际应用能力。

6. 在每个单元的最后都列出数量适当、难度适宜、联系养猪生产实际、具有综合性和启发性的复习思考题，培养学生独立思考和实践操作的能力。

本教材共分三个单元。第一单元：猪主要疫病；第二单元：猪常见普通病；第三单元：猪疫病防制技术。参加本书编写人员具体分工如下：第一单元第一部分、第二单元第一部分、第二部分由张树清编写；第一单元第二部分、第二单元第四部分由程德元编写；第一单元第三部分、第二单元第三部分由张金营编写；第一单元第四、五部分由侯佐赢编写；第三单元由陈学风编写，并负责统稿；实验实训由黄志善编写。

全书承蒙山东省临沂师范学院农林学院秦四海、王自然悉心审阅，在此深表感谢。

鉴于我们水平有限，缺点及不妥之处在所难免，恳请广大读者批评指正。

编　者

2009年2月

第三版前言

猪病防治是畜牧兽医专业一门专业实践性很强的临床课程。学习本课程的目的和任务是使学生具备临床上必需的猪病防治的基本知识和基本技能。因此，本教材在编写理念上核心关注养猪产业发展实际，对接职业标准和岗位能力要求，以提高学生综合职业岗位变化的能力和服务学生终身发展为目标，突出专业特色，渗透职业素质的培养。

从教学内容的选择上，按照实用为先、够用为度、技能为重的职教鲜明特色，根据多年的教学、科研、临床实践和防治经验，在保留了第二版基本风格的基础上，针对教材局部结构及编排做了一些相应调整、补充与完善，教材内容在更新和拓宽上有了进一步突破，对个别概念、图文的科学与准确表达做进一步规范，基本涵盖了猪病防治领域典型的工作任务，真正体现了教学理念的先进性和操作实用性的结合。

从教材结构上，核心关注教材结构的严谨美，表述的科学美。知识体系、技能训练体系、品德态度等非智力因素的培养体系、模块、项目、任务引领式的编写体例、教学及不同知识内容的配比编排梯度明晰，序化适当。尤其在侵袭性猪病内容中突出安排了典型案例讨论分析课，使得教学过程尽量体现以学生为主体，教师为主导的角色特点，符合中职学生认知和技能学习规律。

在第二版教材使用期间，猪病的发生发展、流行特点等出现了许多新变化，为适应教学和生产的需要，补充了近年来重点发生的疾病，如增生性肠炎、猪副嗜血杆菌病、玉米赤霉烯酮中毒等，重新规划了实验实训，增加了有实用价值的实验实训比例，补充了重点猪病的监测方法，增加了技能考试综合题，较好地体现"做中学，做中教，理论实践一体化"的职业教育理念。

本教材共由4个模块、18个项目构成。第一模块为猪主要疫病；第二模块为猪普通病；第三模块为猪病防控技术；第四模块为实验实训。参加本书编写人员由一支老中青三结合的编写队伍所组成，职称结构、知识结构、学历结构合理；教育思想活跃，教学特色鲜明，教学能力强，长期坚持活跃在本专业的教学、科研和生产一线，具有坚实的理论功底和丰富的实践经验。

具体分工如下：第一模块项目一与第二模块项目一、二由张树清编写；第一模块项目二、第二模块项目四由程德元编写；第一模块项目三、第二模块项目三由张金营编写；第一模块项目四、项目五由侯佐赢编写；第三模块由陈学风编写，并负责全书统稿工作；第四模块由黄志善编写。

全书承蒙临沂大学生命科学学院王自然老师悉心审阅，在此深表感谢。

鉴于编者水平所限，缺点及不妥之处在所难免，恳请广大读者批评指正。

编 者

2014 年 5 月

目 录

第四版前言
第一版前言
第二版前言
第三版前言

模块一 猪主要疫病 1
项目一 以繁殖障碍为主要示病症状的疫病 1
　一、猪繁殖与呼吸综合征 2
　二、猪瘟 5
　三、猪伪狂犬病 10
　四、猪细小病毒病 12
　五、猪流行性乙型脑炎 14
　六、猪布鲁氏菌病 16
　七、猪钩端螺旋体病 18
　八、猪衣原体病 20
　九、猪弓形虫病 22
　综合测试题 28
项目二 以腹泻为主要示病症状的疫病 30
　一、猪传染性胃肠炎 31
　二、猪流行性腹泻 32
　三、仔猪轮状病毒感染 33
　四、仔猪增生性肠炎 34
　五、仔猪大肠杆菌病 34
　六、仔猪副伤寒 37
　七、仔猪梭菌性肠炎 38
　八、猪痢疾 39
　九、猪蛔虫病 40
　十、猪球虫病 41
　十一、猪食道口线虫病 42
　十二、猪类圆线虫病 42
　十三、猪毛尾线虫病 43
　综合测试题 45
项目三 以呼吸障碍为主要示病症状的疫病 46

一、猪流行性感冒 ································· 48
　　二、猪肺疫 ····································· 50
　　三、猪喘气病 ··································· 52
　　四、猪接触传染性胸膜肺炎 ······················· 54
　　五、猪传染性萎缩性鼻炎 ························· 56
　　六、副猪嗜血杆菌病 ····························· 57
　　七、猪肺丝虫病 ································· 58
　　综合测试题 ····································· 61

项目四　以皮肤病变为主要示病症状的疫病 ············· 62
　　一、猪口蹄疫 ··································· 63
　　二、猪水疱病 ··································· 65
　　三、猪丹毒 ····································· 66
　　四、猪链球菌病 ································· 68
　　五、仔猪渗出性皮炎 ····························· 69
　　六、猪疥螨病 ··································· 71
　　综合测试题 ····································· 73

项目五　猪其他常见疫病 ····························· 74
　　一、猪圆环病毒病 ······························· 75
　　二、猪附红细胞体病 ····························· 77
　　三、猪李氏杆菌病 ······························· 78
　　四、猪囊尾蚴病 ································· 79
　　综合测试题 ····································· 81

模块二　猪普通病 ································· 83

项目一　猪内科疾病 ································· 83
　　一、胃肠炎 ····································· 83
　　二、肠便秘 ····································· 84
　　三、猪感光过敏 ································· 85
　　四、急性应激综合征 ····························· 86
　　五、猪胃溃疡 ··································· 88
　　六、猪湿疹 ····································· 90
　　综合测试题 ····································· 91

项目二　猪外产科疾病 ······························· 91
　　一、疝 ··· 92
　　二、直肠脱 ····································· 95
　　三、产后缺乳症 ································· 96
　　四、产后瘫痪 ··································· 98
　　五、产褥热 ····································· 99
　　六、乳腺炎 ····································· 99
　　七、子宫内膜炎 ································ 101
　　八、胎衣不下 ·································· 102
　　综合测试题 ···································· 104

项目三　猪营养代谢病 ··· 104
　　一、仔猪低血糖病 ··· 105
　　二、硒-维生素E综合缺乏症 ··· 106
　　三、骨软病和佝偻病 ·· 107
　　四、铁缺乏症 ··· 108
　　五、铜缺乏症 ··· 109
　　六、锌缺乏症 ··· 110
　　七、猪异食癖 ··· 111
　　综合测试题 ·· 112

项目四　猪中毒病 ·· 112
　　一、亚硝酸盐中毒 ··· 113
　　二、食盐中毒 ··· 115
　　三、铜中毒 ·· 116
　　四、硒中毒 ·· 117
　　五、砷中毒 ·· 118
　　六、黄曲霉毒素中毒 ·· 119
　　七、T-2毒素中毒 ·· 120
　　八、玉米赤霉烯酮中毒 ··· 121
　　综合测试题 ·· 122

模块三　猪病防控技术 ·· 123

项目一　猪场消毒技术 ··· 123
　　一、消毒剂的选择及影响消毒剂效力的因素 ································· 123
　　二、消毒的分类 ·· 124
　　三、消毒方法 ··· 125
　　四、消毒设施和设备 ·· 125
　　五、消毒程序 ··· 125

项目二　猪场免疫接种技术 ··· 126
　　一、猪用疫苗类型 ··· 126
　　二、免疫接种途径和方法 ·· 127
　　三、免疫接种的类型 ·· 127
　　四、免疫失败的原因分析 ·· 128
　　五、疫苗接种注意事项 ··· 129
　　六、猪常用疫苗的使用方法 ··· 130
　　七、免疫程序制订 ··· 132

项目三　猪场药物保健预防技术 ··· 132
　　一、猪场预防用药存在的问题 ·· 132
　　二、预防保健药物的合理应用 ·· 133
　　三、预防保健用药注意事项 ··· 133
　　四、预防保健药物使用参考 ··· 133
　　五、不同猪群预防保健药物使用参考 ··· 134

项目四　猪场驱虫技术 ··· 134

一、猪场寄生虫感染特点 ·· 135
二、猪场驱虫模式特点 ·· 135
三、驱虫药物的选择 ·· 135
四、猪场驱虫遵循原则 ·· 135
五、猪场寄生虫控制参考程序 ·· 136
综合测试题 ·· 136

模块四 实验实训 ·· 138

项目一 猪场疫病防控关键技能 ·· 138
技能实训一 猪场消毒 ·· 138
技能实训二 免疫接种 ·· 139
技能实训三 病死猪无害化处理 ·· 140

项目二 猪病诊断基本技能 ·· 142
技能实训一 病死猪病理剖检 ·· 142
技能实训二 病料采取、包装及送检 ·· 146
技能实训三 病原学诊断技术 ·· 148
一、涂片染色及细菌分离培养（以猪丹毒和猪肺疫为例） ··············· 148
二、体表寄生虫虫体检查（以猪疥癣为例） ······································ 150
三、体内寄生虫检查（以猪蛔虫病为例） ·· 151
四、PCR诊断技术（以猪伪狂犬病为例） ·· 152
五、实时荧光PCR（以非洲猪瘟为例） ·· 153
技能实训四 血清学诊断技术 ·· 154
一、金标快速检测（以猪瘟抗体检测为例） ······································ 154
二、抗体阻断酶联免疫吸附试验（ELISA）（以猪瘟病毒抗体检测为例） ······ 155
三、血凝（HA）和血凝抑制（HI）试验（以猪细小病毒病为例） ······· 156

项目三 猪病常用诊疗技术 ·· 158
技能实训一 仔猪低血糖的腹腔注射疗法 ·· 158
技能实训二 猪腹股沟阴囊疝的诊治 ·· 159
技能实训三 猪便秘诊疗 ·· 160

附录一 高致病性猪蓝耳病防治技术规范 ·· 165
附录二 非洲猪瘟疫情应急实施方案（第五版） ···································· 165

参考文献 ·· 166

模块一 猪主要疫病

项目一 以繁殖障碍为主要示病症状的疫病

【知识目标】
1. 导致繁殖障碍主要疫病的共同表现、主要病因以及综合防控措施。
2. 掌握猪繁殖与呼吸综合征、猪瘟、猪伪狂犬病、猪细小病毒病等繁殖障碍疫病的病原名称、流行病学特点、诊断点以及有效的防控措施。
3. 了解猪衣原体病、钩端螺旋体病、弓形虫病、猪流行性乙型脑炎的流行特点及症状,能初步提出防控这些疫病的措施。

【技能目标】
1. 在提供录像、幻灯、照片、标本以及现场病例时,能够识别出重点繁殖障碍猪病的主要症状以及病理剖检变化。
2. 会做重点繁殖障碍猪病抗体监测试验。
3. 对试验结果能进行正确判定与分析。

【德育目标】
1. 了解当地的猪疫病情况,积极参与当地猪疫病的防控活动。
2. 工作中善于沟通合作,能吃苦,不粗暴对待猪,操作规范化。

【项目导读】 繁殖障碍性疫病是引起猪群以繁殖障碍为特征的一类疫病的总称。此类疫病具有综合临床表现,病因复杂,确诊困难。近年来,一直严重影响养猪效益,对养猪生产构成了很大威胁。对这类传染病的有效防控是保证养猪业健康发展的关键因素之一。

（一）猪繁殖障碍性疫病的临床表现

临床常见流产、早产、死胎、木乃伊胎、畸形胎、产仔数不足或产弱仔、滞后产、不孕、母猪发情异常、隐性发情或发情不规则、公猪睾丸萎缩、肿大、精液品质不良等症状。

（二）猪繁殖障碍性疫病的主要致病因素

母猪繁殖过程从生殖细胞开始,经过配种、受精、胚胎着床、妊娠、分娩、泌乳一系列生理过程,其中任何一个环节出现问题,均可出现繁殖障碍。目前引起猪群繁殖障碍的主要致病因素分为传染性因素和非传染性因素两大类。临床上以多种病原引起的混合感染较常见。

1. 传染性因素

（1）病毒性因素。是目前引起猪群繁殖障碍的主要病因。目前危害最大的有猪繁殖与呼吸综合征病毒、猪瘟病毒、猪伪狂犬病毒、猪细小病毒、猪乙型脑炎病毒和猪圆环病毒等，各病毒可单独感染或混合感染引起严重的繁殖障碍。

(2) 细菌性因素。主要有布鲁氏菌、钩端螺旋体、衣原体、猪附红细胞体、链球菌等感染。最常见的是混合感染或继发感染。

(3) 寄生虫性因素。主要有猪弓形虫和猪冠尾线虫等感染。

2. 非传染性因素 主要有以下几个方面：

(1) 营养因素。营养比例失调可直接导致猪繁殖力下降，严重的可造成不育不孕、隐性流产、死胎等。猪饲料除应满足猪对糖类、脂肪、蛋白质的需求外，还应添加维生素、微量元素与矿物质。其中维生素A、维生素E、维生素C、维生素B_2、维生素B_3、钙、磷、铜、铁、锌、锰、硒、碘等在猪的正常发情、妊娠、胚胎发育、泌乳等过程中发挥着重要的生理作用，当一种或几种缺乏时，就会导致繁殖障碍。

(2) 环境因素。研究发现，月平均气温低于15℃或超过27℃，月寒流次数多于1.5次或出现热应激（35℃以上）时，猪的受胎率和窝产活仔数就会显著下降。此外，猪舍潮湿，有害气体（如氨气、二氧化碳）浓度过高，圈舍构造不合理对猪造成的机械性损伤等，都会导致不同程度的繁殖障碍。

(3) 中毒因素。霉变饲料中黄曲霉素、赤霉烯酮毒素和青霉菌素可导致母猪假发情、屡配不孕、早产、死胎和畸形胎等。此外，菜籽饼、棉籽饼、酒糟等饲喂量过大时也会引起猪中毒，造成流产等繁殖障碍。

(4) 生殖器官疾病。公猪患睾丸炎及附睾炎、包皮炎、精囊腺炎，或母猪患卵巢炎、卵巢囊肿、卵巢机能不全、减退和萎缩，以及子宫内膜炎、子宫颈炎等均会引起相应的繁殖障碍。

(三) 猪繁殖障碍性疫病防控措施

(1) 坚持"自繁自养"的原则，严格控制种猪来源。防止引入隐性感染猪，必须引进时，一定要做好隔离和检疫工作，经检疫证明无疫病方可混群饲养。

(2) 建立生物安全控制体系，实施科学先进的疾病诊断和检测技术系统。加强疫病监测工作，制订和执行合理的免疫程序。对检测结果阳性、危害大、无法治愈或治疗费用过高的病猪，应及时淘汰、扑杀。

(3) 加强饲养管理，建立健全各项规章制度。控制好猪舍内小气候环境，平时为猪群提供合理、均衡、全价饲料，严禁饲喂发霉变质、有毒的饲料。适当降低饲养密度，加强通风降温、防寒保暖等措施，避免各种应激因素对猪群的影响。

(4) 执行"全进全出"的生产方式，切实做好卫生消毒工作。定点集中无害化处理流产胎儿、胎衣、死胎及污染物等。

(5) 定期开展驱虫、灭鼠、驱杀蚊蝇等工作，彻底消灭传播媒介。切实做到猪不与牛、犬、猫、鸡、鸭等混养，最大限度地减少疫病的传播和扩散。

(6) 实行定期药物预防保健措施，预防疫病的发生及继发感染。

一、猪繁殖与呼吸综合征

猪繁殖与呼吸综合征（PRRS）又名猪蓝耳病。

【病种分类】 我国将高致病性猪蓝耳病列入二类动物疫病。

【病原】　猪繁殖与呼吸综合征病毒,属动脉炎病毒科、动脉炎病毒属。

【特征】　该病属于免疫抑制性疫病。发病母猪厌食、发热,出现流产、早产、产死胎、木乃伊胎及弱胎等繁殖障碍症状,仔猪发生严重的呼吸系统疾病,且死亡率较高。

【发病机制】　猪繁殖与呼吸综合征病毒先与猪肺泡巨噬细胞上的受体结合,然后经胞吞作用进入细胞,并在肺泡巨噬细胞和肺内皮细胞大量复制,随着细胞的崩溃进入血液循环和淋巴循环,导致形成病毒血症及全身淋巴结感染,使血清中和抗体的滴度降低而不能有效清除血液中的病毒,造成病毒血症持续存在。随着病毒在肺泡巨噬细胞、淋巴结等处的大量增殖,可在数小时至数天内造成肺、淋巴结的损伤。造成特征性间质性肺炎和淋巴结肿大。随着病情发展,大面积的肺泡毛细血管受到损伤不能进行正常的气体交换,血液中还原血红蛋白增多,因此,临床上出现呼吸困难和皮肤发绀。病毒随着血流到达全身各处的血管,引起广泛性出血,形成微血栓造成各器官广泛性坏死以及重要免疫器官严重破坏,致使免疫系统遭受损伤,机体终因心力衰竭、肺衰竭、免疫功能丧失而死亡。

【流行病学】

1. **易感动物**　猪是唯一的易感动物,各种年龄和品种的猪均易感,但妊娠母猪和1月龄内的仔猪最易感,并出现典型的临床症状,而育肥猪发病比较温和。

2. **传染源**　病猪和带毒猪是本病的主要传染源。猪感染后随唾液、鼻液、精液、乳汁、粪便等向外排毒,耐过猪可长期带毒并不断向体外排毒。此外,一些飞禽对本病毒也有易感性,感染后虽不表现任何临床症状,但可成为本病的传播者。目前已从绿头鸭、珍珠鸡等排出的粪便中分离到该病毒。而候鸟长距离迁徙为本病的传播也带来了更多机会。

3. **传播途径**　本病传播迅速,主要经呼吸道感染,也可通过消化道、精液传播,还可通过胎盘垂直传播。本病随风传播迅速,在流行期间,即使严格封闭式管理的猪群也同样发病。因此,空气传播是本病的主要传播方式。

4. **流行特点**　猪繁殖与呼吸综合征病毒的持续感染是该病流行病学的一个重要特点。各种日龄猪都可感染,以妊娠母猪和仔猪症状最为明显,且死亡率高。本病以寒冷季节多见,一般是晚秋发病,冬春流行。猪场卫生条件差、猪营养不良、气候恶劣、饲养密度大均可促使本病的流行。本病发生后,机体免疫功能被抑制,混合感染呈持续上升趋势,临床上该病常与其他病原体混合感染或协同致病,如猪伪狂犬病病毒、猪圆环病毒Ⅱ型、猪瘟病毒、副猪嗜血杆菌和猪链球菌等。

【临床症状】　潜伏期长短不一,一般为14d。由于年龄、猪群的免疫状况、病毒毒力强弱、猪场管理水平及气候条件等因素的不同,感染猪的临床症状明显不同。

1. **妊娠母猪**　妊娠母猪感染后症状明显。病初表现精神倦怠,食欲减退或废绝,体温高达40～41℃,嗜睡、咳嗽,不同程度的呼吸困难,有的猪双耳、腹下、尾部、四肢末端、外阴皮肤发绀,呈青紫色或蓝紫色,尤其耳尖发绀最为常见,故称"蓝耳病"。妊娠母猪后期发生流产,主要表现为早产、产死胎、木乃伊胎及弱仔等繁殖障碍,这种现象往往持续数周。由于流产多发生于妊娠后期,因此,产出活的弱仔,但这些弱仔猪不久即出现呼吸困难,多在24h内死亡。母猪流产后精神状况好转,有食欲,但泌乳不足或无乳,有的可延迟发情,再次配种受胎率明显降低(可下降40%～60%)。病程通常3～4周,少数持续6～12周。

蓝耳病症状

2. 哺乳仔猪 仔猪1月龄以内最易感，早产弱仔猪在出生后不久相继死亡，其他病仔猪表现严重的呼吸困难，甚至哮喘，呈明显腹式呼吸，肌肉震颤，伴发结膜炎（有眼眵或脓性分泌物），食欲减退，腹泻，尿黄，后肢麻痹，共济失调，四肢划动等。有的可见耳朵、鼻端和躯体末端皮肤发绀，容易继发细菌感染，最后衰竭死亡，病死率高达80%甚至100%。

3. 育肥猪 育肥猪感染后表现为持续性食欲下降，精神沉郁，不同程度的呼吸困难，体温略升高，皮毛粗糙，生长缓慢，耳、鼻、四肢末端发绀，饲料利用率降低，无继发感染时很少死亡，病程后期常由于多种病原的继发感染而导致病情恶化，病死率较高。

4. 公猪 公猪感染后表现精神沉郁，厌食，咳嗽，打喷嚏，伴发结膜炎（有眼眵或脓性分泌物），呼吸急促，性欲降低，精液质量下降，射精量减少，精液变化出现于病毒感染后2～10周。

蓝耳病病理变化

【**病理剖检特点**】 本病缺乏特征性的肉眼可见病变，病死仔猪可见头部和结膜水肿，切开皮肤可见皮下组织呈胶冻样出血性浸润。肺表现弥漫性间质性肺炎和广泛性出血，在肺部可见数目不等的棕黄色或红色斑点。全身淋巴结肿大、充血、出血，呈棕黄色，其中以下颌淋巴结、肺门淋巴结、腹股沟淋巴结最为明显。胸、腹腔和心包有大量淡黄色积液。

【**诊断要点**】 根据本病特征和病理剖检点可做出初步诊断，确诊应进行实验室诊断。

1. 临床诊断 怀孕后期母猪流产，主要表现产死胎、木乃伊胎及弱仔，病仔猪有明显呼吸道症状且伴有发热、厌食、两耳发蓝或变紫、高死亡率等。

2. 病理诊断 病死仔猪主要病变以弥漫性间质性肺炎和广泛性出血为主。在肺部可见数目不等的棕黄色或红色斑点。全身淋巴结肿大、充血、出血，呈棕黄色。

3. 实验室诊断与检测——病原学指标（国家参考实验室确诊）

（1）高致病性猪蓝耳病病毒分离培养鉴定阳性。

（2）荧光反转录聚合酶链式反应（RT-PCR）检测。参考《猪繁殖与呼吸综合征病毒荧光RT-PCR检测方法》（GB/T 35912—2018）。

（3）酶联免疫吸附试验（ELISA）。

【**防控关键点**】 本病目前尚无特效疗法，主要采取综合防控措施（可参考农业农村部《高致病性猪蓝耳病防治技术规范》）。

1. 加强饲养管理，增强机体抗病力，坚持自繁自养，全进全出

（1）最根本的方法是消灭病猪和带毒猪，切断传播途径。严格实行全进全出的饲养管理模式，严禁健康猪与患病猪混养，严禁从疫区引进种猪，对引进种猪要严格执行隔离、检疫制度，以防本病的传入与扩散。

（2）平时供给优质全价饲料，增加饲料中维生素、矿物质及微量元素含量，降低饲养密度，控制猪舍温度、湿度、通风，创造舒适的养殖环境，最大限度地减少应激因素对猪群的影响。

（3）严格消毒制度，切实搞好环境卫生，粪污无害化妥善处理，及时消灭猪场周围可能带毒的野鸟和老鼠。

2. 免疫接种 根据猪场具体情况（发病及毒株流行类型），及时进行免疫接种。目前国内外研制出的弱毒疫苗（经典型毒株有VR-2332株、R98株和CH-1R株，高致病性毒株有

JXA1-R 株、TJM-F92 株、HuN4-F112 株、GDr180 株）和灭活疫苗（CH-1a 株）可供使用。使用弱毒疫苗后，猪不出现临床症状，可降低损失，但不能抵抗强毒感染，而且存在散毒问题，可以垂直和交配传播疫苗毒，因此，弱毒疫苗多用于受感染的猪场。免疫程序是后备母猪在配种前 2 个月首免，间隔 1 个月进行二免；仔猪在母源抗体消失前进行首免，间隔 1 个月进行二免；公猪和妊娠母猪不能接种弱毒疫苗。

灭活疫苗副作用小、安全，但免疫效果较差，早期多用于种猪群。免疫程序是后备母猪 6 月龄首免，3 周后进行二免，经产母猪配种前 15d 免疫 1 次，种公猪每年免疫 2 次，均肌内注射 2mL。

3. **隔离与消毒** 发病的猪场，首先要隔离病猪，然后彻底消毒，可喷洒 0.2％过氧乙酸溶液进行带猪消毒；空猪舍，先清扫粪便，再用清水冲净，然后用 2％～3％氢氧化钠溶液进行喷洒；死亡的仔猪和流产胎儿、死胎及木乃伊胎要进行焚烧或深埋等妥善处理，以防病毒扩散。

4. **治疗** 本病尚无特效药物，可注射抗生素并配合支持疗法，以防止继发感染和提高仔猪成活率。注射、拌料或饮水投给黄芪多糖、茯苓多糖、替米考星、氟苯尼考、磺胺间甲氧嘧啶、维生素 C 等药物以控制继发感染，同时对新生仔猪要加强护理，补充电解质、葡萄糖等。

二、猪　瘟

猪瘟又名烂肠瘟。

【**病种分类**】　二类动物疫病。

【**病原**】　猪瘟病毒（HCV），属黄病毒科、瘟病毒属。

【**特征**】　该病为免疫抑制性疫病。发病猪表现为高热稽留和毛细血管壁变性，引起全身广泛性点状出血、梗死、坏死和母猪繁殖障碍等症状。近年来猪瘟流行及发病特点已发生很大变化，出现了以母猪繁殖障碍和仔猪先天性感染为特征的非典型猪瘟。

【**发病机制**】　猪瘟病毒主要经由口腔或咽部组织侵入易感猪体。最初在扁桃体和淋巴组织内增殖，随后发生病毒血症，随血流或淋巴液扩散至全身。猪瘟病毒对造血组织和血管组织具有特殊的亲和力。这些组织发生损害导致淋巴结肿大，广泛性全身出血以及白细胞、血小板减少等变化。妊娠母猪感染低毒力猪瘟病毒可经胎盘感染胎儿，导致胎儿死亡、流产。

【**流行病学**】

1. **易感动物**　本病仅发生于猪，不同品种、年龄和性别的猪均可感染。
2. **传染源**　病猪和带毒猪是本病最主要的传染源。病毒分布于病猪的血液和全身各组织器官中，以淋巴结、脾、血液中含量最高。病毒随口、鼻及泪腺分泌物和粪、尿等向外排出。感染猪从潜伏期即开始排毒，并延续整个病程。猪群引进外表健康的带毒猪是本病暴发最常见的原因。
3. **传播途径**　本病主要经消化道和呼吸道感染，也可经眼结膜、生殖道黏膜或皮肤伤口感染，妊娠母猪带毒者可经胎盘垂直传播。与病猪接触的人、畜、用具，含病毒的猪肉、肉制品、厨房泔水、被病毒污染的饲料、饮水及环境等均可成为传播本病的重要媒介。病猪和健康猪的直接接触是本病的主要传播方式。

4. 流行特点 本病一年四季均可发生，但春、秋、冬季多发。在新疫区常呈流行性，发病率和病死率高达90%以上，老疫区免疫效果不确实的猪群会不断排出病毒，使猪场内不断产生猪瘟病例。低毒株感染妊娠母猪后，病毒可以经胎盘感染胎儿，虽不表现典型猪瘟症状，但能引起繁殖障碍，存活猪可发生病毒持续感染。此外，猪瘟病毒能引起免疫抑制，发生猪瘟时容易混合感染或并发猪肺疫、仔猪副伤寒、链球菌病、猪附红细胞体病等。

【临床症状】 潜伏期一般为5～7d，短的2d，长的可达21d。根据病程长短、症状特征不同可分为如下几种类型：

1. **最急性型** 多见于新疫区流行初期，常无任何症状突然死亡，病程稍慢者呈稽留高热，体温高达41℃以上，精神高度沉郁，腹下及四肢皮肤和可视黏膜发绀，呈斑点状出血，不久因心力衰竭、呼吸困难和四肢抽搐而死亡，病程1～2d。

2. **急性型** 此型最常见。病猪精神高度沉郁，行动缓慢，食欲废绝，喜喝脏水，弓背怕冷，低头垂尾，体温升高达40.5～42℃，高热稽留，常卧一处或钻入垫草闭目嗜睡。同时伴发结膜炎，两眼有多量黏液性或脓性分泌物，眼睑浮肿，严重时双眼不能睁开。病初便秘，粪便干硬呈球形，带有黏液或血液。随后腹泻，排出橙黄色或黄绿色，带有特殊恶臭味的稀便。有的病猪呕吐。公猪包皮积尿，用手挤压时流出混浊灰白色恶臭的尿液。发病中后期，在腹下、鼻端、耳根、四肢内侧、外阴等处可见到紫红色出血点或出血斑，指压不退色。还有部分病猪出现后肢麻痹、磨牙、抽搐、痉挛等神经症状。多数病猪一般10～20d死亡。

3. **慢性型** 多数是由急性型转变而来，也有原发性病例。病猪主要表现食欲时有时无，精神时好时坏，体温略高于正常，便秘和腹泻交替出现。有的病猪在耳端、尾尖及四肢皮肤上有紫斑或坏死痂。日渐消瘦、贫血，行走摇摆、后躯无力、全身衰弱。多数病猪经1个月以上死亡，存活下来的多因生长迟缓、发育不良成为僵猪。

4. **繁殖障碍型** 此型是母猪妊娠期间感染低毒力猪瘟病毒后经胎盘感染胎儿，造成繁殖障碍。主要表现产死胎、木乃伊胎、畸形胎或产出有震颤症状的弱小仔猪，也可产出外表健康的先天性感染仔猪。产出的弱小仔猪数天后陆续死亡，外表健康的先天性感染仔猪，可终生带毒、排毒，呈持续感染和免疫耐受状态，是猪场危险的传染源。

5. **温和型** 近年来，该病在我国某些地区呈现一种新的流行形式，即"温和型猪瘟"，由于症状不典型，又被称为"非典型猪瘟"。此型临床症状较轻，病情发展缓慢，病猪体温一般在40～41℃，皮肤常无出血点，但可见腹下淤血和坏死，有时可见耳部及尾尖坏死，即"干耳朵""干尾巴"。病猪发育停止，后期步态不稳，后肢瘫痪，部分病例跗关节肿大。从这类病猪体内可分离到低毒力的猪瘟病毒，但经易感猪传代后，毒力可增强。

【病理剖检特点】

1. **最急性型** 因感染病毒的毒力过强，多突然死亡，常见不到明显的特征性病变。一般仅见浆膜、黏膜和内脏有少量出血斑点。

急性型猪瘟病变特点

2. **急性型** 此型以皮肤和内脏器官的出血性变化为主。可见皮肤、浆膜、黏膜、淋巴结、心脏、脾、肾、膀胱、胆囊、胸肌等处有大小不等的出血点或出血斑，其中以肾和淋巴结的出血最为常见。全身淋巴结有程度不同的水肿、充血和出血，外观呈深红色至紫黑色，切面边缘呈黑红色，中间红白相间似大理石样。肾色泽变淡，呈土黄色，被膜下及皮质部有散在或密集的大小不一、数量不等的针尖状出血点或出血斑，外观似麻雀卵样，即"雀斑肾"，这是猪瘟的示病性病变。脾不肿大，但在脾边缘常出现突出表面的红色小出血点，有50%～70%的病猪脾边缘呈紫黑色的出血性楔状梗死灶，这是猪瘟的特征性病变。此外，多数病猪扁桃体出血、坏死，喉头、膀胱、胆囊黏膜及会厌软骨等均有程度不同的出血斑点。口腔黏膜、齿龈也有出血点和坏死灶。

3. **慢性型** 出血和梗死的变化不明显，主要表现为坏死性肠炎。在回肠末端、盲肠和结肠，特别是在回盲瓣周围出现周边隆起、中央凹陷，呈褐色或黑色轮层样纽扣状溃疡。病程较长的断乳病猪在肋骨末端与肋软骨交界处发生钙化，形成明显的黄色骨化线（横切线），该病变在慢性猪瘟诊断上有一定意义。

4. **繁殖障碍型** 流产胎儿全身皮下水肿，体腔积液形成胸水、腹水。皮肤有点状出血。先天性感染仔猪的突出剖检变化是胸腺萎缩。畸形胎儿表现头和四肢变形，小脑、肺和肌肉发育不良。

5. **温和型** 淋巴结水肿、轻度出血，肾出血点不一致，脾稍肿，有1～2处小梗死灶，回盲瓣周围有溃疡和坏死灶。

猪瘟导致的回盲瓣扣状肿

【**诊断要点**】 根据流行病学、临床症状及病理剖检点可做出初步诊断，确诊需进行实验室检查。

1. **临床诊断** 猪瘟的发生不受年龄、性别和品种的限制，一年四季均可发生，抗生素治疗无效。出现病猪1～2周后，随即迅速蔓延全群，病猪表现为高热稽留，精神高度沉郁，食欲废绝，喜喝脏水，先便秘后腹泻或交替发生，伴发化脓性结膜炎，初期皮肤发红，中后期有出血点，指压不退色。怀孕母猪流产，排出死胎、木乃伊胎和畸形胎等。

2. **病理诊断** 剖检可见全身各脏器组织广泛性出血，淋巴结出血性炎症，切面大理石样外观。肾颜色变浅，被膜下密集出血点，外观呈麻雀卵样。脾不肿大，边缘有出血性梗死。慢性病猪在回盲瓣周围出现纽扣状溃疡。

3. **实验室诊断与检测** 病原学诊断（由国家参考实验室、相应级别的生物安全实验室完成）。

（1）细胞培养法。用于病毒分离鉴定。

（2）猪瘟荧光抗体染色法。为猪瘟法定诊断实验，细胞质出现特异性荧光。

（3）荧光RT-PCR检测法。用于猪瘟临床诊断和病原检测，参考《猪瘟病毒实时荧光RT-PCR检测方法》（GB/T 27540—2011）。

（4）猪瘟抗原双抗体夹心ELISA检测法。用于猪瘟临床诊断和病原检测。

（5）抗体阻断ELISA检测法。用于猪瘟病毒抗体检测及监测。

【**防控关键点**】 本病目前尚无有效治疗药物，主要采取疫苗接种为主的综合性防控措施（可参考农业农村部《猪瘟防治技术规范》）。

1. **预防措施**

（1）坚持自繁自养，全进全出制度。禁止从有猪瘟的国家或地区引进种猪及未经检疫的猪产品，防止病毒侵入。确需引进的种猪应隔离观察至少3周，无异常，经免疫接种后方可混群饲养。

（2）加强饲养管理，定期消毒。切实搞好圈舍及环境卫生。饲料、饮水、用具要保持清洁，圈舍要通风良好，做到冬暖夏凉。

（3）免疫接种。制订合理的免疫程序，定期用猪瘟兔化弱毒疫苗进行免疫接种。一般种猪每年春、秋两季各接种1次，仔猪在20日龄首免，60日龄进行二免。对猪瘟难以控制的猪场，首免可采用超前免疫，其方法是在仔猪出生后立即接种猪瘟兔化弱毒疫苗两头份，注苗2h后再让仔猪哺乳，在60日龄进行第二次免疫。后备猪在配种前免疫1次。

（4）预防继发感染。应用抗生素预防继发感染，如恩诺沙星、氟苯尼考等。

2. 扑灭措施

（1）隔离封锁。一旦发生猪瘟，对病猪和可疑猪应立即隔离或扑杀，封锁疫点。立即停止生猪及猪产品的集市贸易和外运，严格禁止无关人员随便出入。防疫人员要将疫情及时报上级疫控中心。

（2）彻底消毒。对发病猪舍、运动场、环境及相关用具用2%～4%的热氢氧化钠溶液进行彻底消毒，粪尿、垫草、剩料及污物进行堆积发酵或焚烧。

（3）紧急免疫接种。对疫区内的假定健康猪和受威胁区的猪应立即注射猪瘟兔化弱毒疫苗，剂量应适当加大。

（4）病死猪处理。对全场猪进行检查，病猪以急宰为宜，急宰病猪及死亡猪应深埋或焚烧，对繁殖障碍型的母猪、持续感染带毒母猪及所产仔猪应坚决淘汰。

（5）解除封锁。当最后1头病猪死亡或处理后3周，其他易感猪群未发病，并经过终末消毒，上级有关部门批准后方可解除封锁。

附 非洲猪瘟

【病种分类】 非洲猪瘟（ASF）为一类动物疫病。本病于1921年在肯尼亚首发，截至目前，在非洲、欧洲和美洲等地的数十个国家流行。我国于2018年8月在辽宁沈阳首发。目前报告疫情涉及多个省（市、自治区），广泛发生于养殖户、中小型猪场，也有的发生于大型规模化养猪场，对我国生猪产业危害较大。

【病原】 非洲猪瘟病毒（ASFV）属非洲猪瘟病毒科，为DNA病毒，具有虹彩病毒的外形，痘病毒的内涵。我国发生的非洲猪瘟类型大多属于基因Ⅱ型。基因组庞大，呈线性双链DNA，大小为170～190kb，编码150多种病毒蛋白。非洲猪瘟病毒不耐热和强酸强碱。在血液、粪便和组织中可长期存活，在冻肉中可存活数年至数十年，在未熟肉品、腌肉、泔水中可长时间存活。对许多脂溶剂（乙醚、氯仿）敏感。农业农村部推荐使用过硫酸氢钾进行消毒。

【特征】 病猪以高热稽留、皮肤发绀、全身内脏器官广泛出血、呼吸障碍和神经症状为主。发病率和死亡率几乎达100%。

【发病机制】 非洲猪瘟病毒经口或上呼吸道进入易感猪体，首先在扁桃体中增殖，感染后48h病毒即进入血液，引起病毒血症，然后在血管内皮细胞或单核-巨噬细胞系统中复制。由于毛细血管、静脉、动脉和淋巴管的内皮细胞以及网状内皮细胞遭受病毒侵袭，从而使组织、器官发生出血、血浆渗出、血栓形成以至梗死等病变。

【流行病学】

1. 易感动物　非洲猪瘟仅发生于猪和野猪，无品种、年龄、性别之分。

2. **传染源** 病猪是主要传染源。病猪的体液、各组织器官、各种分泌物和排泄物均含大量感染性病毒。

3. **传播途径** 病毒主要寄生在节肢动物钝缘蜱等软蜱体内,软蜱等成为非洲猪瘟病毒的贮藏宿主和重要的传播媒介。

4. **流行特点** 猪群中引进外观健康的感染猪(潜伏期病猪)及其下脚料是非洲猪瘟暴发的最常见原因。猪群一旦感染,传染迅速,发病率和死亡率都极高。

【临床症状】自然感染时潜伏期为3~5d,也可延长到19d,个别长达28d。非洲猪瘟的临床症状与猪瘟相似。根据病毒的毒力和感染途径不同,表现以下4种类型。

1. **最急性型** 往往未见到明显临床症状即倒地死亡。有时可见食欲消失、惊厥,几小时内即死亡。

2. **急性型** 表现为食欲废绝,体温升高达40℃以上,稽留3~5d,体温下降,1~2d出现心跳加速、呼吸急促、皮肤出血,临死前呈深度昏迷状态,死亡率高达100%。

3. **亚急性型** 呈现鼻、耳、腹肋部发绀,有出血斑。时有咳嗽,眼、鼻有浆液性和黏液性分泌物,后肢无力,出现短暂性的血小板、白细胞减少。

4. **慢性型** 特征为妊娠母猪流产、腹泻、呕吐,粪便有黏液、血液。

【病理剖检特点】

1. **最急性型** 病理变化以内脏器官广泛出血为特征。

2. **急性型** 病理变化以内脏器官广泛出血为特征,主要损害在脾、淋巴结、肾和心脏。脾色泽变深、脆性增大及出血梗死。此外,还有严重心包积水、胸水和腹水;淋巴结出血,切面呈大理石状;肾皮质、肾盂的切面也有小点出血。急性型病例的组织学变化主要在血管壁和淋巴网状细胞系统,以内皮细胞出血、坏死和损害以及淋巴结的滤泡周围和副皮质区、脾的滤泡区和肝的库普弗细胞坏死为特征。

3. **亚急性型** 病理变化轻微。

4. **慢性型** 病理变化轻微,慢性型病例以呼吸道、淋巴结和脾的病理变化为主,包括纤维素性心包炎和胸膜炎,肺炎和淋巴网状组织增生、肥大。

【诊断要点】确诊主要通过实验室诊断。临床上,非洲猪瘟与猪的很多出血性疾病相似,尤其与猪瘟、猪丹毒、猪副伤寒、猪魏氏梭菌病等疫病很难区分。

1. **抗体检测** 可采用间接ELISA、阻断ELISA和间接荧光抗体试验等方法。

2. **病原学检测**

(1)病原学快速检测。可采用双抗体夹心ELISA、PCR或实时荧光PCR等方法。目前生产上主要采用《非洲猪瘟病毒实时荧光PCR检测方法》(T/CVMA 5—2018)进行诊断检测。

(2)病毒分离鉴定。可采用细胞培养等方法。从事非洲猪瘟病毒分离鉴定工作,必须经农业农村部批准。

【防控关键点】本病目前尚无有效治疗药物,也无有效的商品化疫苗用于预防。防控主要依靠实验室快速诊断和执行严格的生物安全措施。对发病猪和疑似病猪迅速彻底扑杀。扑杀后按《非洲猪瘟现场处置措施工作手册》、按照《病死及病害动物无害化处理规范》(农医发〔2017〕25号)有关规定进行无害化处理。

三、猪伪狂犬病

【病种分类】 三类动物疫病。

【病原】 伪狂犬病病毒（PRV）属于疱疹病毒科、疱疹病毒亚科。病毒毒力由几种基因协同控制，主要有 gE、gD、gI 和 TK 基因。其中 TK 基因是主要的毒力基因。

【特征】 因日龄不同而异。新生仔猪主要表现神经症状，断奶仔猪以呼吸道症状为主，感染率和死亡率可达 100%；妊娠母猪表现为流产、产死胎和木乃伊胎；成年猪多为隐性感染，无奇痒。除猪以外的其他动物发病后具有发热、奇痒、脑脊髓炎等典型症状。

【发病机制】 伪狂犬病病毒对猪的致病作用依赖许多因素，包括感染猪的年龄、毒株、感染量以及感染途径等。病毒的早期增殖部位为鼻咽部的上皮细胞及扁桃体隐窝的扁平上皮细胞内。病毒经淋巴循环从早期的复制部位迁移至相应的淋巴结内增殖，从早期复制部位出发，病毒感染嗅神经移行至脑桥和脊髓，最终导致中枢神经系统功能紊乱。

未断奶的仔猪感染伪狂犬病病毒后，病毒最早在口咽部和呼吸道组织内复制，再经神经到达中枢神经系统，随后出现病毒血症，肝、脾等内脏器官发生病变。新生仔猪因神经系统紊乱很快死亡。

怀孕母猪感染病毒后，可经胎盘侵害胎儿，导致胎儿死亡、流产。

【流行病学】

1. **易感动物** 伪狂犬病病毒可引起多种家畜（如牛、羊、猪、犬、猫、兔、鼠）和野生动物感染。其中猪最敏感，发病也最严重，尤其是妊娠母猪和新生仔猪最易感。猪是伪狂犬病病毒的贮存宿主，实验动物中家兔和小鼠最敏感。

2. **传染源** 病猪、带毒猪以及带毒鼠是本病重要的传染源。尤其耐过的呈隐性感染的成年猪是该病的主要传染源，有的带毒猪可持续排毒 1 年。病毒主要存在于脑脊髓组织中，随鼻分泌物、唾液、乳汁、阴道分泌物及尿排出。

3. **传播途径** 本病主要通过消化道、呼吸道、损伤的皮肤以及配种感染。妊娠母猪感染本病后可垂直传播，流产的胎儿、子宫分泌物中含有大量病毒，可污染环境。

4. **流行特点** 无论是野毒感染猪还是弱毒疫苗免疫猪都会导致潜伏感染，具有长期带毒、散毒的特点，而且这种潜伏感染随时都有可能因饲养管理不善，卫生条件差，密度过大，气候突变等各种应激因素加速本病暴发，这也是本病长期流行、很难根除的重要原因。哺乳仔猪日龄越小，发病率和病死率越高。发病率和病死率随着猪日龄的增长而呈下降趋势。本病有一定的季节性，多发生在寒冷的冬、春季节和产仔旺季。往往是分娩高峰期的母猪舍先发病，发病率可达 100%。该病易和猪繁殖与呼吸综合征发生混合感染。

【临床症状】 该病潜伏期一般 3～6d，短的 36h，长的可达 10d。临床表现因年龄不同而有很大差异。

猪伪狂犬病临床症状

1. **仔猪** 新生仔猪感染后，20 日龄以内的哺乳仔猪多从第二天开始发病，病情极为严重，常大批死亡，严重时整窝死亡。病仔猪主要表现为体温升高达 41～42℃、减食或不食、呕吐、腹泻、精神沉郁、呼吸困难、呈腹式呼吸。眼圈发红，眼睑和嘴角肿胀，闭目昏睡，从口角流出带泡沫的黏液。继而出现明显的神经症状，表现兴奋鸣叫、全身发抖、共济失调、前肢或后肢叉开、痉挛抽搐、角弓反张、后躯麻痹、侧卧倒地、四肢呈游泳状划动（图1-1）。腹部有粟粒大紫色斑点，有的甚至全身呈紫色。多数仔猪于出现神经症状后24～36h因衰竭死亡，有神经症状的仔猪死亡率高达100%。

图1-1 仔猪伪狂犬病症状
（左：角弓反张，四肢抽搐 右：步态不稳，前肢叉开）

20日龄以上的仔猪，症状与20日龄以内的仔猪相似，但病程较长，多经常便秘，病死率为40%～60%。若断奶前后的仔猪有明显黄色水样稀便，则死亡率达100%。

2. **成年猪** 成年猪一般呈隐性感染，一般经4～8d恢复正常。但也常见到神经症状。母猪感染表现屡配不孕，返情率高达90%。公猪感染表现睾丸肿胀、萎缩，丧失种用能力。

3. **妊娠母猪** 妊娠母猪感染后体温升高0.5℃左右、精神沉郁、食欲减退或废绝、咳嗽、呼吸困难、便秘。随后发生流产，排出死胎、木乃伊胎及产出活的弱仔或延迟分娩，以产死胎为主。活的弱仔多数于产后1～2d出现典型的神经症状而死亡。极少数妊娠母猪也可发生死亡。

【病理剖检特点】 主要表现为鼻腔卡他性或化脓出血性炎症，扁桃体水肿并出现坏死灶。喉头水肿，气管内有泡沫样液体，肺水肿、出血。心肌松软，心包及心肌可见出血点。肝和脾有散在直径1～2mm的灰白色坏死灶，肾布满针尖状出血、有灰白色坏死点。胃肠黏膜有卡他性出血性炎症，胃底可见出血。淋巴结充血、出血、肿大。有神经症状者，脑膜明显充血、出血和水肿，脑脊液增多。流产胎儿可见脑壳及臀部皮肤出血，体腔内有棕褐色液体潴留。

猪伪狂犬病病变特点

【诊断要点】
1. **临床诊断** 猪发生本病后，不同年龄表现不同。哺乳仔猪发病率及病死率高，且年龄越小，病死率越高，多伴有明显的神经症状。随年龄增长，神经症状减轻，较大的猪一般呈隐性感染。妊娠母猪表现流产，主要产出死胎或延迟分娩等。猪群呼吸道症状明显。

2. **病理诊断** 剖检可见脑膜充血、出血和水肿。扁桃体、肝和脾均有灰白色坏死灶。胃黏膜有卡他性出血性炎症，胃底黏膜可见出血。

3. **实验室诊断**
（1）动物接种试验。采取病猪脑组织，加生理盐水磨碎制成10%的悬液，同时每毫升加青霉素1 000U、链霉素1mg，放入4℃冰箱过夜，离心后取上清液1～2mL皮下注射家兔，若病料中有伪狂犬病病毒，在接种后2～3d，接种部位会出现剧痒，此后变得狂暴，撕咬注射部位皮肤，以致出现出血性皮炎，局部脱毛，皮肤破损，呼吸困难，最后死亡。此法是本病最简单易行而又可靠的诊断方法。

(2) 血清学检验。取病猪的脑、隐性感染猪的血清等病料送检,进行血清学检查。常用方法有荧光抗体试验、血清中和试验、酶联免疫吸附试验等。

①荧光抗体试验(FA)。主要用于检测组织中的病毒。

②血清中和试验(SN)。主要用于检测猪血清内的特异性抗体,可用于检出疫区猪场潜伏感染的猪,净化疫区和进行流行病学调查。

③ELISA。主要用于猪血清中抗体的检测。随着伪狂犬病基因缺失疫苗的应用,临床上已能区分疫苗免疫动物与野毒感染动物。由于缺失疫苗免疫动物后不产生针对缺失蛋白的抗体,而自然感染动物则具有该抗体,因此可将其分开。目前,针对缺失的糖蛋白建立的鉴别诊断方法有 gE-ELISA、gG-ELISA、gC-ELISA 等。

(3) RT-PCR 法。PCR 技术具有快速、敏感、特异性强等优点,能同时检测大量样品,并能进行活体检测。

【防控关键点】

1. **加强饲养管理**　坚持自繁自养原则,采用全进全出饲养管理方式,加强检疫工作。

2. **免疫接种**　目前猪伪狂犬病的疫苗有普通弱毒苗、基因缺失弱毒苗、普通灭活苗和基因缺失灭活苗。由于本病具有终生潜伏感染、长期带毒和散毒的特点,并且潜伏感染随时可被激发。因此,不提倡在种猪群中使用普通弱毒苗,常用灭活疫苗。在阳性猪场使用基因缺失弱毒苗有发生基因重组的危险。免疫程序是种猪每年春秋各接种 1 次,母猪于产前 1 个月再加强免疫 1 次,以利于出生后的仔猪能够获得较高的母源抗体。种用仔猪在断奶时进行第一次免疫,间隔 4～6 周后加强免疫 1 次,以后每 6 个月免疫 1 次。育肥用仔猪在 4～5 周龄时免疫注射 1 次直至出栏即可。每次均肌内注射 2mL。除此之外,基因缺失苗应用也比较广泛,具有良好的免疫原性及低廉的价格,而且应用基因缺失苗可以区分疫苗毒和野毒,多用于猪伪狂犬病的净化。

3. **搞好卫生消毒**　平时要搞好环境卫生,严格执行消毒措施。

4. **积极开展灭鼠工作**　严禁猫、犬、牛及其他家畜和野生动物进入猪场,更不能混养在一起。

5. **隔离处理**　发病后及时隔离病猪,对圈舍、用具、环境及其他污染物进行彻底消毒,同时用猪伪狂犬病弱毒疫苗进行紧急预防接种。无害化处理排泄物、垫料、流产胎儿及分泌物。哺乳仔猪首次肌内注射 0.5mL,断奶后再注射 1mL,3 个月以上猪 1mL,成年猪 2mL。

6. **防止继发感染**　在病猪出现神经症状之前,可用黄芪多糖、氟苯尼考等药物辅助治疗,对防止继发感染有良好效果。

7. **种猪场净化**　对猪场进行血清学检查,将野毒抗体阳性猪和阴性猪分开饲养,并且注射基因缺失灭活苗,4～6 周后加强免疫 1 次。对野毒抗体阳性猪所产仔猪,在断奶后尽快隔离饲养,在 16 周龄时进行血清学检查(此时母源抗体转阴),野毒抗体阳性猪不得种用,阴性猪可留作种用,逐渐淘汰野毒感染猪,培育健康猪群。

四、猪细小病毒病

【病种分类】　三类动物疫病。

【病原】　猪细小病毒（PPV），属于细小病毒科、细小病毒属，具有血凝活性。

【特征】　感染母猪，尤其是初产母猪产死胎、木乃伊胎、畸形胎及病弱仔猪，而母猪本身无其他明显症状。

【发病机制】　母猪发生繁殖障碍与母猪在妊娠期间感染细小病毒时间有明显关系。母猪感染细小病毒后，病毒在感染母猪的器官组织内大量繁殖，并引起病毒血症，同时随血液循环到达胎盘感染胚胎或胎儿，使胚胎或胎儿生长受阻或死亡。母猪的生殖生理特点使母猪在妊娠早期对细小病毒易感，母猪在此期感染后，胎儿被吸收或木乃伊化、胚胎或胎儿死亡，此期胚胎死后迅速被吸收，因此母猪往往产仔少；进入妊娠中期的母猪感染猪细小病毒时，病毒穿过胎盘，但此期胎儿大都能产生保护性免疫应答，胎儿在子宫内生存完好，无明显临床表现。而妊娠后期（超过 70d）感染细小病毒，胎儿不会死亡并且还能产生抗体。

【流行病学】

1. 易感动物　不同年龄、性别、品种的猪都可感染，但初产母猪最易感，除妊娠母猪外，仔猪、育肥猪和成年猪感染后不表现临床症状。

2. 传染源　病猪和带毒猪是主要传染源。病毒主要分布在体内一些生长旺盛的器官和组织中，如淋巴组织等。病毒可通过排泄物、分泌物及精液排出。感染母猪所产的死胎、活仔及子宫分泌物中均含有高滴度的病毒，可造成环境的严重污染，被污染的圈舍在病猪移出后空圈 4 个半月，经常规消毒处理后，当再放入易感猪时仍能发生感染。

3. 传播途径　本病主要通过消化道和呼吸道感染，带毒公猪可通过配种由精液感染母猪，因此患病公猪在本病的传播中起重要作用，带有病毒的怀孕母猪可通过胎盘感染胎儿。垂直感染的仔猪至少可带毒 9 周以上，某些有免疫耐受性的仔猪可终身带毒和排毒。此外，鼠类也可机械性传播本病。

4. 流行特点　本病常见于初产母猪。一旦发生本病后，猪场可能连续几年不断地出现母猪繁殖障碍。9 月龄以上的母猪多数会通过自然感染产生主动免疫。本病的流行没有明显的季节性，但以春夏季或母猪产仔旺季和交配时多发。容易与猪瘟病毒、猪伪狂犬病病毒、圆环病毒Ⅱ型和猪繁殖与呼吸综合征病毒混合感染。

【临床症状】　本病的主要症状是妊娠母猪的繁殖障碍，尤以初产母猪为典型，非孕期母猪和其他猪感染后通常不表现临床症状。

母猪不同孕期感染临床表现不同，在妊娠 30d 以前感染时，表现为胚胎死亡而被母体吸收，母猪表现不规则的再次发情或不孕；在妊娠 30~50d 感染时，主要是产出木乃伊胎，使母猪不孕和不规则地反复发情；妊娠 50~60d 感染时，主要产出死胎；妊娠 70d 以上感染时，可发生垂直传播。这些母猪不能用作繁殖母猪，否则该病难以根除。

【病理剖检特点】　妊娠母猪感染后，缺乏特异性的眼观病变。眼观可见母猪子宫内膜有轻度炎症，胎盘部分钙化，子宫内有大小及死亡时间不一致的胎儿，有的被溶解吸收。感染胎儿可见充血、出血、水肿、体腔积液、木乃伊化及坏死等病变。

【诊断要点】

1. 临床诊断　妊娠母猪尤其是初产母猪在同一时间相继发生流产，主要排出死胎、木乃伊胎，母猪本身及其他猪无明显症状，即可怀疑本病的可能性。

2. 病理诊断　胎盘有部分钙化，子宫内有大小及死亡时间不一致的胎儿，感染胎儿充血、出血、水肿、体腔积液、木乃伊化及坏死等。

3. **实验室诊断** 进行血凝试验或荧光抗体试验。可采取妊娠 30～50d 感染木乃伊化胎儿或这些胎儿的肺送实验室诊断。可参考《猪细小病毒间接 ELISA 抗体检测方法》（NY/T 2840—2015）。

4. **鉴别诊断** 本病应注意与乙型脑炎、伪狂犬病、猪瘟、布鲁氏菌病、衣原体病、钩端螺旋体病以及弓形虫病等相区别。

【防控关键点】 防控总的原则：一是防止将带毒猪引进猪场，二是初产母猪获得主动免疫后再配种。

1. **坚持自繁自养** 必须引进种猪时，为了防止本病传入，猪场应做好检疫工作，当病毒的血凝抑制（HI）效价在 1∶16 以下或阴性时方可引进。

2. **免疫接种** 由于猪细小病毒血清型单一及具有良好的免疫原性，因此，免疫接种是控制本病的有效办法。目前常用的疫苗有弱毒疫苗和灭活疫苗，主要毒株为 CP-99 株、L 株、WH-1 株、S-1 株、NJ 株和 BJ-2 株等。其免疫方法是后备母猪和公猪在配种前 1～2 个月首免，两周后进行第二次免疫，可有效预防本病发生。

3. **改善饲养环境，切实做好消毒、隔离工作** 由于患病母猪产仔或流产时可排出大量病毒污染环境，所以对污染场所、用具、猪舍特别是分娩舍必须选择有效消毒药物（如 0.3% 次氯酸钠溶液）进行彻底消毒。当猪场发生本病时应立即将发病母猪、仔猪隔离或淘汰，与死产胎儿和木乃伊胎同窝的存活者不能留作种用。

4. **定期开展驱虫、灭鼠、驱杀蚊蝇工作** 切实做到猪不与牛、犬、猫、鸡、鸭等混养，彻底消灭传播媒介，最大限度地减少疫病的传播和扩散。

5. **对症治疗，防止继发感染** 可选用阿奇霉素或林可霉素配合地塞米松混合注射，若子宫或阴道炎症较重时，可用青霉素或阿莫西林等抗菌药物进行子宫冲洗。也可选用黄芪多糖、氟苯尼考、阿莫西林、氨苄西林、头孢菌素等药物治疗。目前常用黄芪多糖＋氟苯尼考＋阿莫西林进行治疗。

6. **培育健康猪群** 由母体获得被动免疫力的仔猪，母源抗体可持续 14～24 周，在抗体效价大于 1∶80 时可抵抗细小病毒感染。因此，在断奶时将仔猪从污染猪群转移到没有本病污染的地区饲养，可培育出血清阴性猪群。

五、猪流行性乙型脑炎

【病种分类】 二类动物疫病。

【病原】 乙型脑炎病毒。属于黄病毒科黄病毒属。

【特征】 妊娠母猪流产，排出大小不等的死胎和木乃伊胎，公猪发生睾丸炎，育肥猪持续高热和新生仔猪脑炎。

【发病机制】 当猪被携带病毒的蚊虫叮咬后，病毒即进入血液循环中。病毒在血液中停留的时间很短，发病与否，一方面，取决于病毒的毒力与数量；另一方面，取决于机体的反应性及防御机能。当机体抗病能力强时，病毒即被消灭。当抵抗力较低，而感染病毒量大，毒力又强时，则在机体内发展成病毒血症，病毒扩散到肝、脾及肌肉组织，在此处进一步复制增殖，并经血液循环，突破血脑屏障侵入中枢神经系统，并在神经细胞内复制增殖，引起中枢神经系统广泛性病变。怀孕母猪在此期间可通过胎盘将病毒传染给胎儿。怀孕中期感染时，可造成明显的繁殖障碍。

【流行病学】

1. **易感动物** 本病的易感动物很多，马属动物与猪、牛、羊、鹿、鸡、鸭、野鸟及人等均有易感性，但幼龄动物的易感性最高。

2. **传染源** 本病属于自然疫源性疾病，多种动物和人感染后都可成为本病的传染源。病毒主要存在于感染动物的神经系统、血液、肿胀的睾丸及流产死亡胎儿的脑组织中。猪感染后产生病毒血症时间较长，血中病毒含量较高，而且猪的饲养数量多，更新快，总是保持着大量新的易感猪群，媒介蚊虫嗜猪血，容易通过猪—蚊—猪的循环，扩大病毒的传播，所以猪是本病毒的主要增殖宿主和传染源。其他温血动物虽能感染乙脑病毒，但随着血中抗体的产生，病毒很快从血中消失，作为传染源的作用很小。此外，候鸟、蝙蝠、蜥蜴及带毒越冬蚊虫也可成为传染源。

3. **传播途径** 本病主要通过带病毒的蚊虫叮咬传播，能传播本病的蚊种很多，世界范围内分离到乙脑病毒的蚊种有5属共30余种。我国有20余种，如库蚊、按蚊、伊蚊和阿蚊等，其中三带喙库蚊在该病自然循环和传播中都起主要作用。

4. **流行特点** 本病以蚊虫为媒介而传播，所以本病的发生和流行具有明显的季节性，主要在蚊子活动猖獗的夏季至初秋期间最多见。在温带和亚热带地区80%的病例发生在7、8、9月这3个月内。乙脑发病形式具有高度散发的特点，但局部地区的大流行也时有发生。

【临床症状】 人工感染潜伏期一般为3～4d。

1. **育肥猪** 各年龄猪均可发病，但6月龄前的猪多见。本病常突然发生，病猪体温升高达40～41℃，呈稽留热，精神沉郁，嗜睡喜卧，食欲减退或废绝，饮欲增加，结膜潮红。粪便干硬呈球形，表面常附有灰白色黏液，尿颜色呈深黄色。有的病猪后肢轻度麻痹，步态不稳，或后肢关节肿胀疼痛，发生跛行；还有的病猪出现视力障碍，乱冲乱撞，直至后躯麻痹，最后倒地而亡。

2. **妊娠母猪** 妊娠母猪感染常出现突发性流产。多排出大小不等的死胎、木乃伊胎或弱胎。产出的仔猪衰弱，无力吮乳，几天后出现全身痉挛等神经症状并死亡。流产后的母猪症状很快减轻，体温和食欲逐渐恢复正常。

3. **种公猪** 公猪感染后的突出表现是发生睾丸炎，一侧或两侧睾丸明显肿大，患侧阴囊发热，有疼痛感。大多数公猪2～3d后肿胀开始消退，逐渐恢复正常；还有的公猪睾丸逐渐萎缩变硬，丧失产生精子的功能，从而失去配种能力。

【病理剖检特点】 主要在脑、脊髓、子宫和睾丸。脑和脊髓可见明显充血、出血、水肿。子宫内膜充血、水肿，黏膜上附有黏稠的分泌物。胎盘呈炎性浸润。睾丸充血、出血、坏死，睾丸切面有小颗粒状坏死灶，最明显的变化是楔状或斑点状出血和坏死。流产或早产胎儿常见脑积水、皮下水肿及腹水增多。

【诊断要点】

1. **临床诊断** 本病的发生具有明显的季节性，多为散发。妊娠母猪发生流产，主要排出大小不等的死胎及木乃伊胎，公猪发生睾丸炎。

2. **病理诊断** 剖检可见病变主要在脑、脊髓、子宫和睾丸。脑和脊髓充血、出血、水肿。子宫内膜充血、水肿，黏膜上附有黏稠的分泌物。睾丸切面有小颗粒状坏死灶，最明显的变化是出现楔状或斑点状出血和坏死。

3. **实验室诊断**　可进行病毒分离、乳胶凝集血清学诊断等。具体方法参考《日本乙型脑炎病毒反转录聚合酶链反应试验方法》(GB/T 22333—2008)。

4. **鉴别诊断**　在临床上，本病与猪布鲁氏菌病、细小病毒感染以及伪狂犬病极为相似，应注意鉴别。

【防控关键点】

1. **防蚊灭蚊**　消灭传播媒介蚊虫是预防本病的重要措施。

2. **免疫接种**　目前常用灭活疫苗和弱毒疫苗。生产上多应用乙型脑炎弱毒疫苗进行免疫接种。方法是在蚊虫开始活动（3～4月）前对5月龄以上后备公母猪和生产母猪、种公猪注射疫苗，第一年以2周的间隔注射2次，以后每年注射1次，均肌内注射或皮下注射2头份。

3. **隔离消毒**　发病后对病猪要立即进行隔离，最好淘汰。对圈舍、用具进行彻底消毒，对流产胎儿及分泌物进行焚烧或深埋。

4. **防止继发感染**　为了减少继发症，可使用氟苯尼考、磺胺间甲氧嘧啶等抗菌药物治疗，同时采取对症疗法。

【公共卫生】　人可感染本病，主要是儿童发病，潜伏期一般为7～14d。患者可出现发热、头痛、呕吐、嗜睡、烦躁、颈强直和共济失调等症状，致死率很高，痊愈者常留有神经系统后遗症。传播途径也是经蚊虫叮咬，猪作为贮存宿主，在人乙脑的流行上起着重要的作用。因此，预防和控制乙型脑炎在猪群中的发生和流行，在公共卫生方面具有广泛的意义。

六、猪布鲁氏菌病

【病种分类】　二类动物疫病。

【病原】　布鲁氏菌，革兰氏阴性球杆菌，无芽孢和鞭毛，有6个种共20个生物型。

【特征】　主要侵害生殖器官，引起胎膜发炎、流产、不育、睾丸炎、关节炎、滑液囊炎和各种组织的局部病灶。

【发病机制】　布鲁氏菌侵入机体后，在几天内到达侵入门户附近的淋巴结，被吞噬细胞吞噬。细菌在胞内生长繁殖，形成原发性病灶，但不表现临床症状。该菌大量繁殖，破坏吞噬细胞后再次进入血液散播全身，引起菌血症，继而出现体温升高、出汗等临床症状。同时，细菌又被吞噬细胞吞噬，随后可再发生菌血症。侵入血液中的布鲁氏菌散布至各组织器官，该菌在胎盘、脑和胎衣组织中特别适宜生存繁殖，其次是乳腺组织、淋巴结（特别是乳腺组织相应的淋巴结）、骨骼、关节、腱鞘和滑液囊以及睾丸、附睾、精囊等，形成多发性病灶。大量释放的细菌超过了吞噬细胞的吞噬能力，可表现出明显的败血症或毒血症。

布鲁氏菌进入绒毛膜上皮细胞内增殖，发生胎盘炎，并在绒毛膜与子宫黏膜之间扩散，发生子宫内膜炎。在绒毛膜上皮细胞内增殖时，使绒毛发生渐进性坏死，同时产生一层纤维素性脓性分泌物，逐渐使胎儿胎盘与母体胎盘松离，引起胎儿营养障碍和胎儿病理剖检点，使孕畜发生流产。本菌还可进入胎衣中，并随羊水进入胎儿体内。从流产胎儿的消化道及肺组织可分离出布鲁氏菌，其他组织通常无菌。由于妊娠母猪各个胎儿的胎衣互不相连，布鲁氏菌不一定侵入所有的胎衣，因而病理损害并不完全相同，妊娠结局也不一致，可使全部胎儿死亡而流产，也可使个别胎儿死亡，胎儿死亡时期也各不相同。

模块一 猪主要疫病

【流行病学】

1. **易感动物**　本病的易感动物较多,其中以羊、牛、猪最易感。猪不分品种和年龄都有易感性,但随着性成熟易感性增高,孕猪最易感染。人对羊、牛、猪型布鲁氏菌都有易感性,但羊型对人致病力最强。

2. **传染源**　本病的传染源是患病动物和带菌动物,尤其是受感染的妊娠母畜。病原菌可随感染动物的阴道分泌物、乳汁、精液、脓汁、粪便以及流产胎儿、胎衣、胎水、子宫渗出物等排出体外,污染圈舍、饲料、饮水及其他物品。

3. **传播途径**　本病的主要传播途径是消化道,即通过污染的饲料与饮水而感染。也可经皮肤、结膜、交配及吸血昆虫叮咬等感染。

4. **流行特点**　不同品种、年龄的猪均可感染,但以妊娠母猪最易感染。本病的发生无明显的季节性,但产仔季节多发。在疫区,第一胎流产后多不再发生流产。

【临床症状】　潜伏期短的2周,长的可达半年。

妊娠母猪最突出的表现是流产,多发生在妊娠后第4~12周,有的在妊娠第2~3周即发生流产,但常不被发现,因为母猪常将流产的胎儿连同胎衣一同吃掉。也有的在临近怀孕期满时发生早产。母猪流产前常表现精神沉郁,食欲减退,阴唇和乳房肿胀,阴道流出黏液性或脓性分泌物。流产胎儿多为死胎。流产后很少发生胎衣不下,子宫分泌物一般在流产后8~10d消失,这样的母猪转为隐性,可照常发情配种。少数发生胎衣不下的可从阴道流出暗红色或黄白色腥臭的脓性分泌物,继发引起子宫内膜炎和不孕。

公猪感染后常发生睾丸炎和附睾炎,表现为一侧或两侧睾丸显著肿大,初期全身发热,局部疼痛,不愿配种。后期睾丸发生萎缩变硬,失去配种能力。

此外,发病猪可引起皮下脓肿、关节炎或滑液囊炎等。多见于后肢,表现关节肿大、跛行,严重时发生后肢麻痹或瘫痪。

【病理剖检特点】　主要表现在子宫、睾丸和附睾,流产胎儿和胎衣病变不明显。子宫黏膜有许多针尖大至粟粒大灰黄色脓样或干酪样小结节,即所谓子宫颗粒性布鲁氏菌病。胎盘充血、出血和水肿,睾丸和附睾明显肿大,切开可见实质有豌豆大小的化脓灶和坏死灶,有钙盐沉着。流产胎儿皮肤出血、皮下水肿,脐带周围充血、出血较为明显,并由此渗入腹腔,其内有淡红色液体,胎衣充血、出血和水肿,表面有淡黄色或淡褐色渗出物覆盖。

【诊断要点】

1. **临床诊断**　猪群中妊娠母猪发生大批流产(妊娠后第4~12周),公猪出现睾丸炎,同时病猪表现跛行、关节炎等即疑似本病。

2. **病理诊断**　子宫黏膜有粟粒大灰黄色脓样或干酪样小结节,睾丸肿大,实质有豌豆大小的化脓灶和坏死灶。

3. **实验室诊断**

(1) 细菌学检查。采取流产母猪子宫及阴道分泌物或流产胎儿的胃内容物进行涂片,用布鲁氏菌柯兹洛夫斯基鉴别染色法染色镜检,菌体呈红色球杆状,其他细菌或组织细胞呈蓝色或绿色。

(2) 血清学试验。具体方法可参考《动物布鲁氏菌病诊断技术》(GB/T 18646—2018)。

①试管凝集反应。试管凝集检查,若凝集效价在1∶50以上者判为阳性,1∶25判为可疑,判为可疑的猪经3~4周后应采血重检,若仍为可疑,而猪场中既无本病的流行也无临

床病例出现，血检也无阳性时，则可判为阴性。

②虎红平板凝集反应。取被检血清与虎红抗原各 0.03mL，滴加平板上混匀，放置 4～10min 观察结果。出现凝集现象，即可判为阳性，否则判为阴性。

【防控关键点】

1. **加强检疫**　尽量做到自繁自养。猪在 5 月龄以上检疫为宜，疫区内接种过菌苗的应在免疫后 12～36 个月时检疫。疫区检疫每年至少进行两次，检出的病猪，应一律屠宰进行无害化处理。新引进猪要隔离饲养 2 个月，经 2 次布鲁氏菌病的检疫，均为阴性者方可合群。健康猪群每年定期进行两次检疫，检出的病猪应立即淘汰，以防本病的流行和扩散。

2. **免疫接种**　预防接种是控制本病的有效措施，但菌苗接种只能保护健康猪不受感染，并不能制止病猪排菌。最好的办法是采取淘汰病猪和菌苗接种相结合。可采用布鲁氏菌猪型 2 号弱毒冻干菌苗（S_2 菌苗）进行预防注射。每头猪耳根皮下注射 1mL，免疫期为 1 年。最好于配种前 1～2 个月注射。妊娠母猪不能用注射法，可将菌苗稀释后口服，一般饮水免疫 2 次，间隔 30～45d，每次剂量为 200 亿个活菌。

3. **严格消毒**　对畜舍、运动场、饲槽及用具等定期消毒。畜群中如有流产的，应立即隔离和消毒，并进行血清学检验。

4. **病畜处理**　发现病猪立即隔离淘汰，对流产胎儿、胎衣、胎水及排泄物等深埋或生物热发酵处理，被污染场所及用具用 3%～5% 来苏儿或 5% 石灰乳液彻底消毒。若有特殊价值，可在隔离条件下用抗生素和磺胺类药进行治疗。如有子宫内膜炎，可用 0.1% 高锰酸钾等溶液洗涤阴道和子宫。

5. **培育健康猪群**　仔猪在断奶后即隔离饲养。2 月龄和 4 月龄时各检疫 1 次，如全部阴性即可视为健康仔猪。

【公共卫生】　人可以感染猪布鲁氏菌病，传播途径是食入、接触和吸入，要注意防护。

七、猪钩端螺旋体病

【病原】　钩端螺旋体，呈螺旋状，常用镀银法染色或姬姆萨染色。

【特征】　病猪表现发热、血红蛋白尿、贫血、黄疸、水肿、出血性素质、流产、皮肤和黏膜坏死等。

【发病机制】　钩端螺旋体具有较强的侵袭力，通过皮肤、黏膜侵入机体后，迅速到达血液，在其中繁殖，几天后出现钩体血症，波及脾、肝、肾、脑等全身器官与组织，损伤血管和肝、肾的实质细胞，引起一系列临床症状，或尚未表现出症状而猝死。钩体血症后几天，机体产生抗体，在补体和溶酶的参与下，杀死血液和组织内的钩体。抗体不能达到或抗体效价较低的机体部位为残留钩体的存活与定居提供了理想的环境。

孕猪发生菌血症时，菌体由血液经胎盘达到胎儿，引起胎儿死亡和衰弱；或由于菌体产生大量溶血素，破坏胎儿的红细胞，使胎儿缺氧死亡；或因发热及全身反应，影响母体与胎儿间正常生理交换等而导致流产。

【流行病学】

1. **易感动物**　几乎所有温血动物都易感。其中，以猪、牛、水牛和鸭的易感性较高，啮齿动物鼠类是最重要的储存宿主。鼠类和带菌畜禽构成了牢固的自然疫源地。本病可传染人。

2. 传染源 病猪和带菌动物（鼠类、蛙类等）是本病的传染源。带菌鼠和感染猪在本病的传播上起重要作用。病原菌主要随尿液排出，污染水源、土壤、饲料及其他物品等。猪接触这些污染物就会被感染，尤其是水源的污染更为重要。

3. 传播途径 猪等易感动物接触被钩体污染物后，主要通过皮肤、黏膜感染，特别是破损皮肤的感染率更高，其次为消化道、呼吸道，也可经交配、人工授精和吸血昆虫叮咬而感染。

4. 流行特点 本病一年四季均可发生，但有明显的流行季节，夏、秋多雨季节为流行高峰期。在气候温热、潮湿、多雨、鼠类集中的地区可促使本病的发生与流行，因此南方多于北方。一般呈散发性或地方流行性。管理不善，圈舍、运动场粪尿、污水清除不及时，常造成本病暴发。在卫生条件较差的低洼沼泽地带放牧的猪容易感染本病。

【临床症状】 本病潜伏期一般为 2~20d，分为以下 3 种类型：

1. 急性黄疸型 主要见于育肥猪，多数病猪体温升高达 40℃ 以上，厌食、精神不振，皮肤干燥，有时见病猪用力在栏栅或墙壁上摩擦至出血，1~2d 全身皮肤和黏膜黄染，后期排出棕红色似浓茶样尿液。病猪在几天内，有时在几小时内突然发生惊厥死亡，病死率达 50% 以上。

2. 慢性水肿型 多发生于断奶前后和 30kg 以下的小猪。病初表现体温升高，精神沉郁，食欲减退，几天后结膜潮红浮肿、黄染，有的在上下颌、头颈部甚至全身水肿，指压出现凹陷，俗称"大头瘟"。尿液变黄，有茶色尿甚至出现血尿，味腥臭，粪便有时干硬，有时腹泻。病猪逐渐消瘦，衰竭死亡。病程由十几天至 1 个多月不等，病死率达 50%~90%，存活的猪生长缓慢，多成为僵猪。

3. 流产型 妊娠母猪感染后发生流产，流产率达 20%~70%，有的母猪在流产前后兼有上述临床症状，甚至流产后发生急性死亡。流产的胎儿有死胎、木乃伊胎及弱仔。排出的弱仔多不能站立，无力吮乳，皮肤出血，蹄匣脱落，常于产后不久死亡。

【病理剖检特点】 剖检可见皮肤、皮下组织、浆膜和黏膜黄染，胸腔及心包有黄色积液，心内膜、肠系膜、肠、膀胱黏膜出血。肝肿大，有多处坏死灶，呈土黄色或棕黄色。肾黄染，皮质有点状和斑状鲜红色出血，两端有灰白色坏死灶，淋巴结肿大、充血、出血。上下颌、头颈部、胸腹壁、四肢及胃壁等明显水肿。膀胱积有红褐色似红茶样尿液。

【诊断要点】

1. 临床诊断 发病动物种类繁多，但表现各异。猪主要表现发热、贫血、黄疸、血红蛋白尿、水肿和妊娠母猪流产。

2. 病理诊断 剖检可见皮肤、皮下组织、浆膜和黏膜黄染，肝肿大，呈土黄色或棕黄色，有多处坏死灶。肾肿大，有灰白色坏死病灶。头颈部、胸腹壁、四肢及胃壁水肿。膀胱积有浓茶样尿液。

3. 实验室诊断 可进行微生物学检查、动物接种试验、血清学诊断。

【防控关键点】

1. 预防

（1）加强饲养管理，严禁引进病猪及带菌猪，禁止饲养犬、鸡及鸭等。

（2）及时消灭猪圈及其周围的老鼠，防止场地、饲料、水源被鼠类粪尿污染。

（3）目前我国尚无经批准的猪用钩端螺旋体疫苗，建议以做好生物安全措施为主。

（4）做好环境卫生消毒，彻底清除圈舍及运动场的污水、淤泥、粪尿等以根除病原滋生地。对病猪粪尿污染的场地、水源、用具等用 5% 漂白粉或 2% 氢氧化钠溶液彻底消毒。

(5) 药物预防。妊娠母猪在产前1个月连续饲喂含土霉素的饲料可以防止流产，按每千克饲料加入土霉素粉0.75～1.5g为宜。

2. **治疗** 常用链霉素和土霉素治疗。链霉素每千克体重30～35mg，肌内注射，每天2次，连用5～7d，同时在每千克饲料中添加土霉素粉0.75～1.5g，连喂7d，效果较好。在应用抗生素治疗的同时，结合症状配合葡萄糖、维生素C静脉注射及强心利尿剂的应用对提高治愈率有重要作用。

【公共卫生】 本病为人兽共患病。人常因在被鼠、家畜排出钩端螺旋体污染的水田、池塘里劳作，经皮肤、黏膜而感染，也可食入污染的水和食物经消化道感染。患者表现为突然发热、头痛、肌肉疼痛、腹股沟淋巴结肿痛、蛋白尿、黄疸、皮肤黏膜出血等。因此，要注意个人防护。

八、猪衣原体病

【病原】 鹦鹉热衣原体。为严格的细胞内寄生生活。

【特征】 妊娠母猪发生流产，排出死胎、木乃伊胎及产弱仔；各年龄段的猪发生肺炎、肠炎、多发性关节炎、心包炎、结膜炎、脑脊髓炎；公猪发生睾丸炎、附睾炎和尿道炎。

【发病机制】 衣原体的原生小体由呼吸道、口腔或生殖道进入动物体后，在上皮细胞内增殖或通过巨噬细胞的吞噬作用散布到全身各部的淋巴结、实质器官、关节及一些内分泌腺。衣原体引起妊娠母猪发生菌血症时，通过胎盘屏障，并在胎盘组织中大量繁殖，引起胎盘的炎症和坏死，致使胎儿发病和死亡，或新生仔猪的脓毒败血症。衣原体还可破坏胎儿和新生仔猪的血管内皮，引起水肿、体腔积有多量纤维蛋白渗出液，实质器官、脑、脊髓和皮肤出血。

【流行病学】

1. **易感动物** 衣原体具有广泛的宿主，但家畜中以猪、牛、羊较为易感，其中以怀孕母猪和新生仔猪最易感。禽类中以鹦鹉、鸽较为易感，各种年龄、品种猪均可感染，但不同年龄阶段其临床表现不同。

2. **传染源** 本病是自然疫源性疾病，患病动物和各种健康带菌、隐性感染者都是本病传染源。禽类与哺乳动物之间、哺乳动物之间都可以相互传播，互为传染源。带菌的种公、母猪则是幼龄猪群的主要传染源，由于种公猪可通过精液传染本病，所以隐性感染种公猪危害性更大。衣原体主要随鼻分泌物、粪便排出体外，母猪流产的胎儿、胎膜、羊水更具传染性。

3. **传播途径** 本病主要通过呼吸道、消化道感染，也可经眼结膜、交配、人工授精感染。体表寄生虫可起传播媒介作用。

4. **流行特点** 本病流行形式多种多样，有时呈地方流行性，有时呈流行性，有时呈散发性。在大中型猪场，本病在秋冬流行较严重，一般呈慢性经过。持续潜伏性传染是猪衣原体病的重要流行病学特征，可导致大批怀孕母猪流产、产死胎和新生仔猪死亡以及适繁母猪群不孕空怀。本病多发生于近山林常有鸟类出没的猪场和猪禽共养的猪场。

【临床症状】 猪感染患病后主要有以下几种表现类型。

1. **繁殖障碍型** 本型多发生于初产母猪，流产率达40%～90%。妊娠母猪感染衣原体后一般不表现其他异常变化，只是在妊娠后期突然发生流产，表现早产、产死胎或产弱仔。感染母猪有的整窝产出死胎；有的间隔地产出活仔和死胎。活仔多体弱、无力吮乳，多在产后3～5d死亡。

模块一　猪主要疫病

种公猪感染本病多表现为睾丸炎、附睾炎和尿道炎。配种时排出带血的分泌物，精子活力明显下降，母猪受胎率降低。即使受孕，流产死胎率明显升高。

2. **肺炎型**　本型多见于断奶前后的仔猪。病仔猪体温升高达40.6℃，精神沉郁、食欲减退、呼吸促迫、咳嗽、颤抖、从鼻孔流出浆液性分泌物、听诊肺部有啰音、生长发育不良。

3. **肠炎型**　本型多见于断奶前后的仔猪。病仔猪表现明显腹泻、脱水，吮乳无力，生长发育不良，死亡率高。

4. **多发性关节炎型**　本型多见于架子猪。病猪表现体温升高、关节肿大、触摸关节局温增高、敏感疼痛，运动时出现跛行。

5. **脑脊髓炎型**　此型病猪出现神经症状，表现高度兴奋、尖叫，盲目冲撞或转圈运动，倒地后四肢呈游泳状划动，不久死亡，病死率可达20%～60%。

6. **结膜炎型**　本型多见于饲养密度大的仔猪和架子猪。病猪表现畏光流泪，结膜充血，眼分泌物增多，有的角膜混浊。

【病理剖检特点】

1. **繁殖障碍型**　剖检可见流产母猪子宫内膜水肿、充血或出血，分布有大小不一的坏死灶，流产胎儿皮肤上见有淤斑，皮下水肿，胸腔和腹腔内积有多量淡红色渗出液。肝肿大、充血、出血，呈红黄色。公猪睾丸变硬，输精管出血，阴茎水肿、出血或坏死，下颌淋巴结、腹股沟淋巴结呈胶冻样水肿。

2. **肺炎型**　剖检可见肺肿大，表面布有许多出血点和出血斑，有的肺充血或淤血，间质增宽、质地变硬。气管、支气管内有大量分泌物。胸腔有多量红色渗出液。肝、脾肿大。

3. **肠炎型**　肠系膜淋巴结充血、水肿，肠黏膜充血、出血，肠内容物稀薄，有的红染。肝肿大、质脆，表面有灰白色坏死斑点。脾肿大，有出血点。

4. **多发性关节炎型**　剖检可见关节周围组织水肿、充血或出血，关节腔内有渗出液或灰黄色纤维素性渗出物。

5. **脑脊髓炎型**　尸体常消瘦、脱水，脑膜充血。

6. **结膜炎型**　剖检可见角膜水肿、糜烂和溃疡，结膜充血、水肿。

【诊断要点】　猪衣原体病是一种多症状性传染病，根据流行特点、临床症状和病理剖检特点仅能建立初步诊断，确诊需进行实验室诊断（主要为ELISA法）。

【防控关键点】　由于衣原体的宿主非常广泛，因此本病必须采取综合性防控措施。

1. **药物治疗及预防**　可选用四环素、青霉素、泰乐菌素、土霉素、红霉素、金霉素、氟苯尼考等敏感药物对出现临床症状的各年龄段猪群进行药物预防和治疗。对出现临床症状的新生仔猪，可肌内注射土霉素；妊娠母猪于产前2～3周可注射四环素类抗生素，以预防新生仔猪感染本病。为防止出现耐药性，要合理交替用药。

2. **免疫接种**　目前尚无经批准的猪用衣原体疫苗可供使用。

3. **建立密闭的生猪饲养系统**　防止携带病原体的其他动物（如猫、鸟、家禽、牛、羊等）侵入猪群，及时消灭猪场内的鼠类和麻雀。

4. **建立严格的卫生消毒制度**　流产胎儿、死胎、胎衣要集中无害化处理，同时用2%～5%来苏儿或2%氢氧化钠溶液对圈舍及污染环境进行彻底消毒，平时要加强产房卫生管理，始终保持圈舍清洁干燥。

5. **建立疫情监测制度**　对确诊感染了衣原体的种公猪和母猪坚决予以淘汰，其所产仔猪不能作为种猪，对新引进的猪要隔离检疫，阳性者不得混群饲养。

九、猪弓形虫病

【病种分类】 原虫病。

【特征】 人兽共患原虫病。临床特征为发病急、流行快、持续高热、呼吸困难、皮肤红斑、妊娠母猪流产、死亡率较高。

【病原】 龚地弓形虫，为严格的细胞内寄生生活。整个发育过程分为5种形态类型，即滋养体、包囊、裂殖体、配子体和卵囊。滋养体和包囊是在中间宿主（人、猪等）体内形成的；裂殖体、配子体和卵囊在终末宿主（猫）体内形成。而滋养体、包囊和感染性卵囊这3种类型具有感染能力。

1. **滋养体** 又称速殖子，见于急性病例的肝、脾、肺和淋巴结等细胞内或腹水中，呈月牙形、香蕉形或橘瓣状，大小为（4～7）$\mu m \times$（2～4）μm，一端较尖，另一端钝圆，胞核靠近钝圆端，经姬姆萨或瑞氏染色后，胞浆呈淡蓝色，核呈红色（图1-2）。

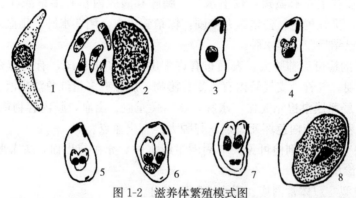

图1-2 滋养体繁殖模式图

1. 单个滋养体 2. 巨噬细胞中的滋养体 3～7. 滋养体增殖过程 8. 有时可在细胞核内繁殖

（邱汉辉，1983. 家畜寄生虫图谱）

2. **包囊** 见于慢性或耐过急性期病例的脑、眼和肌肉组织中，呈椭圆形囊状，有较厚的囊壁，大小为（20～40）$\mu m \times$（50～69）μm，是弓形虫在中间宿主体内的最终形式，可存在数月至终生。

3. **裂殖体** 见于猫的小肠黏膜上皮细胞内，成熟的呈圆形，内含4～20个裂殖子，游离的裂殖子前尖后钝，大小为（7～10）$\mu m \times$（2.5～3.5）μm。

4. **配子体** 见于猫的小肠黏膜上皮细胞内。裂殖子经过数代裂殖生殖后变为配子体，配子体有两种，分为大配子体和小配子体，大、小配子体结合形成合子，由合子最后发育成卵囊。

5. **卵囊** 在猫的小肠绒毛上皮细胞内产生，随粪便排出体外。呈卵圆形，大小为（11～14）$\mu m \times$（7～11）μm，感染性卵囊内有2个卵圆形的孢子囊，每个孢子囊内含4个子孢子（图1-3）。

图1-3 孢子囊内含4个子孢子

（邱汉辉，1983. 家畜寄生虫图谱）

【生活史】 弓形虫的发育需两个宿主,中间宿主包括猪、犬、人等多种动物,猫是唯一的终末宿主,在本病的传播中起重要作用。当终末宿主猫吞食了弓形虫的包囊或卵囊,经口腔、食管、胃侵入小肠的上皮细胞进行球虫型的发育和繁殖(分为裂殖生殖、配子生殖和孢子生殖)3个阶段。裂殖生殖和配子生殖阶段是在体内进行的,孢子生殖阶段是在体外完成的。开始是通过裂殖生殖产生大量的裂殖子。经过数代裂殖生殖后,部分裂殖子转化为配子体,大、小配子体结合形成合子,最后由合子发育为卵囊。卵囊随猫的粪便排到体外,污染饲料、饮水、乳汁等,在适宜的环境条件下,经2～4d发育为感染性卵囊。刚排出体外的卵囊没有致病性,含有成熟子孢子的卵囊称为感染性卵囊,这种卵囊具有致病性。感染性卵囊被终末宿主猫再次吞食后造成感染,进入下一个循环,导致本病的发生,所以猫既是终末宿主,又是中间宿主。而中间宿主食入了孢子化卵囊及包囊而感染,孢子及孢囊子进入淋巴循环和血液循环,被带到全身各器官组织,侵入有核细胞进行内出芽的无性繁殖,形成虫体集落,被称为假囊。假囊崩解后,虫体(滋养体)释放出来,侵入新的有核细胞繁殖,然后虫体分泌物形成囊膜,并在囊膜内进行缓慢的内出芽生殖,成为包囊(图1-4)。

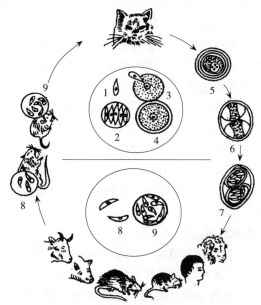

图1-4 弓形虫生活史
1. 子孢子 2. 裂殖体 3. 小配子进入大配子
4. 合子 5. 卵囊 6. 发育的卵囊
7. 感染性卵囊 8. 滋养体 9. 包囊
(山东省畜牧兽医学校,黑龙江省畜牧兽医学校,1990.
临床兽医学)

【流行病学】

1. **感染来源** 患病或带虫的宿主和终末宿主均为感染来源。滋养体存在于患病动物的唾液、痰、粪便、尿液、乳汁、肉类、内脏、淋巴结、眼分泌物以及急性病例的血液和腹水中;包囊存在于动物组织中;卵囊存在于猫的粪便中。

2. **感染途径** 本病主要经消化道感染,也可通过呼吸道、损伤的皮肤和黏膜及眼感染,多种昆虫可传播本病,母体血液中的滋养体还可通过胎盘进入胎儿体内,使胎儿发生产前感染,且先天性感染的仔猪发病比出生后感染发病的仔猪要严重得多。

3. **发生特点** 本病发生无明显季节性,多见于夏秋炎热多雨季节,当天气骤变、营养不良、母猪妊娠时可促使本病发生。猪急性暴发时,多见于架子猪(3～5月龄),且死亡率高达60%以上。目前,本病在我国流行的主要形式是隐性感染。尤其是妊娠母猪的隐性感染常导致流产。

【临床症状】 本病潜伏期一般3～7d。

急性感染后,病初体温升高达41～42℃,呈稽留热,精神沉郁,食欲减退或废绝,有的呼吸困难，呈明显的腹式呼吸，呈犬坐姿势，咳嗽，呕吐，流出黏液样鼻液，粪便先干结，后期下痢，便中有时带有黏液和血液，体表淋巴结，尤其是腹股沟淋巴结明显肿大，眼结膜潮红。后肢无力，步态不稳。随着病程发展，在耳翼、鼻盘、胸腹下及四肢内侧出现紫红色斑点，后期变为蓝紫色至紫黑色，最后病猪极度呼吸困难，出现神经症状，全身强直，四肢痉挛，卧地不起，口吐白沫，体温下降，窒息死亡。死前口鼻流出淡黄色黏液，死亡率高达60%以上。

妊娠母猪除上述表现外，后期常发生流产，产出死胎、木乃伊胎或弱仔，弱仔多发生急性死亡或发育不全。流产后症状迅速减轻或消失。

慢性经过者，病程较长，表现为厌食，逐渐消瘦、贫血。随着病情发展，可出现后肢麻痹，严重的导致死亡，耐过猪生长缓慢，成为僵猪，并长期带毒。

【病理剖检特点】 剖检可见全身淋巴结肿大、充血、出血，尤其是腹股沟淋巴结，切面多汁，有针尖大到粟粒大黄白色或灰黄色坏死灶和出血点；肠系膜淋巴结呈索状肿胀，切面外翻；肺充血、出血，间质水肿，表面有出血点和灰白色坏死灶；肝肿大，有点状出血及灰白色或灰黄色坏死灶；肾和脾也有出血点和坏死灶；胃、肠黏膜肿胀、充血、出血、有坏死灶；膀胱黏膜有出血点；胸腔、腹腔及心包积液。

【诊断要点】

1. **直接涂片镜检** 采取病猪的肺、肝、淋巴结作涂片，用姬姆萨或瑞氏染色法染色，置油镜下观察，如见有月牙形虫体，核为红色，胞浆为蓝色，即可确诊为弓形虫病。

2. **动物接种** 采取病死猪的肺、肝、淋巴结等研碎后加10倍生理盐水稀释，室温放置1h，取上清液接种于小鼠腹腔，每只接种0.5~1mL。经1~3周，小鼠发病死亡，镜检肺、肝、腹水等查到虫体即可确诊。

3. **血清学诊断** 目前，国内常用的是间接血凝试验，猪血清凝集效价大于1∶64时判为阳性。猪感染弓形虫7~15d后，抗体明显增多，20~30d达到高峰，随后逐渐下降。

4. **PCR方法** 提取待检动物组织DNA，以此为模板，按照发表的引物序列及扩增条件进行PCR扩增，如能扩出已知特异性片段，则表示待检猪为阳性，否则为阴性。但必须设阴阳对照。

【防控关键点】

1. **治疗** 磺胺类药物和抗菌增效剂联合应用效果较好：

（1）磺胺嘧啶、甲氧苄啶或二甲氧苄啶。磺胺嘧啶每千克体重70mg，甲氧苄啶或二甲氧苄啶每千克体重14mg，每天口服2次，连用3~5d（最好隔天用药）。

（2）辅助疗法。在应用磺胺类药物同时，配合使用安乃近或柴胡注射液、地塞米松、维生素C等肌内注射或静脉注射，每天1次，连用3~5d，可收到良好效果。

（3）对症治疗。为调整胃肠，可内服人工盐；为防止脱水，可静脉注射糖盐水或口服补液盐。

2. **预防**

（1）定期对种猪场进行流行病学监测，用血清学方法进行检查，对感染猪隔离，或有计划地淘汰，以清除传染源。

（2）猪场应禁止养猫，及时灭鼠，彻底切断鼠—猫—猪的传播环节，以防止饲料、饮水被污染。

（3）加强饲养管理，保持猪舍、运动场清洁卫生，减少蚊蝇滋生，定期消毒，及时清除粪便，进行发酵处理。被猫粪污染的场所可用热水或7%氨水消毒。

（4）对病死尸体及其排泄物、流产胎儿进行焚烧或深埋，防止污染环境。病猪舍及环境用3%氢氧化钠溶液或20%石灰乳液进行消毒。

（5）每月定期用磺胺类药物拌料混饲3～5d可有效预防本病的发生。

（6）猪场肉食要自给，不要外进肉食及其制品。

（7）禁止用食堂、饭店的残羹、剩菜、肉食下脚料的泔水等做饲料喂猪。

附　引起猪繁殖障碍的9种疫病的鉴别诊断　见表1-1。

表1-1　引起猪繁殖障碍的9种疫病的鉴别诊断

病名	猪繁殖与呼吸综合征	猪细小病毒病	猪流行性乙型脑炎	伪狂犬病	猪瘟	猪布鲁氏菌病	猪钩端螺旋体病	猪弓形虫病	猪衣原体病
病原	猪繁殖与呼吸综合征病毒	猪细小病毒	乙型脑炎病毒	伪狂犬病毒	猪瘟病毒	布鲁氏菌	钩端螺旋体	弓形虫	鹦鹉热衣原体
流行特点	孕猪、种公猪和1月龄以内的仔猪最易感，仔猪死亡率高，垂直传播，易发生混合感染	只感染猪，尤其初产母猪易发生流产，产仔季节多发，呈地方性流行或散发，垂直传播，流行期长，损失较重	有明显的季节性，与蚊蝇活动有关，散发或呈地方流行性，幼龄动物更易感，感染率高，发病率低	无明显季节性，孕猪和新生仔猪最易感，日龄越小死亡率越高，发病与鼠类有关，垂直传播	只感染猪，不分年龄、性别、品种，无季节性，发病率、死亡率均高，传播迅速，呈流行性，垂直传播	孕畜最易感染，无明显季节性，集中产仔时多发，呈地方流行性，直接、间接接触都可感染	夏秋多见，鼠类是重要的贮存宿主，在传播上起重要作用，低洼、沼泽地带放牧容易感染	各种猪均易感，人兽共患，无明显季节性，急性暴发时多见架子猪，猫是终末宿主，是主要感染源	有广泛的易感动物，流行形式多种多样，多发于有鸟出没或猪禽共养的猪场，一旦感染，根除困难
主要临床症状	流产多发生于妊娠后期，末梢皮肤发绀，尤其耳朵发蓝更常见，流产母猪影响再次配种，仔猪严重呼吸困难，神经症状，高死亡率	初产母猪典型，妊娠早期感染胚胎死亡，母猪不孕，中期产木乃伊胎，死胎，后期大多产弱仔，公猪没有明显影响	妊娠母猪突发流产，以产出死胎为主。20日龄以内仔猪发热，呕吐，腹泻，神经症状，病情严重，死亡率高	侵害妊娠母猪发生流产，多产出大小不等死胎、木乃伊胎或弱胎，少数正常活仔、弱仔无力吮乳，公猪睾丸肿大、热痛	体温达41℃左右，结膜炎，有眼眵，初便秘后腹泻，皮肤出血点、斑，指压不退色，包皮积尿，产死胎、木乃伊、畸形胎或有神经症状弱仔	母猪流产多发生妊娠第4～12周，木乃伊胎极少，产后胎衣不下可继发子宫内膜炎和不孕，公猪发生睾丸炎	发热，血尿，贫血，黄疸，流产，流产仔猪皮肤出血点，蹄匣脱落，产后不久死亡	体温41.5℃左右，粪干硬或腹泻，呼吸困难，咳嗽，体表有紫斑及出血点，神经症状	妊娠母猪后期突然发生流产、死胎、弱胎，公猪睾丸炎，尿道炎，各年龄段猪肺炎、肠炎、关节炎、结膜炎、脑炎等

(续)

病名	猪繁殖与呼吸综合征	猪细小病毒病	猪流行性乙型脑炎	伪狂犬病	猪瘟	猪布鲁氏菌病	猪钩端螺旋体病	猪弓形虫病	猪衣原体病
特征性病理剖检点	病死仔猪头部水肿，淋巴结肿大、充血、出血，肺可见间质性肺炎变化，胸腹腔有大量淡黄色积液，脾肿大	感染胎儿充血、水肿、出血，体腔积液，胎盘钙化，子宫内有大小及死亡时间不一的胎儿或木乃伊胎	子宫内膜充血、水肿，附有黏稠分泌物，睾丸肿大，实质坏死，流产胎儿脑水肿，皮下水肿，实质器官出血、坏死	内脏器官可有不同程度点状出血坏死，组织学变化呈现非化脓性脑炎，有明显血管套	败血症变化，全身皮肤、浆膜、黏膜及脏器广泛性出血，淋巴结大理石样变，雀斑肾，脾边缘出血性梗死，大肠黏膜纽扣状溃疡	子宫黏膜有灰黄色脓样或干酪样小结节，出血，肝肿大，公猪睾丸肿大、化脓坏死，流产胎儿出血、水肿	皮下脂肪及内脏器官黄染，出血，肝肿大，呈棕黄色，胆囊肿大，肾肿大，淤血，膀胱有浓茶样尿液	淋巴结肿大、充血、出血和坏死，肺水肿，胃肠黏膜充血、出血，肝肿大、出血、坏死	子宫内膜充血、水肿、坏死，胎盘出血水肿；肝肿大充血、出血，睾丸变硬，流产胎儿皮肤淤血，皮下水肿，胸腹腔积液
实验室诊断	间接免疫荧光试验或酶联免疫吸附试验，分离病毒，检测抗体	血凝抑制试验，测定抗体，分离病毒	荧光抗体技术，中和试验或血凝抑制试验，分离病毒，测定抗体	免疫荧光技术，动物接种，包涵体检查	免疫荧光技术，酶联免疫吸附试验，琼扩，测定抗体，接种家兔	凝集试验或皮内变态反应试验	涂片暗视野镜检，动物接种	涂片镜检，测定抗体	涂片镜检，测定抗体
防控	无有效药物治疗，可用疫苗预防	无有效药物治疗，可用疫苗预防	无有效药物治疗，可用疫苗预防	早期可用高免血清治疗，可用疫苗预防	无特效药物治疗，可用疫苗预防	一般不予治疗，阳性猪淘汰，可用疫苗预防	链霉素、土霉素治疗有效，可用疫苗预防	磺胺类药物有效	四环素、大环内酯类药物有效

▲知识拓展　如果同学们想了解更多的知识，可以通过下面渠道进行学习：

1. 阅读杂志：《中国兽医杂志》《养猪》《猪病学》。
2. 浏览网站：猪病专业网、中国养猪技术网、猪病120网。
3. 通过学校图书馆借阅有关猪病防控方面的书籍。
4. 关注行业微信公众号（推荐）：世界猪业之窗、猪易网、猪业视角。
5. 利用猪病防治数字课程资源：依据封底课程码登录"中国农业教育在线"免费观看学习。

典型案例介绍与讨论——如何防控猪繁殖障碍性疫病

【目标要求】　通过对典型案例的分析讨论，加深对猪群繁殖障碍性疫病的理解，从而提高学生诊治猪群繁殖障碍性疫病的能力。

1. 学生角色 结合教师课堂讲授的繁殖障碍性疫病的知识点和技能点及现场典型案例实践,采取分组讨论、自由发言、交流、争论、补充等形式。明确发病案例主要诊断点。归纳猪繁殖障碍主要疫病的共同表现、主要病因、防控措施。

2. 教师角色 在几个组之间往返引导、启发、点拨、激励、鼓励学生大胆谈出自己的看法和见解,提倡有所发挥,鼓励创新意识,扼要总结、分析,全面阐述提高繁殖障碍性疫病的防控措施,从案例中应吸取的经验与教训。

【病案一】 2017年7月,某县多个养猪小区发生了以仔猪为主且伴有部分母猪和架子猪发病和死亡的疫情。疫情延续到2017年9月底。病死猪累计400余头。

1. 临床症状 病情发展缓慢,病猪体温一般在40~41℃,主要表现食欲时有时无,精神时好时坏,便秘、腹泻交替出现,有的病猪在耳端、尾尖及四肢皮肤上有紫斑或坏死痂,还有的病猪可见耳部及尾尖坏死,少数病猪有眼屎。病程长的病猪日渐消瘦、贫血、拱腰、被毛粗乱、无光泽、步态不稳、后躯无力、全身衰弱。后期后肢瘫痪,部分病例跗关节肿大。大多数病猪经1个月以上死亡,存活下来的多因生长迟缓,发育不良成为僵猪。除此之外,妊娠母猪主要表现产死胎、木乃伊胎、畸形胎及产出有震颤症状的弱小仔猪,有的产出外表健康的先天性感染仔猪。产出的弱小仔猪数天后陆续死亡。

2. 剖检变化 皮肤和可视黏膜有不同程度的出血,部分病猪下腹、四肢、耳根有紫色斑块状出血;淋巴结呈周边样出血;肾皮质部有点状出血,肾外观颜色不一,出血点大小、密度不一;膀胱黏膜有出血点或出血斑;部分病猪大肠有炎症,结肠处见有少许溃疡;多数病猪脾梗死不显著,但有1~2处小梗死灶,回盲瓣周围有溃疡和坏死灶。咽喉潮红,有的可见到出血点。上述剖检变化各剖检猪表现程度不尽相同。

【病案二】 2018年某猪场发生妊娠母猪厌食,体温升高达40~41℃,精神倦怠、嗜睡、咳嗽、呼吸急促,有的猪双耳、腹下、尾部、四肢末端、外阴皮肤发绀,呈青紫色或蓝紫色,尤其耳尖发绀最为明显,乳房皮肤有炎性表现,有的母猪有结膜炎,多在分娩前8~15d发生早产,胎儿有的木乃伊化、死胎或腐败,个别几窝小猪死胎率达80%~100%,成活的仔猪体质差,产后不久即出现呼吸困难,多在24h内死亡。

同场公猪表现精神沉郁,厌食、咳嗽、打喷嚏,伴发结膜炎(有眼屎或脓性分泌物),呼吸急促,性欲降低,精液质量下降,射精量减少,精液变化出现于发病后2~10周。

专家会诊检查:仔猪呼吸加快,沉郁或昏睡,有的丧失吃奶能力,在哺乳期仔猪死亡率可达30%~100%;小猪咳嗽、喷嚏,有的食欲减退,被毛粗乱,生长缓慢,偶有死亡;架子猪厌食,体温可达41℃,精神沉郁或昏睡,咳嗽和呼吸困难。这些成活下来的猪常继发感染呼吸道或消化道疾病,该病早期有些猪(占5%)耳、鼻、尾和腹部等发绀,当时根据这一症状怀疑为"猪蓝耳病",即猪繁殖与呼吸综合征。经对发病猪群随机采取血液,制成血清,进行酶联免疫吸附试验(ELISA)检测猪繁殖与呼吸综合征病毒抗体,结果为阳性。

【病案三】 2016年6月,某个体户饲养母猪20多头,其中4头突然高热不退,不食、流清鼻涕,大便干而硬,表面有黏液,尿液橙黄,有一头母猪流产。同时,饲养的

200头育肥猪也先后发病，死亡7头。主人以为感冒，发病后曾采用多种抗生素药物治疗，但效果均不明显，随即请当地兽医诊治。

1. 临床症状 病猪体温升高达41～42℃，呈稽留热，精神沉郁，被毛蓬乱无光泽，食欲废绝，呼吸急促，表现腹式呼吸，呈犬坐姿势，咳嗽，呕吐，流出黏液样鼻液，粪便先干结，后期腹泻，便中有时带有黏液和血液，尿液呈橘黄色。眼结膜充血潮红。后肢无力，行走摇晃。在耳翼、鼻盘、胸、腹下及四肢内侧出现紫红色斑点。兽医应用黄芪多糖、青霉素、链霉素、安乃近等进行治疗，每天2次，连用3d，结果仍然高热不退，不食。兽医诊断为猪瘟，请求进一步会诊。

2. 专家会诊检查

临床症状：体温41.8℃，眼结膜充血和潮红，但无分泌物，呼吸困难，皮肤出现紫红色的出血斑点，尤以耳翼、鼻端、肛门、腹下、股内侧明显，有的病猪发生痉挛、后躯麻痹、运动障碍等神经症状。

剖检变化：剖检可见淋巴结肿大、充血、出血，尤其腹股沟淋巴结明显，肠系膜淋巴结呈粗绳索状；肝有灰红色或灰黄色坏死灶和出血点；肺有出血点或出血斑，不同程度间质性肺炎和水肿；胃底部出血并有溃疡灶；胆囊肿大有出血点；肾有针尖大出血点；脾有出血点；胸、腹腔积液，脑膜充血、出血。

涂片镜检：取病猪的肺、脑和腹腔积液进行涂片，甲醇固定，姬姆萨染色，油镜下观察发现有大量呈月牙形或香蕉形的虫体，核为红色，胞浆为蓝色。

血清学检验：先后分别采取病猪血清30份，送市动物疫控中心实验室，经弓形虫（IHA）血清学检验，结果检出阳性25份，阳性检出率83.3%。

根据以上病例的发病情况、临床症状、剖检变化和实验室诊断，初步诊断为何种疾病？应如何进行防控？从案例中应吸取哪些经验与教训？

综合测试题

一、填空题

1. 猪繁殖障碍性疫病主要表现流产_____、_____、_____、_____、_____、_____、_____、_____和_____。
2. 猪繁殖与呼吸综合征发生后机体_____被抑制，该病常与_____、_____、_____和_____等混合感染或协同致病。
3. 猪瘟病毒在病猪的_____、_____、_____中含毒最多，因此，常作为送检病料，本病的常用消毒药有_____、_____、_____等。
4. 猪瘟病猪剖检时淋巴结呈_____，肾呈_____，脾呈_____。
5. 猪瘟的剖检变化以皮肤和内脏器官的点状出血为主，有出血变化的内脏器官主要有_____、_____、_____、_____、_____和_____等。
6. 猪感染伪狂犬病病毒时，年龄不同其临床症状不同，_____猪出现发热和神经症状等，病死率高；_____猪多为隐性感染；怀孕母猪表现_____。
7. 猪细小病毒主要侵害_____猪，其他猪感染不表现症状，发生本病后，常用

_____进行消毒。

8. 猪流行性乙型脑炎病毒主要通过_____传播，本病的发生有明显季节性，主要发生于_____。

9. 预防接种猪流行性乙型脑炎弱毒疫苗的免疫程序是在每年的_____月份，对_____月龄以上的种猪进行免疫接种。

10. 布鲁氏菌革兰氏染色呈_____性，妊娠母猪感染本病表现_____，公猪表现_____。

11. 钩端螺旋体在外界主要生存在_____、_____、_____和_____，这在本病的传播上有重要意义。

12. 衣原体引起妊娠母猪_____、公猪_____和_____，各年龄段猪发生_____、_____、_____、_____和_____等。

13. 弓形虫寄生在中间宿主猪的_____内，有_____和_____两种类型，寄生在终末宿主猫的_____内，有_____、_____和_____3种类型。

二、判断题

1. 公猪也可感染猪繁殖与呼吸综合征病毒，表现为睾丸肿大。（　）
2. 怀孕母猪感染猪繁殖与呼吸综合征后，有的猪耳尖明显呈蓝紫色，故称"蓝耳病"。（　）
3. 猪患急性型猪瘟时，出现结膜炎，但眼上无黏液、脓性分泌物出现。（　）
4. 猪瘟病猪在脾上的变化是脾明显肿大、出血。（　）
5. 大肠黏膜上的纽扣状溃疡主要出现在急性型猪瘟病例。（　）
6. 断奶仔猪和育肥猪发生伪狂犬病时，病情极为严重，常发生大批死亡。（　）
7. 猪细小病毒病主要发生于母猪，尤其是初产母猪。（　）
8. 公猪不感染流行性乙型脑炎病毒。（　）
9. 布鲁氏菌可经皮肤感染易感动物。（　）
10. 妊娠母猪和公猪感染布鲁氏菌后表现明显，其他猪常为隐性经过。（　）
11. 猪布鲁氏菌病发生后一定要进行彻底治疗。（　）
12. 钩端螺旋体能经皮肤感染猪。（　）
13. 钩端螺旋体病不能导致妊娠母猪流产。（　）
14. 衣原体对氨基糖苷类及磺胺类药物敏感。（　）
15. 隐性感染衣原体对种公猪的危害更大。（　）

三、问答题

1. 猪繁殖与呼吸综合征的特征是什么？如何防治？应该注意哪些问题？
2. 猪瘟分为几种类型？各型有何表现？主要病变特点有哪些？
3. 如何进行猪瘟的综合性防控？怎么扑灭猪瘟？
4. 猪伪狂犬病病毒的致病特点是什么？如何防控本病？
5. 新生仔猪发生伪狂犬病时有何表现？
6. 猪细小病毒病的特点是什么？如何防止本病的发生？
7. 妊娠母猪患流行性乙型脑炎的表现是什么？怎么进行免疫预防？
8. 如何防治衣原体病？

9. 钩端螺旋体病有何流行特点？如何进行防治？
10. 布鲁氏菌病的诊断方法有哪些？如何预防本病的发生？
11. 猪弓形虫病的主要症状有哪些？怎样与猪瘟区别？
12. 根据引起繁殖障碍的病因，应采取哪些对策？
13. 常见猪繁殖障碍性疫病有哪些？如何进行鉴别？

项目二 以腹泻为主要示病症状的疫病

【知识目标】
1. 掌握猪腹泻性疫病的主要综合表现，发病因素及防控措施。
2. 掌握传染性胃肠炎、仔猪副伤寒、仔猪水肿病、仔猪梭菌性肠炎、猪痢疾等疫病病原名称、流行病学特点及有效的防治措施。

【技能目标】
1. 在提供录像、幻灯、图片、标本以及现场病例时，能够鉴别不同腹泻性疫病的主要症状及病理剖检变化。
2. 会做重点腹泻性疫病的实验室诊断，并对实验结果进行正确的判定与分析。
3. 了解各疫病的发病机制及仔猪梭菌性肠炎、猪球虫病、猪增生性肠炎等疫病的流行特点与症状，并能初步掌握防控方法。

【德育目标】 体会猪场疫病的复杂性，更好地将所学知识与技能应用于临床实践，逐步树立专业自豪感。

【项目导读】 在猪的所有疾病中，以腹泻为主要症状的疫病较为多见，尤其是仔猪腹泻更为普遍。其中哺乳仔猪最严重，发病急，发病率和死亡率高。该类疫病传播迅速，既可单独感染致病，又可混合感染或继发感染，临床诊断与防制困难，常引起仔猪大量死亡，严重困扰着养猪业的发展，影响养猪场的经济效益，对这类疫病的有效防控是保证养猪业健康发展的关键因素之一。

（一）猪腹泻性疫病主要综合症候
（1）体温升高或正常。
（2）呕吐、腹泻、粪便颜色各异。
（3）精神委顿、厌食、消瘦、衰竭。
（4）高度脱水、电解质、酸碱平衡紊乱。

（二）猪腹泻性疫病的主导病因
猪的腹泻是集约化养猪生产条件下的一种典型的多因子性疾病。大体分为传染性腹泻和非传染性腹泻两大类，它们之间在感染途径、临床症状、病理剖检特点方面有很多共同之处。

1. 传染性腹泻 猪的传染性腹泻包括病毒性腹泻、细菌性腹泻和寄生虫性腹泻三大类，其中病毒性腹泻包括猪传染性胃肠炎、猪流行性腹泻、猪轮状病毒感染、猪瘟、猪伪狂犬病等；细菌性腹泻包括仔猪黄痢、仔猪白痢、仔猪红痢、仔猪副伤寒、猪痢疾、猪增生性肠炎等；寄生虫性腹泻有球虫、蛔虫、弓形虫、类圆线虫、鞭虫等感染。在上述病原中，细菌和病毒最常见，它们或单独致病，或混合感染，后者出现极高的死亡率。

2. 非传染性腹泻

(1) 营养性腹泻。饲料中粗蛋白过高,仔猪胃肠功能未发育成熟,消化机能不够完善。

(2) 生理性腹泻。猪胃酸分泌不足,消化酶低下,神经调节功能不足,免疫功能下降。

(3) 诱因性腹泻。诸多应激因素可诱发仔猪腹泻。

(4) 中毒性腹泻。主要是饲料发霉变质引起的霉菌毒素中毒。

(三) 猪腹泻性疫病防控关键点

1. 加强饲养管理 层层把关,步步到位,采取切实可行的防控措施,力争减少仔猪腹泻的各种直接和潜在的发病威胁。

2. 建立科学合理的预防接种制度 猪场应根据猪的大小、用途、季节、本场疫病发生的情况和猪场周边地区疫病发生的情况等,制定科学合理的免疫程序,防止猪发生腹泻性疫病及其他疫病。

3. 药物预防 掌握猪场腹泻性疫病流行的规律,本着"可靠、安全、经济、简便"的基本原则,尽量选择一些具有可靠防治效果的药物实施相应的药物预防,通过药敏试验筛选相应的治疗药物。仔猪持续性腹泻,常导致机体脱水和电解质紊乱而引发酸中毒,因此口服补液是减少死亡率的一项关键措施。尤其是对于集约化猪场暴发的腹泻,群体补液非常实用。

(1) 病原性腹泻。以抗生素、喹诺酮类、磺胺类药物防止继发感染,辅以抗病毒药物;寄生虫性腹泻在用上述药物的同时还要用驱虫药。

(2) 营养性腹泻。要调配好饲料,初生仔猪吃足初乳,增强机体抵抗力。

(3) 生理性腹泻。以调节生理功能为主,使用中枢神经兴奋药、维生素 B_1、辅酶 A、三磷酸腺苷等。

(4) 应激性腹泻。多在管理上下工夫,减少应激。

(5) 中毒性腹泻。正确分析毒物来源,及时停喂有毒饲料,进行对症治疗。

一、猪传染性胃肠炎

【病种分类】 三类动物疫病。

【病原】 猪传染性胃肠炎病毒(TGEV)。

【特征】 呕吐、水样腹泻和脱水。

【发病机制】 猪传染性胃肠炎病毒能感染猪的小肠上皮细胞。当大量的小肠上皮细胞受到感染后,使空肠和回肠的绒毛显著缩短。肠黏膜降低了产生某些酶的能力,使病猪不能水解乳糖和其他必要的成分,发生消化不良与吸收不良。未被消化的乳糖存留于肠内,使渗透压明显增高,导致液体滞留,甚至从机体组织中吸收液体,因而发生腹泻和脱水。此外,空肠中钠和电解质运输的改变,引起电解质和水的积聚,最终由于脱水和代谢性酸中毒以及高血钾症导致心、肾功能减退、衰竭而死亡。

【流行病学】 病猪和带毒猪是本病的主要传染源,通过粪便、呕吐物、乳汁、鼻分泌物以及呼出气体排出病毒,污染饲料、饮水、空气、用具等,病毒通过消化道和呼吸道感染易感猪。

本病在新疫区主要呈流行性发生，几乎所有的猪都发病，哺乳仔猪死亡率很高，在老疫区则呈地方流行性或周期性地方流行。主要发生于冬春寒冷季节。

【临床症状】 潜伏期一般为 12~24h，有的可延长 2~3d。

哺乳仔猪感染后表现呕吐，吐出白色凝乳块或带黄色黏液的胃内容物。随后呈现下痢，严重者呈喷射状。下痢粪便初呈乳白色，逐渐变为稍带黄色、黄绿色或灰黄褐色，有腥臭味，并可见未消化的凝乳块。随着下痢，病猪体重迅速减轻，陷于脱水状态。10日龄以内的仔猪，在出现症状后于1周内死亡，病死率几乎达100%。随着日龄的增大病死率逐渐降低。痊愈仔猪生长发育不良。

断乳猪、育肥猪往往突然发病，表现食欲减退，病初呕吐，以后呈现剧烈的水样下痢，有的下痢呈喷射状，严重的排黑色稀粪。7d以内大部分可恢复。

妊娠猪一般症状较轻，但在分娩后哺乳期感染时，往往呈现发热、食欲不振、呕吐、下痢、泌乳停止等症状。一般经3~5d可好转。

【病理剖检特点】 尸体因脱水而消瘦，眼窝下陷，皮毛不洁，灰暗粗乱，肛门周围红色或不洁、有粪便。可视黏膜发绀。

病变主要集中于胃和小肠。哺乳仔猪胃内充满乳白色凝乳块，胃底部黏膜潮红充血，有的病例有出血点。小肠充血、膨胀、肠壁变薄、半透明状，肠内充满黄绿色或灰白色泡沫状液体。肠系膜淋巴结肿胀。空肠绒毛显著缩短。

【诊断要点】

1. **临床诊断** 表现呕吐、严重腹泻和脱水。

2. **病理诊断** 剖检可见胃内有凝乳块，小肠充血、肠壁变薄、肠内充满半液状或液状内容物。

3. **实验室诊断** 采取病猪的空肠、空肠内容物、肠系膜淋巴结及发病急性期和康复期双份血清样品送检，进行微生物学和血清学检查。常用检查方法有荧光抗体检查、ELISA试验、病毒分离、中和试验等。

【防控关键点】

（1）加强饲养管理，搞好圈舍卫生及保温工作，定期消毒。

（2）免疫接种，用猪传染性胃肠炎弱毒疫苗给母猪免疫。免疫方法是在母猪产前45d及15d，肌内注射和鼻内接种疫苗各1mL。或用弱毒苗给出生的仔猪口服1mL。也可以使用猪传染性胃肠炎与猪流行性腹泻二联苗，对妊娠母猪或仔猪进行免疫接种。

（3）本病尚无有效的药物治疗，发病后应采取对症疗法，目的在于减轻失水、防止酸中毒和继发性细菌感染。

（4）加强护理，给病猪提供防寒保暖而又干燥的环境，要提供充足的清洁饮水，最好在水中加口服补液盐、人工盐。

二、猪流行性腹泻

【病种分类】 二类动物疫病。

【病原】 猪流行性腹泻病毒（PEDV）。

【特征】 呕吐、水样腹泻和脱水。

【流行病学】 病猪是主要传染源。病毒随粪便排出后，污染饲料、饮水、衣服、鞋子、车辆及工具等而散播传染，感染途径是消化道。所有年龄的猪都可以感染发病，发病率达100%，尤以哺乳仔猪受害最严重，母猪发病率可达15%～90%。以冬春季节发病为重。与猪传染性胃肠炎相比，猪流行性腹泻传播较慢，死亡率不高。

【临床症状】 本病的潜伏期长短不一。哺乳仔猪8～36h，中猪和肥猪1～3d或更长。病猪表现呕吐，迅速腹泻脱水，腹泻粪便呈水样，黄色或灰黄色，体温基本正常，濒死前体温下降，倒地死亡。呕吐多发生于吃食和吃奶之后。中猪、育肥猪和母猪常呈精神委顿、厌食和持续3～7d腹泻，恢复后容易造成生长发育不良。

【病理剖检特点】 病理解剖变化主要在小肠，肠管膨满扩张，充满黄色的液体，肠壁变薄透明，肠黏膜充血。肠系膜淋巴结充血、水肿。小肠上皮细胞变性、坏死和脱落。

病毒性腹泻导致的肠壁透明菲薄

【诊断要点】

1. **临床诊断** 水泻、呕吐、脱水。
2. **病理诊断** 小肠黏膜充血，肠壁变薄、透明。
3. **实验室诊断** 采集空肠及肠内容物进行病毒的分离和血清学诊断（直接免疫荧光法、双抗体夹心ELISA、血清中和试验、间接ELISA等）。也可以参照《猪流行性腹泻病毒RT-PCR检测方法》（GB/T 34757—2017）检测病原。

【防控关键点】

1. **预防** 主要采取疫苗接种的方法。可以使用猪流行性腹泻疫苗或猪传染性胃肠炎与猪流行性腹泻二联苗，对妊娠母猪或仔猪进行免疫接种。建议对母猪采用"活苗＋死苗"相结合的免疫方式。发病后应采取隔离、消毒等措施。
2. **治疗** 本病无特效治疗药物。其他的对症治疗措施同猪传染性胃肠炎。

三、仔猪轮状病毒感染

【病原】 猪轮状病毒（RDV）。

【特征】 厌食、下痢、呕吐，中猪和大猪为亚临床症状或隐性感染。

【流行病学】 各种年龄、性别的猪都可感染本病，以8周龄内仔猪多发，感染率可达90%～100%，5日龄内发病猪死亡率可达100%。另外，人和其他动物也可散播传染。有些临床健康猪粪便也可检出病毒。本病一年四季均可发生，但多发生于晚秋、冬季和早春。常呈地方性流行。寒冷、潮湿、卫生不良、饲料营养不全等，均能促进本病的发生。

【临床症状】 潜伏期一般为12～24h，有的可达2～3d。病初精神沉郁，食欲不振，不愿走动，有些仔猪吃奶后呕吐，继而腹泻，粪便呈黄色、灰白色或黑色，为水样或糊状，较腥臭。症状的轻重取决于发病猪的日龄、免疫状态和环境条件，缺乏母源抗体保护的新生仔猪症状最重，一般年龄越小，病死率越高。环境温度下降或与其他病原混合感染时，常使症状加重，病死率增高。通常10～21日龄仔猪的症状同"白痢"，故又称"三周龄腹泻"、"乳痢"，腹泻数日死亡或康复。7～8周龄仔猪症状更轻，成年猪为隐性感染。

【病理剖检特点】 病变主要限于消化道。胃弛缓，内充满凝乳块和乳汁。肠壁薄、半透明，肠黏膜充血，易脱落。肠内容物为黏液性或水样、黄色、黄白色、灰黄色或灰黑色。小肠绒毛萎缩扁平。肠系膜淋巴结水肿，胆囊膨大。

【诊断要点】

1. **临床诊断**　以呕吐、腹泻、脱水和酸碱平衡紊乱为特征。
2. **病理诊断**　胃内充满凝乳块和乳汁。小肠肠壁薄而透明，肠内充满黄色水样内容物。
3. **实验室诊断**　采取猪小肠及内容物或粪便进行病原分离和血清学诊断。方法有电镜法、免疫电镜法、琼脂扩散试验、对流免疫电泳试验、直接荧光抗体试验、酶联免疫吸附试验（ELISA）和放射免疫试验等。

【防控关键点】

1. **预防**　加强饲养管理，保持栏舍清洁卫生。新生仔猪要及早吃上初乳，防寒保暖。要确保母猪的营养，增强仔猪的抵抗力。建立卫生防疫制度，猪舍及用具实行定期消毒。在流行地区，可用猪轮状病毒油佐剂灭活苗或猪轮状病毒双价苗对母猪或仔猪进行预防接种。
2. **治疗**　本病尚无特效的治疗方法。发病后应立即隔离、消毒。采取综合性的治疗措施，如应用收敛止泻、免疫球蛋白制剂或黄芪多糖等药物，内服口服补液盐。另外，应用抗生素以防止继发感染。

四、仔猪增生性肠炎

拓展—猪博卡病毒感染

【病原】　胞内劳森菌，专性细胞内寄生菌。革兰氏染色阴性，抗酸染色阳性。

【特征】　主要侵害回肠黏膜，随着病程的发展蔓延到结肠，造成肠壁增生、出血。常并发或继发沙门氏菌感染从而加重病情。

【临床症状】　因菌株毒力的差异及猪体质的不同而有不同类型的发病表现。潜伏期2～3周，生长育肥猪最易感，主要见于5～20周龄的断奶仔猪。感染后多数猪除了生长速度减慢外并没有明显的发病表现，仅在屠宰时发现回肠存在一定程度的增生性病变。也有的轻微腹泻，有时带有血丝和黏液，大多数4～10周后自然恢复。

仔猪增生性肠炎病理变化

【病理剖检特点】　解剖病猪可以发现结肠末端50cm处及结肠上1/3处肠壁变厚，偶尔可见肠壁坏死和出血。

【防控关键点】

1. **保健**　在猪的8周龄、12周龄、16周龄时各投喂敏感药物1次，每次7d。
2. **定期消毒**　用敏感消毒药每周消毒1次。
3. **加强管理**　坚持自繁自养，不从外地买进病猪；采用全进全出的饲养方式；加强平时的饲养管理，特别要保证营养充分和均衡。

五、仔猪大肠杆菌病

【病原】　病原性大肠杆菌，革兰氏染色阴性。在麦康凯琼脂上生长成红色菌落。有许多血清型。

【特征】　按其发病日龄分为3种，即生后数日发生的仔猪黄痢；2～3周龄发生的仔猪白痢；断奶前后发生的猪水肿病。成年猪感染大肠杆菌后主要表现乳房炎和子宫内膜炎。

【发病机制】 仔猪对致病性大肠杆菌特别易感，与仔猪的生理特点、免疫功能状况、各种诱因导致抵抗力的下降以及致病性大肠杆菌本身的毒力特性密切相关。

1. **初生仔猪的生理特点** 初生仔猪的胃腺发育尚不完善，其分泌胃酸的机能很弱，胃内缺乏游离盐酸，抑制细菌繁殖的能力较弱，任何异常的情况都可能引起仔猪的消化道紊乱。

2. **仔猪的免疫功能状况** 新生仔猪的免疫系统发育不健全，当机体因各种因素抵抗力下降时，病原性大肠杆菌即可乘机侵入肠道。

3. **致仔猪抵抗力下降的因素** 天气突变、密集饲养、通风不良、饲料突变等各种因素通过影响肠道菌群的正常平衡使肠道的防御能力下降，致病性大肠杆菌乘机侵入。

4. **致病性大肠杆菌的毒力特性** 致病性大肠杆菌不侵入上皮细胞，而是吸附在肠黏膜表面进行繁殖，并产生肠毒素，导致腹泻。

总之，仔猪大肠杆菌病的发生，是以仔猪的生理、免疫功能不完善为背景，以卫生防疫及饲养管理的不健全为条件，以致病性大肠杆菌的侵入感染和异常增殖为病因，再通过各种机制的作用，表现的综合症状和病理过程。

【流行病学】

1. **仔猪黄痢** 本病常发生于出生后 7 日龄内的乳猪，尤以 1～3 日龄的乳猪发病最多。同窝仔猪中发病率很高，常在 90% 以上，病死率也很高。

2. **仔猪白痢** 本病主要发生于 10～30 日龄仔猪，以 10～20 日龄内发病最多，发病率较高，死亡率低，多能自愈，但影响生长发育。

3. **仔猪水肿病** 本病主要发生于断奶前后仔猪，常发生于同窝中生长快、体质健康的仔猪。主要发生于春秋季节，呈散发性或地方流行性。

【临床症状】

1. **仔猪黄痢** 潜伏期很短，病猪表现为精神不振，排出黄色糨糊状稀粪，混有凝乳块、腥臭，肛门周围沾满粪便，病猪脱水、消瘦、昏迷、衰竭而死。

2. **仔猪白痢** 病猪体温正常，初期精神、食欲无明显变化，主要症状为下痢，粪便呈乳白、灰白、淡黄或黄绿色，有特异腥臭味，有时夹有气泡，严重者粪便失禁、脱水，最后衰竭而死。

大肠杆菌引起的病变

3. **仔猪水肿病** 发病后体温短时间内升高，很快降至正常或低于常温，精神沉郁，食欲不振，心跳加快，严重者可达 200 次/min 以上，步行不稳，转圈或盲目冲撞，口吐白沫，四肢渐进性麻痹，倒地时四肢呈游泳姿势。水肿是本病的常见症状，常发生于眼睑、结膜、脸部、齿龈，有时波及颈部皮下，叫声嘶哑。死前体温降至 35℃ 以下，呼吸困难，口鼻流泡沫性液体。病程较短，一般为 1～2d，病死率约 90%。

【病理剖检特点】

1. **仔猪黄痢** 病尸严重脱水，皮肤干燥、皱缩。肠道呈急性卡他性炎症，尤以十二指肠明显。肠系膜淋巴结充血、肿大、出血。肝、肾等有凝固性小坏死灶。

2. **仔猪白痢** 胃肠道黏膜呈现充血、出血、卡他性炎症，肠壁变薄呈灰色透明。肠系膜淋巴结轻度肿胀，肝和胆囊肿大。

3. **仔猪水肿病** 水肿是本病的特征。常见于胃壁，尤以胃大弯和贲门部水肿显著，切面流出多量无色至黄色渗出液，肌层和黏膜层之间呈胶冻样，胃底有弥漫性出血。肠系膜水肿，眼睑和头颈部皮下水肿。全身淋巴结水肿、充血、出血，以肠系膜淋巴结最为明显。还可见卡他性或出血性肠炎等病变。

【诊断要点】

1. **临床诊断**
（1）**仔猪黄痢。** 新生仔猪排黄色稀便，多发于 1～3 日龄的仔猪，同窝仔猪几乎均患病。
（2）**仔猪白痢。** 多发生于 10～30 日龄仔猪，排白色黏稠状粪便，体温、食欲变化不大。
（3）**仔猪水肿病。** 断奶前后的仔猪眼睑、胃壁及肠系膜水肿。

2. **实验室诊断** 主要进行大肠杆菌的分离鉴定。
（1）**标本采集。** 采心血、脾、肝、小肠内容物、肠系膜淋巴结。
（2）**镜检。** 可见革兰氏阴性杆状细菌，单个或成对，许多菌株有荚膜、鞭毛。
（3）**分离培养。** 选用麦康凯培养基，培养 24h 形成红色菌落。
（4）**生化反应。** 分解葡萄糖、甘露醇、麦芽糖，产酸产气，产生靛基质，不产生硫化氢。

【防控关键点】

1. **仔猪黄痢**
（1）平时预防措施。加强饲养管理，搞好猪舍卫生，保持干燥，经常进行消毒。临产前应给母猪垫上干净褥草，猪体和产房应消毒，产后应将产房清扫干净。仔猪出生后应尽早吃初乳，吃乳前可用 0.1％高锰酸钾溶液消毒母猪乳头、乳房皮肤。
（2）免疫接种。目前我国试用的疫苗有 K_{88}-K_{99} 双价基因工程灭活菌苗，K_{88}-K_{99}-987P 三价灭活苗，K_{88}-K_{99}-987P、F41 四价灭活疫苗，K_{88}-K_{99}-987P、LT 肠毒素四价油佐剂灭活苗，猪大肠杆菌病（K_{88}-K_{99}-987P、LT）＋猪梭菌性肠炎（C 型魏氏梭菌、B 型诺维氏梭菌）六价二联油佐剂灭活苗。于母猪产前 40d 和 15d 各注射 1 次。由于大肠杆菌的血清型较多，所以不能完全依赖免疫接种。

可以使用自家疫苗免疫，即从本场分离出致病性大肠杆菌研制成疫苗供本场母猪免疫，对本场大肠杆菌病针对性较强。
（3）药物预防。在新生仔猪出生后，吃奶前 2～3h 喂促菌生、调痢生、乳康生等，以后每天 1 次，连用 3 次。有条件可以分离致病菌株进行药敏试验，选择高敏药物，疗效更好。
（4）加强对症治疗。如补液、止泻、强心、利尿、健胃等药物配合抗菌药物治疗。在治疗的同时加强对病猪的护理。

2. **仔猪白痢** 除参照仔猪黄痢的有关措施外，还应注意加强母猪饲养管理，根据情况增减精饲料或青饲料，避免母猪乳汁过稀、不足或过浓；仔猪提早开食，促进消化机能，给母猪和仔猪补充微量元素和注射铁制剂等。

3. **仔猪水肿病**
（1）应加强仔猪断乳前后的饲养管理，减少应激。防止饲料单一化，补充富含无机盐类和维生素的饲料，断乳时不要突然改变饲养条件（如饲料、环境、温度等）。
（2）药物预防。在断奶前后，在饲料中适当添加一定的微量元素硒和维生素 E 或中草药免疫增强剂，也可在饲料中添加适量抗生素。
（3）治疗。仔猪水肿病无特效药物治疗，早期治疗、综合治疗有一定效果。病初投服适量缓泻剂，以促使肠内容物排出，必要时选择高敏药物控制感染及进行对症治疗。还可配合使用亚硒酸钠、维生素 E、氯化钙、甘露醇等药物进行对症治疗。

六、仔猪副伤寒

【病种分类】 三类动物疫病。

【病原】 猪霍乱沙门氏菌和猪伤寒沙门氏菌,革兰氏染色阴性。

【特征】 急性病例表现败血症变化,慢性则为顽固性下痢、坏死性肠炎。

【流行病学】 本病主要发生于1~4月龄的仔猪。主要传染源为病猪和带菌猪,病原在肠道、胆囊内长期存在,并不断随粪便排出,污染饮水、饲料等,主要经消化道感染,在外界不良因素影响下和仔猪抵抗力降低时,也可引起内源性感染。

本病一年四季均可发生,但常见于阴雨连绵的季节,呈散发性或地方流行性。饲养管理不当,气候突变,长途运输等因素可促使本病发生。发生本病后易继发感染猪瘟。

【临床症状】 本病潜伏期数天至数月,根据临床表现分为急性型和慢性型。

1. **急性型(败血型)** 多发于断奶仔猪,体温突然升高达41℃以上,精神不振,不食。后期出现下痢,排出淡黄色恶臭的稀便。呼吸困难,耳根、胸前和腹部皮肤有紫红色斑点。病程1~4d,多衰竭死亡。

2. **慢性型(结肠炎型)** 本型较多见,与肠型猪瘟的临床症状很相似。病猪体温升高(40.5~41.5℃),精神沉郁,食欲不振,畏寒,消瘦,眼有黏性或脓性分泌物。病猪长期腹泻,粪便呈淡黄色或灰绿色、恶臭,混有坏死组织碎片和纤维素性物质,有时混有血液,被毛粗乱,无光,皮肤常有弥漫性湿疹,死前皮肤出现紫斑。病程2~3周或更长,最后极度消瘦,衰竭而死或成为僵猪。

【病理剖检特点】

1. **急性型** 主要呈现败血症变化。脾肿大,呈蓝紫色,全身浆膜、黏膜有不同程度的出血点,全身淋巴结尤其是肠系膜淋巴结肿大、出血,切面似大理石状,肝、肾有不同程度的肿大、充血和出血,胃肠黏膜呈现急性卡他性炎症。胆囊肿大,胆汁浓缩,呈黑褐色。

仔猪副伤寒病理变化

2. **慢性型** 其特征为纤维素性、坏死性肠炎,特别是盲肠、结肠、回盲肠壁增厚,黏膜有较大的坏死区,上面覆有糠麸状假膜,假膜易于脱落,脱落后可见浅平的溃疡,中央稍凹陷,周边隆起似堤状;肠系膜淋巴结呈索状肿胀,有干酪样坏死;肝有时可见灰黄色针尖至米粒大的坏死灶;脾稍肿并有干酪样坏死。

【诊断要点】

1. **临床诊断** 急性型表现体温升高,皮肤有紫红色斑点,下痢;慢性型表现消瘦,长期下痢,粪中有坏死组织碎片等。

2. **病理诊断** 急性型呈败血症变化;慢性型大肠有典型的坏死性炎症病灶和溃疡。

3. **实验室诊断** 取病料(肝、脾、肾和肠系膜淋巴结等)涂片、染色、镜检,可见革兰氏染色阴性、两端钝圆的短杆菌。取病料接种于麦康凯琼脂平板进行病原菌分离培养,并做生化试验进行鉴定。

【防控关键点】

1. **预防**

(1) 加强饲养管理。提供优质全价饲料,搞好猪舍卫生,保持干燥,定期消毒,消除各种发病诱因，增强猪只抵抗力。

（2）定期预防接种。目前主要使用猪副伤寒弱毒冻干菌苗，仔猪于30日龄和60日龄各接种1次，既可口服也可肌内注射。另外，在遇到气候突变等不良应激时，可以添加土霉素等进行药物预防。

2. **扑灭** 发病后应及时对病猪进行隔离治疗，污染场地和器具应进行彻底消毒，病死猪和粪便应进行无害化处理，病死猪不得食用，以防人畜感染和病原菌扩散。本病可用多种抗生素、磺胺类等药物进行治疗。但病原菌常有耐药性，应做药敏试验。

七、仔猪梭菌性肠炎

仔猪梭菌性肠炎，又名仔猪红痢、出血性肠炎、传染性坏死性肠炎。

【病原】 C型产气荚膜梭菌，革兰氏阳性，有荚膜和芽孢的厌氧菌。

【特征】 出血性下痢、肠坏死、病程短、死亡率高。

【流行病学】 本病一年四季均可发生，主要侵害1～3日龄仔猪，1周龄以上的仔猪很少发病。病猪和带菌猪是本病的主要传染源。本菌常存在于一部分母猪的肠道中，随粪便排出，污染环境，经消化道感染，病程短，死亡率极高。

【临床症状】 本病在仔猪出生后数小时至1d即出现临床症状，常突然发病，精神沉郁，无力，走路摇摆，排恶臭的红色黏液性粪便。病猪常迅速脱水而死。

仔猪梭菌性肠炎病理变化

【病理剖检特点】 剖检腹腔内有许多樱桃红色渗出液，眼观病变主要见于空肠，常有一段出血性坏死，呈暗红色，肠腔内充满含血的液体，肠系膜淋巴结呈深红色。病程稍长的肠段呈严重的坏死性变化，肠黏膜坏死，形成灰黄色假膜。心外膜、肾和膀胱有时可见小的出血点。脾边缘有小点状出血。

【诊断要点】

1. **临床诊断** 发生于1周龄内的仔猪，排恶臭的红色黏液性粪便。
2. **病理诊断** 空肠出血性坏死性炎症变化。
3. **实验室诊断**

（1）直接镜检。无菌取肠内容物涂片，革兰氏染色镜检，可见大量革兰氏阳性、两端钝圆的粗大杆菌。

（2）分离培养与鉴定。取肝、脾、淋巴结、肠内容物等病料接种厌气肉肝汤，37℃培养16～24h，肉肝汤极度混浊，并产生大量气体。取培养物涂片染色镜检及进行生化试验予以鉴定。

案例—育肥猪群感染产气荚膜梭菌

【防控关键点】

1. **预防** 给怀孕母猪注射仔猪红痢氢氧化铝菌苗。在产前1个月肌内注射5mL，2周后再肌内注射8mL，使母猪获得免疫，仔猪出生后吃母猪初乳可获被动免疫。

2. **治疗** 本病发病迅速，病程短，发病后用药物治疗疗效不佳，必要时可口服抗生素以及补液盐防止脱水。

八、猪痢疾

【病原】 猪痢疾密螺旋体。

【特征】 黏液性或黏液出血性腹泻。

【发病机制】 病原进入猪的消化道，经2h即可到达大肠，侵入大肠黏膜以及肠腺。病原在肠道腺管内繁殖，侵入上皮细胞，但并不直接损伤和破坏机体组织，病原的脂多糖、毒素等物质参与大肠表面细胞的损伤过程。激发突发性反应和肥大细胞脱落颗粒，损伤结肠黏膜上皮细胞对氯化钠的吸收功能，导致黏膜表面受损，黏液分泌亢进以及肠液在结肠内的滞留，从而发生带有血液、黏液和坏死组织碎片的腹泻。

【流行病学】 猪痢疾在自然流行中除猪以外其他畜禽很少发病。不同品种、年龄的猪均易感，但以7~12周龄的小猪多发。本病一旦侵入猪群不易根除，幼猪的发病率和死亡率相当高，并且生长发育受阻。

病猪和带菌猪是主要传染源，从粪便中排出大量病原体，经消化道感染。各种应激因素，如阴雨潮湿、气候异常、拥挤、环境卫生不良、饥饿、运输及饲料变更等可促进本病的发生和流行。

本病的流行无季节性，一年四季均可发生，呈地方流行性。

【临床症状】 潜伏期3d至2个月以上，一般为10~14d。

1. **最急性型** 多见于流行初期，往往突然死亡，不表现症状。

2. **急性型** 大多数发病猪呈急性型，病猪体温升高到40~40.5℃，精神委顿，食欲不振，持续腹泻，初期排出黄色至灰色的软粪，以后迅速腹泻，粪中含有黏液、血液和坏死组织碎片，粪呈棕色、红色或黑色，且恶臭。病猪弓背缩腹，消瘦脱水，最后衰竭而死或转为慢性。病程1~2周。

3. **慢性型** 本型病情较轻。表现下痢，粪中黏液及坏死组织碎片较多，血液较少。呈进行性消瘦，病死率虽低，但生长迟滞，多成为僵猪。病程在1个月以上。

【病理剖检特点】 病变局限于大肠。大肠黏膜肿胀出血，并覆盖着黏液、血液及纤维素性渗出物。大肠内容物软且稀薄，并混有黏液、血液和组织碎片。当病情进一步发展时，黏膜表面坏死，形成假膜，外观呈麸皮样，剥去假膜露出浅表糜烂面。其他脏器无明显病变。

【诊断要点】

1. **临床诊断** 病猪表现血性下痢，粪中含有黏液、血液及坏死组织碎片。

2. **病理诊断** 剖检急性病例可见大肠黏液性和出血性炎症，慢性病例为大肠坏死性炎症。

3. **实验室诊断** 可取病猪的大肠黏膜、黏液或粪便等病料，进行实验室检查。

(1) 直接涂片镜检。取急性型病猪病料涂片，姬姆萨染色镜检或暗视野检查，如发现有大量猪痢疾密螺旋体（≥3条/视野），可作为诊断依据。但本法对急性病例后期、慢性、隐性和用药后的病例检出率较低。

(2) 分离培养。将病料接种于培养基上进行病原厌氧分离培养。然后取培养物进行镜检，确定是否为密螺旋体。

(3) 其他检查方法。动物试验、凝集试验、荧光抗体试验、酶联免疫吸附试验等。

【防控关键点】

1. **预防** 坚持自繁自养的原则,若需引进猪种,禁止从疫区或污染场引进,引种时做好隔离、检疫工作,应隔离检疫2个月,加强饲养管理和卫生消毒工作。猪场实行全进全出饲养制,进猪前应按消毒程序与要求对猪舍进行消毒。在猪饲料中添加林可霉素、杆菌肽、泰乐(妙)菌素、土霉素等对本病有预防作用。

2. **扑灭** 非疫区若发生本病,最好全部清群淘汰,猪场彻底清扫、消毒。病死猪、垫草、粪便、污物要进行无害化处理,空圈2~3个月,经终末消毒后,方可进新猪群。

3. **治疗** 首选痢菌净进行控制,硫酸新霉素、红霉素等均有一定疗效。对剧烈下痢者还应采取补液、强心、止血等对症疗法。猪痢疾的药物治疗虽有一定疗效,但停药后容易复发。

九、猪蛔虫病

【病原】 猪蛔虫,长圆柱状的大型线虫。新鲜的虫体呈粉红色或黄白色。

【特征】 猪生长缓慢,发育不良,严重感染的猪发育停滞,成为僵猪。

【生活史】 蛔虫的发育不需要中间宿主。寄生在猪小肠中的雌雄蛔虫交配后,雌虫可产生大量虫卵,虫卵随粪便排出体外。在适宜的温度、湿度和氧气充足的条件下,经过第一、二期幼虫,发育成含幼虫的感染性虫卵。感染性虫卵随饲料或饮水被猪吞食后,在小肠内幼虫逸出,钻入肠壁血管,随血液经门静脉到达肝,再经后腔静脉进入心脏,然后经肺动脉到肺部毛细血管,并穿破毛细血管进入肺泡,最后沿着细支气管、气管和咽喉进入口腔,再次被咽下,在小肠内发育为成虫。自吞食感染性虫卵到发育为成虫,需要2~2.5个月。成虫的生存期为7~10个月(图1-5)。

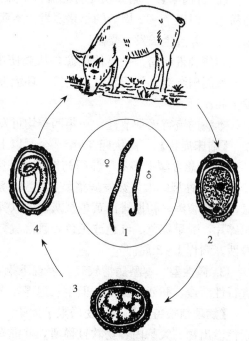

图1-5 猪蛔虫生活史
1. 成虫 2. 生卵 3. 发育的虫卵 4. 感染性虫卵
(山东省畜牧兽医学校,黑龙江省畜牧兽医学校,1990.临床兽医学)

【临床症状】 成年猪感染后多不表现明显症状,但对仔猪危害严重。蛔虫幼虫钻入肠壁后,损伤肠壁可发生肠炎,患猪表现精神沉郁,食欲减退,消化不良,口渴,呕吐等症状。当幼虫移行到肺时,可发生蛔虫性肺炎,主要表现咳嗽,体温升高,呼吸急促。成虫寄生在猪的小肠内,在一般情况下,症状轻微,常不引起人们的注意。因感染的严重程度不同,在临床上可表现为不同症状,如食欲不振,消化机能障碍,生长发育缓慢,消瘦,贫血,被毛粗乱,磨牙等。如寄生虫体数目过多时,往往发生肠阻塞,有腹痛症状,甚至发生肠破裂而死亡。有时蛔虫可进入胆管,引起胆道蛔虫症,开始腹泻,体温升高,食欲废绝,腹痛,以后体温下降,卧地不起,多经6~8d死亡。

【病理剖检特点】 在病初期,肝表面有大小不等的白色斑点。肺表面有出血点或暗红色斑点,肺内可发现幼虫。如蛔虫钻入胆管,可在胆管内发现虫体。成虫大量聚集时,小肠黏膜有卡他性炎症、出血或溃疡。肠阻塞时可见到互相扭结成团的蛔虫。肠破裂时发生腹膜炎和腹腔内出血。

【诊断要点】

1. **临床诊断** 6月龄以下的猪易发病,表现生长发育缓慢,贫血,消瘦,咳嗽,随粪便排出虫体。

2. **病理诊断** 剖检时,可在小肠中发现多量蛔虫,肝有白斑或肺有出血性斑点。

蛔虫感染引起的病变

3. **实验室诊断** 粪便虫卵检查是最可靠的确诊方法。检查方法可用直接涂片法或饱和盐水漂浮法。

【防控关键点】

1. **预防** 散养仔猪断奶后直到7月龄前,定期进行驱虫,这是防治本病最可靠的方法。其具体做法是仔猪断奶后进行第一次驱虫,3月龄时进行第二次驱虫,5月龄时进行第三次驱虫。集约化养猪场种猪每年春秋各驱虫1次,仔猪60~70日龄驱虫1次,到3~4月龄再驱虫1次。此外,要及时清扫猪圈,猪粪要堆积发酵后利用,以杀死粪便中的蛔虫卵;要注意饲料、饮水和用具的清洁,减少蛔虫卵的污染;饲槽、用具等应定期用消毒药清洗消毒。

2. **治疗**

(1) 左旋咪唑。片剂,每千克体重7.5mg,内服;针剂,每千克体重7.5mg,皮下注射或肌内注射。仔猪还可以用左旋咪唑擦剂涂擦在猪的耳背及耳根后部。

(2) 伊维菌素(阿维菌素)。注射剂、片剂及预混剂,每千克体重0.3mg,一次皮下注射或口服。或用伊维菌素(阿维菌素)、莫昔克丁浇泼剂或透皮剂。

十、猪球虫病

【病原】 球虫,艾美尔属和等孢属。等孢属球虫的特点是卵囊内的胚孢子形成2个孢子囊,每个孢子囊内含4个子孢子;艾美耳属球虫的特点是每个卵囊内的胚孢子形成4个孢子囊,每个孢子囊内含有2个子孢子。

【特征】 严重感染的猪发育停滞,成为僵猪。主要发生于哺乳仔猪及新近断奶仔猪,呈现下痢、生长缓慢、食欲下降、消瘦等症状。

【流行特点】 成年猪为带虫者,成为本病传染源。传播媒介主要是没有彻底消毒的产床,其次是带虫母猪的粪便。6~15日龄,尤其是8~10日龄仔猪多发,俗称"十日龄腹泻",3~4周龄的猪也可感染发病。小猪吃进被孢子化卵囊污染的饲料和饮水而感染。饲养在阴暗、潮湿、卫生不良、粪便蓄积的猪舍的仔猪,球虫病的发生率较高。流行季节多为春夏季节。

【临床症状】 主要症状是腹泻,粪便的颜色从白色到黄色,形状从粥样、糊样,1~2d内变为水样,粪便有时带血,腹泻持续4~8d,导致仔猪严重脱水,逐渐消瘦,一般呈良性经过。

【病理剖检特点】 主要病理剖检在空肠和回肠,呈现卡他性炎症,肠壁增厚,黏膜糜烂,并有黏液渗出物。肠上皮坏死脱落。在上皮细胞内见有发育阶段的虫体。

【诊断要点】 采集粪便,用饱和盐水漂浮法发现大量球虫卵囊时即可确诊。

【防控关键点】 控制球虫病的关键是妊娠和分娩设施的绝对卫生和药物预防,基本前提是防止仔猪吃进卵囊。

1. **消毒** 普通消毒剂对球虫卵囊的杀灭作用不好，最好是使用火焰消毒器，用火焰喷一定时间；也可以将产床用普通消毒剂消毒，干燥后，用油漆粉刷一遍产床，可以覆盖未杀死的卵囊。

2. **保持产房的清洁和干燥** 特别是产床不能有水，实行全进全出，避免人员随意上下产床，腹泻的粪便可用生石灰粉撒在上面。

3. **药物预防** 产后1周内，使用百球清，4日龄猪用量为每千克体重20mg。

4. **治疗** 最有效的治疗药物是百球清（主要成分是妥曲珠利），发病时给仔猪灌服。磺胺二甲嘧啶片，内服，一次量，每千克体重，首次量，0.14~0.2g，维持量0.07~0.1g，每天1~2次，连用3~5d。氨丙啉每千克体重25~65mg，拌饲料或混入饮水喂服，连用3~5d。莫能霉素，混饲，每吨饲料60~100g。

十一、猪食道口线虫病

食道口线虫病又名猪结节虫病。

【病原】 盅口科食道口属，有齿食道口线虫，呈乳白色长尾食道口线虫，寄生于盲肠和结肠；短尾食道口线虫，寄生于结肠。

【特征】 严重感染时肠壁形成结节，破溃后形成溃疡而致顽固性肠炎。

【生活史】 虫卵随猪的粪便排出体外，经6~8d发育为感染性幼虫，被猪吞食后在小肠内脱壳，然后移行到结肠黏膜深层，使肠壁形成结节，在其内蜕皮变为第四期幼虫，返回肠腔变为第五期幼虫，经30~60d发育为成虫。

【临床症状】 感染猪一般无明显症状。严重感染时，肠壁结节破溃后，发生顽固性肠炎，粪便中带有脱落的黏膜，表现腹痛、腹泻、消瘦、发育障碍。继发细菌感染时，则有化脓性结节性大肠炎的表现。

猪食道口线虫感染引起的病变

【病理剖检特点】 典型变化为肠黏膜形成结节。初次感染时很少有，但多次感染后，肠壁形成粟粒状结节，肠壁普遍增厚，有卡他性肠炎。继发细菌感染时有弥漫性大肠炎。

【诊断要点】 根据粪便检查发现虫卵或自然性排出的虫体确诊。粪便检查用漂浮法。也可进行驱虫性诊断。虫卵易与红色猪圆线虫卵混淆，多以第三期幼虫相区别。食道口线虫幼虫短而粗，尾鞘长；红色猪圆线虫幼虫长而细，尾鞘短。

【防控关键点】 参照猪蛔虫病。

十二、猪类圆线虫病

猪类圆线虫病又名杆虫病。

【病原】 兰氏类圆线虫，属小杆科类圆属。

【特征】 严重的肠炎，病猪消瘦、生长迟缓，甚至大批死亡。

【生活史】 成虫的生殖方式为孤雌生殖，猪体内只有雌虫寄生。虫卵随猪的粪便排出体外，在适宜的条件下，发育为感染性幼虫。感染性幼虫经猪皮肤钻入或被吃入。幼虫进入血液循环后，经心脏、肺到咽，被咽下到小肠发育为雌性成虫。从皮肤侵入的感染性幼虫发育为成虫需 6～10d，经口感染时需 14d。

【临床症状】 主要侵害仔猪。幼虫移行引起肺炎时体温升高。病猪消瘦，贫血，呕吐，腹痛，最后多因衰竭而死亡。少量寄生时不显症状，但影响生长发育。

【病理剖检特点】 幼虫穿过皮肤移行时，常引起湿疹（仔猪）、支气管炎、肺炎和胸膜炎。成虫大量寄生时，可引起小肠充血、出血和溃疡。

【诊断要点】 根据临床症状、粪便检查等综合诊断。粪便检查用漂浮法，发现大量虫卵时才能确诊。也可用幼虫检查法。剖检发现虫体可确诊。

【防控关键点】 参照猪蛔虫病。

十三、猪毛尾线虫病

猪毛尾线虫病又名鞭虫病。

【病原】 猪毛尾线虫，属毛尾科毛尾属。

【特征】 严重感染时引起贫血、顽固性下痢。

【生活史】 虫卵随猪的粪便排出体外，在适宜的温度和湿度条件下，经 3～4 周发育为含有第一期幼虫的感染性虫卵。猪吃入后幼虫在小肠内释出，钻入肠绒毛间发育，然后移行到盲肠和结肠钻入肠腺，在此进行 4 次蜕皮，经 40～50d 发育为成虫。成虫寄生于肠腔中，以头部固着于肠黏膜上。

【临床症状】 轻度感染不显症状，严重感染时虫体很多，出现顽固性下痢，粪便中常带黏液和血液，贫血，消瘦，食欲不振，生长发育障碍。重度感染者可致慢性贫血。可继发细菌及结肠小袋虫感染。

【病理剖检特点】 大肠呈慢性卡他性炎症，有时呈出血性炎。严重感染时，肠黏膜有出血性坏死、水肿和溃疡。

【诊断要点】 根据症状、粪便检查和剖检等综合诊断。粪便检查用漂浮法。因虫体较小，需反复检查，以提高检出率。

【防控关键点】 参照猪蛔虫病。

附 猪腹泻性疫病的鉴别诊断 见表 1-2、表 1-3。

表 1-2 猪腹泻性疫病的鉴别诊断（一）

病名	猪传染性胃肠炎	猪流行性腹泻	猪轮状病毒感染	猪痢疾	猪蛔虫病
病原	猪传染性胃肠炎病毒	猪流行性腹泻病毒	猪轮状病毒	猪痢疾密螺旋体	猪蛔虫
流行特点	10 日龄以内的仔猪发病率高，病死率高；断奶猪、育肥猪和成年猪发病后取良性经过。主要发生于冬春寒冷季节	所有年龄的猪都发病，发病率可达 100%，尤以哺乳仔猪受害最严重。育成猪发病率高，病死率低。冬春季节发病为重	各种年龄的猪可感染，8 周龄以下的仔猪多发，日龄越小的仔猪，发病率和病亡率越高。多发生于晚秋、冬季和早春	一年四季均可发生，以 2～5 月龄猪多发。新疫区呈急性，老疫区病势较缓	各种年龄的猪均可感染，以 3～6 月龄仔猪感染性强，发病严重。成年猪症状不明显

(续)

病名	猪传染性胃肠炎	猪流行性腹泻	猪轮状病毒感染	猪痢疾	猪蛔虫病
临床症状	呕吐，水样腹泻，粪便呈白色、黄色或绿色。迅速脱水、消瘦、死亡。一旦发病，几日内可波及全群	呕吐，剧烈腹泻呈喷射状，肛门失禁，稀粪顺肛门下流，脱水。粪便呈水样、黄色或灰黄色，内有气泡	8周龄内的仔猪症状较重。可出现腹泻、呕吐，粪便呈黄色、灰白色或黑色，为水样或糊状。脱水、消瘦	患猪消瘦、虚弱。粪稀如水，有大量的黏液、血液、纤维素渗出物、坏死组织碎片，呈黑色或黑红色	消瘦、贫血，营养不良，生长发育缓慢。咳嗽、呕吐、腹痛、腹泻、黄疸
剖检变化	病变主要在胃和小肠。胃底充血，肠壁薄而失去弹性，肠黏膜充血。肠系膜淋巴结肿胀	病变主要在小肠。肠管膨满而扩张，肠壁透明，肠系膜充血，肠系膜淋巴结水肿。胃底部有卡他性炎症	胃弛缓，内充满凝乳块和乳汁。肠管菲薄、半透明，肠内容物为黏液性或水样。小肠绒毛缩短	大肠黏膜充血、出血、肿胀。病程长的，表面有点状坏死和黄灰色伪膜积聚，呈豆腐渣样	初期肺有炎症，肝、肺可见幼虫。小肠有卡他性炎症，肠内有蛔虫，严重者可堵塞肠腔
实验室诊断	可用免疫荧光技术和中和试验确诊	可用直接免疫荧光法、ELISA、血清中和试验诊断	可用琼脂扩散试验、对流免疫电泳、荧光抗体试验、ELISA诊断	用暗视野显微镜观察可见活动的密螺旋体	采集病猪的粪便，直接涂片或用漂浮法进行检查
防治	无有效治疗药物，可用抗病毒药物和抗生素（防止继发感染）。主要采取对症疗法	无有效治疗药物，可用抗病毒药物和抗生素（防止继发感染）。主要采取对症疗法	无有效治疗药物，可用抗病毒药物和抗生素（防止继发感染）。主要采取对症疗法	无菌苗可用，在饲料中添加药物，可控制本病的发生。治疗本病多用痢菌净	可用左旋咪唑、敌百虫、伊（阿）维菌素等治疗

表1-3 猪腹泻性疫病的鉴别诊断（二）

病名	仔猪黄痢	仔猪白痢	仔猪红痢	仔猪副伤寒
病原	大肠杆菌	大肠杆菌	C型魏氏梭菌	沙门氏菌
流行特点	1～3日龄仔猪易发病，7日龄以上很少发病，死亡率高。常整窝发病。发病急，病程短，往往来不及治疗即死亡	10～20日龄仔猪发病最多，无季节性，死亡率低	一年四季均可发生，主要危害1～3日龄仔猪。发病急，病程短，往往来不及治疗。死亡率高	1～4月龄仔猪多见，寒冷潮湿季节多发。呈散发或地方性流行。死亡率高。低劣饲养条件是引起本病的主要诱因
临床症状	出生1～3d内突然发病。腹泻，排灰黄色或黄白色糨糊状稀粪	腹泻，粪便呈乳白色、灰白色、淡黄色或黄绿色糊状	血样稀便，呈粉红色、棕色，内含灰色坏死组织碎片和气泡	体温41℃左右，持续性下痢，恶臭。病后期多消瘦，皮肤上有紫色斑
剖检变化	消瘦、脱水。小肠黏膜充血、出血，肠壁变薄，肠系膜淋巴结肿胀	肠壁变薄，呈卡他性炎。胃黏膜潮红，肠系膜淋巴结轻度水肿	小肠黏膜出血性坏死，深红色，覆有灰黄色坏死伪膜，易剥离	盲结肠黏膜有圆形状溃疡或弥漫性坏死。肠系膜淋巴结呈干酪样坏死。肝有灰黄色小坏死灶
实验室诊断	一般易做出诊断，必要时可做细菌培养与鉴定	一般易做出诊断，必要时可做细菌培养与鉴定	一般易做出诊断。必要时可做细菌培养与鉴定	必要时进行细菌培养与鉴定。
防治	可用K_{88}-K_{99}-987P灭活苗等疫苗对产前母猪进行预防。早期用抗生素、喹诺酮类等药物有效	多种中西药均有效。免疫方法同仔猪黄痢	对母猪预防注射菌苗。发病后不易治疗	土霉素、卡那霉素、氟苯尼考、环丙沙星等有较好效果，但要注意产生耐药性。可接种疫苗进行预防

典型案例介绍与讨论——如何防控猪腹泻性疫病

【目标要求】 通过对典型案例的分析讨论,加深对猪群腹泻性疫病的理解,从而提高学生诊治猪群腹泻性疫病的能力。

1. 学生角色 结合教师课堂讲授的腹泻性疫病的知识点和技能点及现场典型案例实践,采取分组讨论、自由发言、交流、争论、补充等形式。明确发病病例主要诊断点。归纳猪群腹泻性主要疫病的共同表现、主要病因、防控猪腹泻性疫病的措施。

2. 教师角色 在几个组之间往返引导、启发、点拨、激励、鼓励学生大胆谈出自己的看法和见解,提倡有所发挥,鼓励创新意识,扼要总结、分析,全面阐述分析提高腹泻性疫病的防制措施,从案例中应吸取的经验与教训。

【病案一】 2016年1月,某猪场的初生仔猪开始出现腹泻,呕吐,不食,衰弱,而且不断蔓延,发病率90%以上。用抗生素治疗效果不佳,最后死亡,年龄越小,死亡率越高。剖检主要病变在胃和小肠,胃肠内有凝乳块,肠壁变薄透明,胃肠黏膜充血。取胃肠组织、肠系膜淋巴结等经实验室诊断未发现病原性细菌。请根据以上资料判断,该猪场发生的可能是什么病?应采取什么防治措施?

【病案二】 马某饲养的约13kg重的仔猪,患病几天后就诊,检测体温41.5℃左右。表现症状为食欲不振,鼻端干燥,有时呕吐,眼结膜潮红,有分泌物,先便秘后腹泻,粪恶臭带血,病猪常由于腹痛而弓背尖叫,在鼻端、耳、颈、腹及四肢内侧皮肤出现青紫色。请根据以上资料判断,该猪场发生的可能是什么病?应采取什么防治措施?

综合测试题

一、填空题

1. 猪的腹泻分为_____腹泻和_____腹泻两类。
2. 猪感染传染性胃肠炎时,死亡率因年龄不同而不同,一般_____日龄以内的猪死亡率高,几乎达_____。而_____、_____和_____发病后一般取良性经过。
3. 当猪群发生猪传染性胃肠炎时,对污染场地要用_____等进行消毒,隔离病猪,限制人员和_____、_____等动物出入。
4. 对患有猪传染性胃肠炎的病猪,要实施对症疗法,目的在_____、_____、_____。
5. 猪轮状病毒感染,_____周龄内的仔猪多发,成年猪多为_____感染。
6. 仔猪大肠杆菌病有_____、_____、_____3种类型。
7. 仔猪水肿病主要发生于_____,剖检变化特点是_____。
8. 仔猪副伤寒的病原是_____,本病主要发生于_____月龄猪。
9. 仔猪红痢的病原是_____,革兰氏染色为_____性。
10. 仔猪红痢的临床特征是_____,预防本病的常用措施是_____。

11. 猪痢疾的病原是_____，本病主要发生于_____周龄的小猪。
12. 患猪痢疾的病猪，腹泻时排出的粪便中含有_____、_____和_____。
13. 猪蛔虫寄生于猪_____内，_____月龄的猪最易感染。
14. 猪食道口线虫寄生于猪的_____，猪类圆线虫寄生于猪的_____，猪毛尾线虫寄生于猪的_____。

二、判断题
1. 猪病毒性腹泻多发生于冬春寒冷季节。（　　）
2. 与猪传染性胃肠炎不同，猪流行性腹泻传播较慢。（　　）
3. 育肥猪患传染性胃肠炎后，一般7d内大部分可恢复。（　　）
4. 仔猪黄痢常发生于生后1周龄以内，以1～3日龄者居多。（　　）
5. 仔猪白痢常发生于生后10～30d，以10～20日龄者居多。（　　）
6. 亚急性型和慢性型仔猪副伤寒的特征性变化为坏死性肠炎，在大肠黏膜上表现纽扣状溃疡。（　　）
7. 仔猪红痢的发病日龄是10～20日龄。（　　）
8. 仔猪红痢的病原是C型产气荚膜梭菌，本菌能形成芽孢。（　　）
9. 猪痢疾密螺旋体对消毒药的抵抗力强，一般消毒药无效。（　　）
10. 剖检猪蛔虫病尸体，在肺内可发现成虫。（　　）
11. 伊维菌素（阿维菌素）用于猪驱虫时，用量是每千克体重0.2mg。（　　）
12. 伊维菌素（阿维菌素）可以驱猪的所有寄生虫。（　　）

三、问答题
1. 猪腹泻性疫病的特点有哪些？
2. 如何防控猪腹泻性疫病？
3. 试述仔猪患传染性胃肠炎的症状。
4. 如何区别猪传染性胃肠炎和猪流行性腹泻？
5. 猪轮状病毒感染的诊断点有哪些？
6. 如何防控仔猪大肠杆菌病？
7. 仔猪副伤寒有哪些症状？
8. 如何防控仔猪红痢？
9. 设计仔猪副伤寒的免疫程序。
10. 发生猪痢疾后，如何治疗？如何扑灭？
11. 怎样预防猪蛔虫病？怎样利用饱和盐水漂浮法检查蛔虫卵？
12. 猪球虫病如何防控？
13. 用于驱除猪体内线虫的药物有哪些？如何使用？

项目三　以呼吸障碍为主要示病症状的疫病

【知识目标】
1. 掌握各病的病原名称、敏感药物。掌握巴氏杆菌的染色特点。

2. 能掌握猪流行性感冒、猪肺疫、猪喘气病、猪传染性胸膜肺炎、猪传染性萎缩性鼻炎、猪肺丝虫病的主要症状，能制定防控这些病的措施。

【技能目标】
1. 掌握猪肺疫、猪喘气病、猪传染性胸膜肺炎等疫病的主要剖检变化。
2. 能进行猪肺疫实验室诊断，正确采集病料进行直接涂片、染色、镜检和分离培养，并能在显微镜下辨认菌体。
3. 掌握猪肺疫、猪喘气病、猪传染性萎缩性鼻炎的免疫程序。

【德育目标】 体会猪场疫病的复杂性，更好地将所学知识与技能应用于临床实践，逐步树立专业自豪感。

【项目导读】 猪呼吸系统疫病是猪群在一定的应激条件下感染一种或多种病原，从而使猪的呼吸系统表现出一系列呼吸障碍的综合症候群。猪只不分年龄、品种均可感染，且感染的猪只数量巨大。由猪呼吸障碍疫病所引起的经济损失，表面上不像腹泻与繁殖障碍疫病那样明显，但饲料利用率低下、猪群整体均匀度差、出栏时间推迟、诊治成本增加，使养猪场蒙受巨大经济损失。对呼吸系统疫病的有效控制是保证养猪业健康发展的关键因素之一。

（一）引起呼吸系统疫病的主要因素

呼吸系统疫病是多种因素综合作用的结果，既可能是侵袭呼吸系统的传染病，也可能是由呼吸系统以外的传染病和非传染性疾病、环境、管理以及遗传因素等引起的。归纳起来有病原因素、环境管理因素以及应激因素。

1. **病原因素** 呼吸系统疫病病原复杂，常常不只是一种或几种病原微生物所引发的。一类是原发性感染病原，一类是继发性感染病原。原发性病原体首先侵入呼吸道，破坏呼吸道黏膜的防御屏障，造成猪体呼吸道抵抗能力的下降，继发病原在原发病原作用的基础上感染猪只，引起疾病进行性发展。在呼吸系统疫病中主要的病原因素有：

（1）病毒类。流感病毒、蓝耳病病毒、伪狂犬病病毒、圆环病毒2型等。

（2）细菌类。支原体、支气管败血波氏杆菌、副猪嗜血杆菌、多杀性巴氏杆菌、链球菌等。

（3）寄生虫类。弓形虫、蛔虫、肺丝虫等。

以上病原单独感染或继发感染或混合感染引起猪群严重的呼吸系统疾病。

2. **环境管理及应激因素** 猪呼吸系统疾病的发生，受环境管理及应激因素影响明显，一般无明显的季节性。除肺丝虫外，多于晚秋、冬季和早春，气温骤变、寒冷、潮湿、闷热、通风不良、密集饲养、转群、断奶、免疫等管理不善条件下发生。呼吸器官具有天然的防御作用，但在不良的环境条件下，往往引起各种病理过程，从而表现咳嗽、气喘、呼吸障碍。

猪呼吸系统疾病一旦发生，往往难以完全治愈、且易于复发，对生产性能和经济效益的影响是明显的。

（二）猪呼吸系统疫病防控措施

猪的呼吸系统疫病是一个动态的过程，疾病发生与否，取决于病原因子所造成损伤的程度和能力以及与呼吸系统局部的抗感染能力强弱的对比。在这场竞争中如果病原因子占优势就会引发呼吸系统疾病，所以控制呼吸系统疾病宜采取综合防控措施，具体应做好以下几点：

（1）建立猪场完善的生物安全体系，改善猪的管理和环境条件，减少应激，保持呼吸系统屏障作用的完整性。

（2）结合猪场疫病的发生和流行情况，有针对性地选择合适的疫苗和合理的免疫程序，做好猪场疫苗免疫接种工作。

（3）在现有的生产条件下，对分娩前后的母猪及处于初生、断奶、转群、换料、免疫接种、运输等关键环节的猪群实施药物保健，常用药物有氟苯尼考、多西环素、金霉素、林可霉素、泰乐菌素等，有计划地定期联合用药和轮换用药以提高预防保健效果，最大限度地减少猪呼吸系统疾病造成的经济损失。

（4）建立完善的疫病监测与免疫监测方案，以掌握猪场疫病的动态，考察疫苗的免疫效果。

（5）开展呼吸系统疫病的净化。

一、猪流行性感冒

猪流行性感冒又名猪流感。

【病种分类】 三类动物疫病。

【病原】 流行性感冒病毒，流感病毒属。

【特征】 突然发病，传播迅速，呼吸困难、发热、衰竭且呈良性经过，很快康复为特点。

【发病机制】 猪流感病毒对呼吸道上皮细胞具有高度特异的亲嗜性。猪流行性感冒病毒经飞沫传播进入呼吸道，致使猪体与外界的天然屏障被破坏，在呼吸道黏膜上皮（鼻黏膜、扁桃体、气管、支气管淋巴结及肺）内生长增殖，引起上皮细胞脱落、黏膜充血、水肿等局部病变，引起支气管炎和肺炎。此时，如有继发感染，则发生纤维素性出血性肺炎或肠炎，引起猪的死亡。极易引发猪繁殖与呼吸综合征、猪传染性胸膜肺炎、支原体肺炎以及猪巴氏杆菌等其他疾病的继发或混合感染，使疫情变得复杂而反复。如无继发感染，肺内的病变迅速消失，留下极少的损伤或无损伤残留。猪流感病毒虽然主要在呼吸道黏膜上皮内增殖，很少侵入血液，但它含有的毒素样物质则对全身器官呈现广泛的毒性作用，例如患猪表现发热，精神不振，眼鼻流出分泌物，呼吸急促，肌肉和关节疼痛。

【流行病学】

1. **易感动物** 不同年龄、性别和品种的猪对本病均易感。

2. **传染源及传播途径** 病猪和带毒猪是传染源，康复猪和隐性感染猪，长时间带毒和排毒（6～8周），通过打喷嚏、咳嗽向外界散发病毒。感染途径主要是呼吸道。

3. **流行特点** 以前的报道认为猪流感的发生有一定的规律性和季节性，主要发生于气温骤变和冷湿的秋冬季节，且呈传统的急性形式，但如今猪流感一年四季均可发生，多数猪群表现为慢性，且呈发病率高，死亡率低的特点。阴雨、潮湿、寒冷、拥挤、营养不良和内外寄生虫侵袭等可促使本病的发生和流行。

【临床症状】 临床表现特点是突然发病，全群几乎同时感染。体温升高到41～42℃。此时见皮肤血管扩张充血，触之有温热感，随着病程的延长，可发展为淤血；食欲减退或废绝，精神沉郁，常拥挤在一起，不愿活动，恶寒怕冷，肌肉和关节疼痛，常卧地不起；呼吸急促，腹式呼吸，阵发性痉挛性咳嗽；口、眼、鼻有黏液性分泌物流出。病程较短，如无并发症，多数病猪可于6~7d后康复。若有继发性感染，则可使病势加重，发生大叶性出血性肺炎或肠炎而死亡。

【病理剖检特点】 病变主要集中在呼吸器官。鼻、喉、气管和支气管黏膜充血，表面有大量泡沫黏液，有时混有血液，胸腔蓄积大量浆液。肺病变部呈深紫红色，病变组织与正常组织边界清晰。肺膨胀不全，周围组织有气肿，为苍白色。胸腔内积有大量液体，并混有纤维素性渗出物，胃肠为卡他性炎症。颈和纵隔淋巴结极度肿大。

【诊断要点】
1. **临床诊断** 各种年龄、性别、品种的猪都可感染，气候骤变时易发生，发病率高而死亡率低。体温升高，呼吸困难，阵发性痉挛性咳嗽，口、眼、鼻有黏液性分泌物流出。

2. **病理诊断** 鼻、喉、气管和支气管黏膜充血，表面有大量泡沫黏液，肺病变部呈深紫红色，病变组织与正常组织边界清晰。

3. **实验室诊断** 采集急性发病猪的鼻分泌物或气管、支气管渗出物以及病猪的肺、脾、淋巴结等作为送检材料，进行病毒分离和鉴定。也可采集急性发病期和恢复期两份血清，用血凝抑制试验检查其血清的特异性抗体，若恢复期血清的效价高于急性期4倍以上者可诊断为猪流行性感冒。也可以依据《猪流感病毒核酸RT-PCR检测方法》（GB/T 27521—2011）进行猪流感病毒核酸检测。

【防控关键点】 目前尚无治疗猪流感的特效药物，也没有一套固定成熟的防治方法。但加强饲养管理，及时做好疫苗的免疫注射等措施，可有效预防和降低该病带来的经济损失。

1. **严格执行兽医防疫卫生措施** 在阴雨潮湿和气候变化急剧的季节，应特别注意猪群的饲养管理，保持猪舍清洁、干燥、防寒、保暖，经常铺垫干土和垫草，定期驱除猪体内外寄生虫，并做到小环境保温，大环境通风，妥善处理通风和保温的矛盾。在疫病多发季节，尽可能避免长途运输猪群。猪场应远离养禽场并禁止饲养任何家禽，特别是水禽。防止猪与可能感染流感的动物（禽类）以及患流感的饲养员接触。一旦发现本病流行，立即隔离和治疗病猪，加强猪群的饲养管理，特别是补给富含维生素的饲料。加强栏舍的卫生消毒工作，流感病毒对醛类、碘类消毒剂特别敏感。

2. **疫苗免疫** 本病目前已有经批准的猪流感灭活疫苗（单价或双价）可供使用。但A型流感病毒亚型很多，经常发生变异且各亚型之间无交叉免疫力或交叉免疫力很小，依靠少数几个亚型的疫苗不能起到理想的免疫保护效果，精心护理尤为重要。

3. **治疗本病尚无特效药物** 一般采用对症疗法和防止继发感染等措施对病猪进行治疗。

（1）解热镇痛。使用30%安乃近10~20mL或复方氨基比林10~20mL肌内注射，每天1次，连用2~3d。也可用卡巴匹林钙、氟尼辛葡甲胺颗粒或板青颗粒等饮水给药。

（2）控制继发感染。可用阿莫西林、氨苄西林、头孢菌素、支原净等抗生素。

（3）供应充足的清洁饮水。补充体液或饮水中添加电解多维和葡萄糖等。

【公共卫生】 猪是禽、人、猪流感病毒重组和复制的混合器，对人类健康具有潜在的威胁。因此，猪流感的防控除在兽医传染病学的重要意义外，还有着深远的公共卫生意义。

二、猪肺疫

猪肺疫又名猪巴氏杆菌病、锁喉风。

【病种分类】 三类疫病。

【病原】 多杀性巴氏杆菌，革兰氏染色阴性，瑞氏染色镜检呈两极着色特征。

【特征】 最急性病例常呈败血症，咽喉及周围组织急性炎性肿胀，高度呼吸困难；急性型呈现纤维素性肺炎变化，表现为肺、胸膜的纤维蛋白渗出和粘连；慢性型症状不明显，逐渐消瘦，主要表现为慢性纤维素性胸膜肺炎和慢性胃肠炎，有时伴发关节炎。常继发于猪瘟、猪气喘病等传染病。

【发病机制】 巴氏杆菌在自然界分布很广，在健康猪群，特别是在耐过病猪的体内，作为一种条件性病原菌占据呼吸道黏膜，当机体抵抗力降低时，就可发生内源性感染而发病。外源性感染的主要是经损伤的消化道黏膜侵入，病原体也可经呼吸道感染；毒力强的病原体侵入机体后，在感染局部增殖，迅速突破局部的防御屏障而进入血液，引起菌血症，患猪很快死于败血症。而毒力弱的病原体，仅在适合其生存的器官（肺）内得以存活下来，细菌毒素损伤血管壁，引起多发性渗出性出血和水肿，在胸腔则引起纤维素性肺炎，以及浆液性纤维素性胸膜炎和心包炎。

【流行病学】

1. **易感动物** 本菌对多种动物有感染性，其中以牛、猪发病较多，绵羊、家禽和兔也易感染。各种年龄的动物均可感染，但以幼龄动物较为多见。

2. **传染源及传播途径** 病猪和带菌猪是本病的主要传染源，可通过排泄物、分泌物向外界排出病菌，污染环境。主要经消化道、呼吸道感染，也可经吸血昆虫及损伤皮肤黏膜而感染。健康猪呼吸道内带菌，但不发病，当猪抵抗力下降时，可发生内源性感染。

3. **流行特点** 本病的发生无明显季节性，但以冷热交替、闷热、潮湿、多雨季节较常见。一般呈散发性或地方流行性。

【临床症状】 潜伏期为1~5d。临床上一般分为最急性、急性和慢性三型：

1. **最急性型** 突然发病，迅速死亡。病程稍长者，体温升高（40~42℃），不食，步行不稳。咽喉部红肿、发热、坚硬，重者肿胀可延至耳根及颈部，呼吸极度困难，可视黏膜发绀，犬坐喘鸣，口鼻流出泡沫样液体，腹侧、耳根和四肢内侧皮肤出现红斑。病程1~2d，最后窒息死亡，故又称"锁喉风"。

2. **急性型** 本型最为常见，主要表现为急性胸膜肺炎。体温升高（40~41℃），呼吸困难，间有咳嗽，初干咳，后转湿咳，咳时有痛感。鼻流黏液，有时混有血液。胸部触诊有剧烈疼痛，听诊有啰音和摩擦音。随着病势的发展，呼吸更为困难，呈犬坐姿势，可视黏膜蓝紫，常有脓性结膜炎。初便秘，后腹泻。皮肤淤血或有小出血点。多因窒息死亡，病程5~8d，不死的转为慢性。

3. **慢性型** 多见于流行后期，主要表现为慢性肺炎和慢性胃肠炎。病猪呼吸困难、持续性咳嗽，鼻流少许黏性脓性分泌物。有时关节肿胀，出现痂样湿疹，食欲不振，下痢。进行性营养不良，极度消瘦，如不及时治疗，多经2周后衰竭死亡，死亡率60%~70%。

【病理剖检特点】

1. **最急性型**　以败血症病变为主。主要病变为全身黏膜、浆膜和皮下组织有大量出血点，尤以咽喉部及其周围组织的出血性浆液浸润最为特征。切开颈部皮下时，可见大量浅黄色胶冻样纤维素性液体或混浊液体。全身淋巴结出血、切面红色。脾有出血，但不肿大。肺水肿，皮肤有红斑，心外膜和心包有小出血点，胃肠黏膜有出血性炎症。

2. **急性型**　主要呈现纤维素性胸膜肺炎变化。本型除全身黏膜、浆膜、实质器官和淋巴结有出血性病变外，最主要的病变是典型的纤维素性肺炎。最初，病变主要位于肺的尖叶、心叶和膈叶的前缘；继之，波及整个肺。根据病程的长短不同，肺在充血水肿的基础上，发生出血，大量大小不一的出血灶与红色肝变期的变化相互混杂，使肺表面有大量红褐色斑块。肺呈现大理石样花纹。胸膜腔也常出现浆液纤维素性炎症，在胸腔内积有含纤维蛋白凝块的混浊液体，胸膜上常有黄白色纤维素性附着物，严重者胸膜与肺粘连。心包积液。

猪肺疫引起的病变

3. **慢性型**　以增生性炎症为特点。肺肝变区扩大，有坏死灶，其外被结缔组织包裹，内含干酪样物质；有的形成空洞，与支气管相通。胸腔和心包积液，胸腔内有纤维素性渗出物，肺与胸膜粘连。有的部位有大量结缔组织增生，形成肺肉变，肺胸膜上渗出的纤维蛋白被大量增生的结缔组织取代，形成厚层的机化物。

【诊断要点】

1. **临床诊断**
（1）本病在气候异常变化、闷热、多雨时多发，中、小猪发病较多。
（2）最急性型病例一般病程很短，常突然死亡，表现颈部高度红肿，热而坚硬，呼吸高度困难；急性病例表现呼吸困难、咳嗽、流鼻液，胸部触诊疼痛，听诊有摩擦音；慢性型病例主要表现呼吸困难，持续性咳嗽，下痢，消瘦。

2. **病理诊断**　剖检最急性型病例，表现为败血症的变化，咽喉部呈急性炎性变化；急性病例，主要为肺有不同程度的肝变区，胸膜上有纤维素性附着物，严重者胸膜与肺粘连。慢性型病例肺部有坏死灶，胸腔内有纤维素性渗出物。

3. **实验室诊断**　可采取病猪的血液、肝、脾、肾、心脏、淋巴结及水肿液等病料检查。

（1）微生物学检查。取上述病料涂片镜检和细菌分离培养，如各脏器均发现两极着色的杆菌可确诊。

（2）动物接种。取上述病料用灭菌生理盐水制成1∶5或1∶10乳剂，经三层灭菌纱布过滤后，取滤液接种于兔或小鼠皮下，接种量为0.2～0.5mL。接种后，该动物于18～20h死亡，取心血、实质器官涂片镜检，如各脏器均发现大量巴氏杆菌则可确诊。

猪肺疫实验室诊断

【防控关键点】

1. **预防**　平时加强饲养管理，搞好圈舍卫生，增强猪体抵抗力。定期进行预防接种，种猪每年春秋两季各注射猪肺疫氢氧化铝甲醛菌苗1次，仔猪断奶后注射1次，大小猪一律皮下注射5mL。或用猪丹毒、猪肺疫氢氧化铝二联苗，猪瘟、猪丹毒、猪肺疫弱毒三联苗进行免疫。新引进的猪要隔离观察1个月后再合群并圈。圈舍要定期消毒。

2. **扑灭**　隔离，严格消毒。假定健康猪注射菌苗进行紧急预防，病猪舍可用2%氢氧化钠、5%漂白粉消毒。

3. 治疗

（1）采用敏感药物进行肌内注射。

（2）为了控制群发感染，可在每吨饲料添加磺胺嘧啶800g，甲氧苄啶100g，连续混饲给药3d。泰妙灵（泰妙菌素、支原净）混饲，每吨饲料添加本品100~400g，连用5~10d；混饮，每升水50~60mg，连用5d。

三、猪喘气病

猪喘气病又名猪支原体肺炎、地方流行性肺炎。

【病种分类】 三类疫病。

【病原】 猪肺炎支原体（霉形体），革兰氏染色呈阴性。对恩诺沙星、卡那霉素、壮观霉素、土霉素和环丙沙星等药物敏感。

【特征】 咳嗽、气喘和呼吸困难，而食欲、体温无明显改变。病变特征是在肺的尖叶、心叶、中间叶和膈叶前缘呈"肉样"或"胰样"实变。

【发病机制】 猪支原体肺炎的发病机制尚缺乏系统的研究。猪呼吸道本身有三道防线来阻止外源异物和病原的侵入。第一道防线：鼻腔，过滤阻止空气灰尘颗粒和湿润空气；第二道防线：支气管纤毛黏附清除病菌；第三道防线：肺泡巨噬细胞和免疫调理素清除病菌。由于气源性感染主要是各种细菌，故呼吸道三道防线中，第二道防线最为重要。支原体的致病性就在于其破坏了支气管纤毛呼吸道第二道防线。支原体吸附到气管细胞的纤毛上，使纤毛和上皮细胞受到损伤。

肺炎支原体合并感染PRRS最严重，在呼吸道二、三防线严重受损后，极易再继发各种细菌性肺炎，严重病例会发生死亡，耐过者会成为僵猪。

【流行病学】

1. **易感动物** 任何日龄、性别和品种的猪均很易感。以哺乳仔猪和幼猪多发，死亡率高，其次为怀孕后期及哺乳母猪，育肥猪和成年猪多呈慢性或隐性感染。

2. **传染源及传播途径** 病猪及隐性感染猪是本病的传染源。支原体主要存在于气管和支气管中，随着病猪的鼻分泌物或咳嗽而被排到空气中，再通过气溶胶或直接接触的方式使健康猪吸入含有病原体的飞沫而感染。

3. **流行特点** 本病一年四季都可发生，但在寒冷、多雨、潮湿或气候骤变时较为多见。新发病猪群呈暴发流行，病势剧烈，呈急性经过，发病率和死亡率均高。老疫区多为慢性，有的呈隐性经过。饲养管理和卫生条件是影响本病发生和发展的主要因素，本病一旦传入后，如不采取严格措施很难彻底扑灭。

【临床症状】 潜伏期一般为11~16d，最短3~5d，最长可达1个月以上。

1. **急性型** 新发生本病的猪群，以仔猪、怀孕和哺乳母猪多见。病猪常突然发病，呼吸数剧增，每分钟60~120次，严重者张口喘气，口鼻流出泡沫，发出似风箱声的哮喘声，呈犬坐姿势，腹式呼吸，咳嗽少而低沉，有时发生痉挛性阵咳。体温一般正常，当有继发感染时体温升高。病猪呼吸困难时食欲减退或废绝。病程一般为1~2周，病死率较高。

2. **慢性型** 常见于老疫区的育肥猪和后备猪。主要症状为咳嗽，清晨赶猪喂食和剧烈运动时，咳嗽最明显。咳嗽时站立不动，弓背，颈伸直，头下垂，用力咳嗽多次，严重时呈连续的痉挛性咳嗽。随着病情的发展，常出现不同程度的呼吸困难，呼吸次数增加和腹式呼吸，一般体温食欲无多大变化。病程与预后，视饲养管理和卫生条件的好坏差异很大，条件好则病程较短，症状较轻，病死率低；条件差则抵抗力弱，出现并发症，病死率升高，还可随饲养管理条件的好坏不同，表现急性症状与慢性症状交替出现。

3. **隐性型** 在较好的饲养条件下，有的猪感染后，不表现症状，但用X射线检查或剖检时才发现肺炎病变。本型多见于老疫区。

【病理剖检特点】 主要病变在肺部、肺门淋巴结和纵隔淋巴结。

1. **急性型** 以急性肺气肿和心力衰竭为特点。两肺被膜紧张，边缘钝圆，高度膨大，几乎充满胸腔。表面有肋骨压迹，湿润而富有光泽，呈淡红色，肺间质增宽，气管内有混有血液的泡沫性液体。肺的尖叶或心叶常有散在的蚕豆大至拇指头大的淡红色或鲜红色病灶，压之有坚实感。病程稍长的则病灶融合，由红色变为紫红色，最终变成灰红色或灰黄色。病变肺组织与正常的肺组织界限清晰，多呈对称性发生。切开肺组织，常从切面流出黄白色带泡沫的浓稠液体，小叶间结缔组织增宽，呈灰白色水肿状。心脏呈急性扩张状，尤其以右心室最为明显。

2. **慢性型** 以慢性支气管周围炎和增生性淋巴结炎为特征。除见有肺气肿病变外，在肺的心叶、尖叶、中间叶及部分病例的膈叶下方呈小叶性融合性支气管肺炎变化。早期病变部颜色为淡灰色或灰红色，半透明状，病变与周围组织界限明显，岛屿状，切面湿润致密，似鲜嫩肌肉样，俗称"肉变"。随病程延长，病情加重时，病变部呈淡紫色、深紫红色或白色、灰黄色，半透明程度减轻，坚韧度增加，俗称"胰变"或"虾肉样变"。肺切面较干燥，组织致密，支气管壁增厚，可从小支气管腔中挤出灰白色、混浊而黏稠的渗出物。病变部周围有气肿。肺门和纵隔淋巴结显著肿大，呈灰白色，有时边缘轻度充血。继发感染时，引起肺和胸膜的纤维素性、化脓性和坏死性病变等。

【诊断要点】

1. **临床诊断**

（1）本病在新疫区往往呈急性经过，怀孕母猪、哺乳母猪及仔猪症状重，病死率较高。在老疫区多为慢性和隐性经过，此病可在猪群中顽固地存在。

（2）急性型病猪主要表现气喘、呼吸加快和腹式呼吸，并有喘鸣音。有时也发生痉挛性咳嗽，如无继发感染，体温一般正常；慢性型病猪主要是长期的干咳和湿咳。食欲无明显变化。

猪喘气病病理变化

2. **病理诊断** 急性型病例以急性肺气肿和心力衰竭为主要特点；慢性型病例在肺的心叶、尖叶、中间叶及膈叶前下缘出现"肉变"或"胰变"，肺门和纵隔淋巴结肿大。

3. **实验室诊断** 实验室检查常用血清学方法检查。也可取症状明显病例的气管、肺等病料进行病原分离培养并鉴定。

【防控关键点】

1. **预防** 要坚持自繁自养的原则。不从外地引入猪，若要引进种猪，必须了解产地的疫情，证实无病方可进猪。对必须引入的种猪，应隔离观察3个月，条件许可时用X射线透视2～3次，每次间隔2～3周，确认无病后混群。发现可疑病猪及时隔离或淘汰。

2. 免疫接种　由于支原体的特殊性，安全可靠的疫苗接种是解决该病的最佳选择。目前经批准可用的疫苗有弱毒活苗（毒株有168株和R48株）和灭活苗两类，常用猪支原体弱毒疫苗接种，猪气喘病高感染的猪场，仔猪在1～2周龄首免，2～3周后二免，每次肌内注射1头份（2mL）。

3. 已发病猪场的主要措施　要注重猪群更新，猪场净化工作，培养健康猪群。

4. 药物控制方案

（1）预防用药重于治疗。猪喘气病具有高感染率并以隐性型或潜伏型为主的特点，应将预防产生临床症状和肺部病理损害、减少增重和耗料所造成的损失作为重点。预防用药抓几个关键时期如母猪分娩前后各2周、仔猪断奶各1周、转群前后以及有应激因素发生或有发病趋势时。拌料使用较敏感的抗生素。预防用药，只能制止喘气病在猪场内的暴发和流行，不能从根本上消除其危害。

（2）治疗用药要抓关键。支原体肺炎的最大特点是病程长。病原可能吸附到特定的深部组织而发生逃避反应，使药物不能很好地接触病原，使疗效不稳定。通过混饲或混饮长期用药是控制本病较好的办法。

①泰乐菌素＋多西环素。每吨饲料加磷酸泰乐菌素500g，多西环素150g，连续混饲5～7d后，剂量减半，继续使用2周。

②替米考星。每吨饲料添加磷酸替米考星200g，连续混饲2周。

③金霉素。混饲每吨饲料添加300g（或多西环素150g），连续混饲7～10d。

④支原净。每吨饲料添加本品200～400g，连续混饲7d；每1 000L饮水添加本品100g，连续混饮5d。然后将剂量减半继续使用1～2周。

⑤利高霉素（林可霉素22g，大观霉素22g）。混饲每吨饲料添加预混剂1 000g。

四、猪接触传染性胸膜肺炎

【病原】　病原为胸膜肺炎放线杆菌。带荚膜的革兰氏阴性球杆菌。在巧克力琼脂或血琼脂培养基上生长良好。对恩诺沙星、卡那霉素、大观霉素、土霉素和环丙沙星等药物敏感。

【特征】　临床和剖检上出现肺炎和胸膜炎的典型症状和病变。急性病例呈纤维素性出血性胸膜肺炎，慢性病例呈纤维素坏死性胸膜肺炎。

【发病机制】　感染通常是通过污秽空气进入肺并黏附到肺泡上皮。该菌可被肺泡巨噬细胞迅速吞噬或吸附并产生毒素。由毒素引起肺部病变，如肺泡壁水肿，毛细血管堵塞，淋巴管充满水肿液、纤维及炎性细胞而扩张。同时，在损伤的肺泡内可见血小板凝集及嗜中性粒细胞的积聚，致使动脉形成血栓及血管壁坏死并发生破裂，引起纤维素性出血性胸膜肺炎。

【流行病学】

1. 易感动物　各种年龄、性别的猪都有易感性，但以3月龄仔猪最易感。

2. 传染源及传播途径　病猪和带菌猪是主要的传染源。病菌主要存在于病猪呼吸道，尤以坏死的肺部病变组织和扁桃体含量最多。病菌从鼻腔排出后随尘埃、飞沫经呼吸道传播。

3. 流行特点　猪群之间的传播主要是因引入带菌猪或慢性感染的病猪。饲养环境突然改变、密集饲养、通风不良、气候突变及长途运输等诱因可引起本病发生。本病常与传染性萎缩性鼻炎及链球菌病发生混合感染。

【临床症状】　本病潜伏期为1～7d。

1. **最急性型**　突然发病，体温升高至41.5℃，精神沉郁，食欲废绝，有短期的下痢和呕吐。卧地，初无明显呼吸道症状，但心跳加快，耳、鼻、腿、体侧皮肤发绀。后期呼吸极度困难，呈犬坐式，张口呼吸，临死前口鼻流出大量带血色的泡沫液体。一般在24～36h内死亡。有些则无任何症状而突然死亡。

2. **急性型**　病猪呈现体温升高，食欲不振或废绝，呼吸困难，咳嗽，张口呼吸等严重的呼吸障碍症状。多卧地不起，常呈犬卧或犬坐姿势，全身皮肤淤血呈暗红色；有的病猪还从鼻孔中流出大量的血色样分泌物，有的可于24～48h内死亡，有的可自行康复或转为慢性经过。

3. **亚急性和慢性型**　发生在急性症状消失之后，也有很多猪开始即呈亚急性或慢性经过，体温稍高或正常，有不同程度的间歇性咳嗽。有的病猪进一步恶化甚至死亡，部分病猪可康复，但成为带菌者。

【病理剖检特点】

1. **最急性型**　主要病理剖检点是纤维素性肺炎和胸膜炎。气管和支气管充满泡沫样血色黏液性分泌物。肺炎病变多发生于肺的前下部，而在肺的后上部，特别是靠近肺门的支气管周围，常出现界限清晰的出血性实变区或坏死区。其早期病变，表现为肺泡与间质水肿，淋巴管扩张、肺充血、出血和血管内有纤维素性血栓形成。

猪传染性胸膜肺炎的症状与病理变化

2. **急性型**　肺炎大多为两侧性，肺充血、出血，肺炎区紫红色，质地坚实呈肝样变，切面易碎，间质充满血色胶样液体。病程达1d以上者，肺炎区表面出现纤维素性附着物。纤维素性胸膜炎明显。胸腔含有带血色的液体。迅速致死的病例，在气管和支气管内充满血色的黏液性泡沫性渗出物。

3. **亚急性和慢性型**　较慢性的病例，可见肺炎病灶硬化或成为坏死性病灶或有脓肿样结节，并与胸膜粘连，有心包炎。

【诊断要点】

1. **临床诊断**　发病突然，传播迅速。体温升高，呼吸困难，死亡率高，鼻孔中流出大量的血色样分泌物。

2. **病理诊断**　肺和胸膜有特征性的纤维素性坏死和出血性肺炎、纤维素性胸膜炎。

3. **实验室诊断**

(1) 染色镜检。采取鼻腔、支气管分泌物和肺等病料，直接涂片，革兰氏染色、镜检，可见革兰氏染色阴性小球杆菌。

(2) 分离培养。取病料接种巧克力琼脂，在含10%二氧化碳环境中进行病原菌分离培养24～48h，形成不透明的淡灰色菌落。

【防控关键点】

1. **预防**　平时加强饲养管理，提供优质饲料和充足饮水，减少或避免各种应激因素，搞好清洁卫生，定期消毒。建立严格的防疫制度。有本病流行的猪场，用抗生素（土霉素、卡那霉素、庆大霉素、阿莫西林、泰乐菌素等）和喹诺酮类药物添加在饲料中口服预防。以上药物交替使用，以防耐药性的产生。

2. 疫苗预防 本菌血清型较多，各血清型之间无交叉保护，因此，研制的疫苗效果不佳。如果从当地猪场分离到菌株，制备自家菌苗效果较好，对母猪进行免疫，可使仔猪得到保护。

3. 治疗

（1）对于发病初期，患猪群还有较好的食欲或饮欲的条件下，可使用混饲或混饮给药。

氟苯尼考混饲，剂量为每吨饲料添加本品100g，连续使用7d，然后将剂量减半，再继续使用2周。

对于因发病而不采食，但饮水较好的患猪可采用盐酸多西环素混饮，每1 000L饮水添加盐酸多西环素150g，连续混饮5d。

（2）当猪已不能采食和饮水时，应进行注射给药。氟苯尼考注射液按每千克体重20mg肌内注射，在第一次给药后间隔48h再用药1次。

五、猪传染性萎缩性鼻炎

【病原】 支气管败血波氏杆菌、产毒多杀性巴氏杆菌，革兰氏染色阴性。

【特征】 一种慢性、渐进性及消耗性传染病。主要侵害上呼吸道，病的特征是鼻炎、鼻梁变形、鼻甲骨萎缩、上颌骨变形、慢性鼻炎和生长发育迟缓或受阻。

【发病机制】 产毒多杀性巴氏杆菌有两种血清型（A型及产毒素D型）。支气管败血波氏杆菌通过定居，黏附在猪鼻黏膜的上皮细胞纤毛内，然后在黏膜表面增殖，产生毒素，导致黏膜上皮细胞的炎症、增生和退行性变化，包括纤毛脱落。一般认为在黏膜上的本菌释放毒素，此毒素侵入鼻甲骨而导致骨质破坏。特别是猪鼻甲骨下卷曲最为常见，程度从轻度萎缩变形到完全失去鼻甲骨形态。支气管败血波氏杆菌使鼻上皮细胞改变而有利于产毒多杀性巴氏杆菌的黏附、定居并产生毒素，使鼻甲骨产生进行性萎缩和鼻盘缩短，造成严重持续性病灶。另外，巴氏杆菌D型毒素会对肝造成退行性变化，影响饲料效率和日增重。巴氏杆菌D型毒素还可侵害长骨，造成生长发育受阻。此外，饲养管理不善，环境卫生差，猪舍潮湿，饲养密度过大，通风不良，饲料中蛋白质、维生素（尤其是维生素A、维生素D）、无机盐不足或缺乏，以及应激因素对本病的发生都有促进和加重的作用。

【流行病学】

1. 易感动物 各种年龄的猪均可感染，但仔猪的易感性最强，其感染率随日龄增长而降低。品种以长白猪最易感，土种猪不敏感。

2. 传染源及传播途径 病猪和带菌猪是主要传染源。主要是飞沫传播，经呼吸道感染。

3. 流行特点 本病在猪群中传播较慢，主要发生于春秋两季，多为散发性或地方流行性。不同年龄的猪均易感，仔猪感染后发生鼻甲骨萎缩，较大的猪可能只发生卡他性鼻炎、咽炎和轻度的鼻甲骨萎缩，成年猪感染后看不到症状而成为带菌者。

【临床症状】 本病多见于6~8周龄仔猪。病初表现鼻炎症状，出现喷嚏、流涕和吸气困难。流涕为浆液、黏液、脓性渗出物，个别猪因强烈喷嚏而发生不同程度的鼻出血。因鼻炎刺激黏膜而表现不安，如躁动、甩头、拱地、摩擦鼻部。由于鼻泪管阻塞，泪液流出眼外，在眼内眦下皮肤上形成弯月形的湿润区，被尘土沾污后黏结成黑色痕斑，称为泪斑。病猪继鼻炎后而发生鼻甲骨萎缩,致使鼻腔和面部变形,出现歪鼻、翘鼻、鼻缩短等异常现象,是本病的特征症状。病猪体温一般正常,生长停滞,难以育肥,成为僵猪。

【病理剖检特点】 剖检病变一般仅局限于鼻腔及其附近组织。最具特征性的病变是鼻甲骨萎缩,特别是鼻甲骨下卷曲最为常见,鼻甲骨和鼻中隔均失去原有形状,甚至大部分消失。鼻黏膜充血、水肿,有黏性脓性渗出物蓄积。

猪传染性萎缩性鼻炎的症状与病理变化

【诊断要点】

1. **临床诊断** 本病在猪群中传播较慢,病初表现鼻炎症状,在眼内眦下皮肤上形成泪斑,鼻腔和面部变形。

2. **病理诊断** 鼻甲骨萎缩,鼻黏膜充血、水肿,有黏性脓性渗出物蓄积。

3. **实验室诊断**

(1) 微生物学诊断。采取鼻腔深部黏液制成涂片或触片,染色、镜检。也可取病料进行病原菌的分离培养。

(2) 血清学诊断。可用凝集反应、荧光抗体技术等进行诊断。

【防控关键点】

1. **改善饲养管理** 采用全进全出饲养制度,降低猪群饲养密度,严格卫生防疫制度,改善通风条件,严格消毒,保持干燥、清洁、温暖,减少各种应激因素的影响。

2. **严格检疫和隔离措施** 在引进种猪时,要进行严格检疫,防止将传染源引入。除了采取生物安全措施外,尚需降低饲养密度,尽快隔离、淘汰病猪,严格控制种猪的引进等。因为本病主要通过种猪向后代传播,可以采用早期隔离断奶或药物早期预防等方式降低疾病的感染率。

3. **免疫接种** 适时进行疫苗接种,降低猪群的发病率。可以使用萎缩性鼻炎灭活菌苗。妊娠母猪于分娩前2月及1月各接种1次。仔猪通过吮吸母乳获得保护。也可直接对1~3周龄仔猪接种,间隔1周再接种1次。

4. **药物控制方案** 抗生素治疗可明显降低感染猪发病的严重性。通过抗生素群体治疗能够减少繁殖猪群和断奶前后猪群的发病或病原携带状态。

六、副猪嗜血杆菌病

副猪嗜血杆菌病又名多发性纤维素性浆膜炎、格拉泽氏病。

【病原】副猪嗜血杆菌,为革兰氏阴性短小杆菌,形态多变,有15个以上血清型。其中临床上以血清型4、5、13最为常见。不同血清型菌株间毒力有差异。

【特征】体温升高、呼吸困难、多发性浆膜炎、关节炎和高死亡率。

【流行病学】

1. **易感动物** 副猪嗜血杆菌只感染猪。仔猪敏感,尤以断奶后的保育猪最为多发。

2. **传染源及传播途径** 患猪和带菌猪是本病的传染源。该菌在鼻腔等上呼吸道内定居。主要通过空气直接接触感染,消化道也可感染。

3. **流行特点** 当猪群中存在繁殖与呼吸障碍综合征、流感或地方性肺炎的情况下,该病容易发生。这种细菌会作为继发的病原伴随其他主要病原混合感染。

【临床症状】 本病多见于被猪繁殖与呼吸综合征病毒和支原体感染后的猪场的仔猪发生和流行，多呈继发和混合感染，其临床症状缺乏特征性。人工接种试验，潜伏期2～5d，体温升高达40℃以上，有的四肢出现关节炎，关节肿胀、跛行，起立采食或饮水时频频咳嗽，鼻腔周围附有脓性分泌物，同时呼吸困难，出现腹式呼吸，呼吸频率和心率加快，皮肤及黏膜发绀。

副猪嗜血杆菌病的症状与病理变化

【病理剖检特点】 全身淋巴结肿大，胸膜、腹膜、心包膜及关节的浆膜出现纤维素性炎，表现为单个或多个浆膜的浆膜性或化脓性的纤维蛋白渗出物，外观淡黄色薄膜状的伪膜附着在肺胸膜、肋胸膜、心包膜、脾、肝与腹膜、肠以及关节等器官表面，也有条索状纤维素性膜。一般情况下肺和心包的纤维素性炎同时存在。

【诊断要点】

1. **临床诊断** 仔猪敏感。主要通过空气直接接触感染，当猪群中存在繁殖与呼吸障碍综合征、流感或地方性肺炎的情况下，该病更容易发生。体温升高达40℃以上，有的四肢出现关节炎，呼吸困难，皮肤及黏膜发绀。

2. **病理诊断** 全身淋巴结肿大，浆膜出现纤维蛋白渗出物。

3. **实验室诊断** 细菌培养对培养基要求高，采取病料必须在没用抗生素之前。该菌生长时严格需要烟酰胺腺嘌呤二核苷酸（NAD或V因子），在血液培养基和巧克力培养基上生长，菌落小而透明，在血液培养基上无溶血现象。一般条件下难以分离和培养，尤其是应用抗生素治疗过病猪的病料，因而给本病的诊断带来困难。

【防控关键点】

1. **预防** 保持猪舍卫生，做好消毒工作，加强饲养管理。用2%氢氧化钠水溶液喷洒猪圈地面和墙壁，2h后用清水冲净。对全群猪用电解质加维生素C粉饮水5～7d，以增强机体抵抗力，减少应激反应。

2. **免疫** 用自家苗或副猪嗜血杆菌多价灭活苗能取得较好效果。初产母猪产前40d一免，产前20d二免。经产母猪产前30d免疫1次即可。

3. 治疗

（1）氟苯尼考＋磺胺产生协同杀菌作用。可饮水或拌料。

（2）硫酸卡那霉素注射液，肌内注射，每晚1次，每次每千克体重20mg，连用5～7d。或氟苯尼考注射液按每千克体重20mg的用量肌内注射，在第一次给药后间隔48h再用药一次。也可使用盐酸头孢噻肟注射液，按每千克体重2～3mg的用量肌内注射，每日1次，连用3次。

（3）大多数血清型的副猪嗜血杆菌对头孢菌素、庆大霉素、大观霉素、磺胺类及喹诺酮类等药物敏感，对四环素、氨基糖苷类和林可霉素有一定抵抗力。

七、猪肺丝虫病

猪肺丝虫病又名猪后圆线虫病。

【病种分类】 寄生虫病。

【寄生部位】 猪支气管和细支气管内。

【特征】 主要侵害幼猪，使猪发生支气管炎和支气管肺炎，严重时可造成仔猪的大批死亡。

【病原体与生活史】 猪肺丝虫虫体呈细线状、乳白色。雌虫比雄虫大，雌虫长20～51mm，雄虫长12～26mm。后圆线虫的发育需要蚯蚓作为中间宿主。雌虫在猪的支气管内产卵，虫卵随气管的分泌物进到咽后，被猪吞下进入肠道，随粪便排出体外。虫卵在泥土中孵化为幼虫，当虫卵或幼虫被蚯蚓吞食后，在其体内经10～20d发育成感染性幼虫后随粪便排到土壤中。猪吞食了土壤中的感染性幼虫或带有感染性幼虫的蚯蚓而被感染。感染性幼虫经肠壁进入淋巴系统，后经静脉到达肺部，进入细支气管、支气管内，并在此发育为成虫。成虫寄生寿命约为1年。感染性幼虫在蚯蚓体内，可长期保存其生活力。一条蚯蚓可携带2 000～4 000条感染性

图1-6　猪肺丝虫生活史
1. 成虫　2. 虫卵　3. 感染性虫卵　4. 蚯蚓
（山东省畜牧兽医学校，
黑龙江畜牧兽医学校，1990.临床兽医学）

幼虫，故猪只要摄食少数蚯蚓，就可引起严重的感染（图1-6）。

本病多发生于温暖、多雨季节，因此时蚯蚓活动频繁，猪容易食入幼虫或带虫蚯蚓而感染。本病发生与饲养管理方式有关，舍饲猪群比放牧猪群感染机会少。

【临床症状】 猪肺线虫病主要危害仔猪，轻度感染症状不明显。严重感染时，病猪消瘦、贫血、食欲减退、便秘或下痢，出现阵发性咳嗽、呼吸困难（特别是在运动和采食后），有时鼻孔流出脓性黏稠液体，最后极度衰弱而死亡。病程长者，生长缓慢，常成僵猪。

【病理剖检特点】 多在肺膈叶后缘有灰白色隆起病灶，内有虫体，支气管内有黏稠分泌物及白色丝状虫体。

【诊断要点】 因肺丝虫的虫卵比重较大，常用漂浮法检查粪便中的虫卵，用饱和硫酸镁溶液作为漂浮液，可提高检出率。虫卵呈椭圆形、棕黄色，大小为（57～59）μm×（43～49）μm，卵壳厚，表面粗糙不平，卵内含一卷曲的幼虫。

【防控关键点】

1. **治疗**

（1）左旋咪唑。每千克体重8～10mg，灌服或拌料喂服。

（2）伊维菌素。每千克体重300μg，皮下注射。

（3）多拉菌素。每千克体重300μg，肌内注射。

2. **预防** 在流行地区每年应对成年猪进行春秋两季驱虫，对放牧猪要定期进行粪便检查，发现虫卵后要进行驱虫，并停止放牧。猪舍应建在地势较高的干燥处，猪舍及运动场地

面要坚实，避免在蚯蚓密集的潮湿地区进行放牧。搞好猪舍卫生，粪便应堆积发酵处理。用1％氢氧化钠溶液或30％草木灰水对猪舍及运动场地面消毒，既能杀灭虫卵，又能杀灭爬出的蚯蚓。

附 以呼吸困难、咳嗽为主要症状的7种猪病鉴别诊断 见表1-4。

表1-4 以呼吸困难、咳嗽为主要症状的7种猪病鉴别诊断表

疫病名称	猪喘气病	猪流感	猪肺疫	猪传染性胸膜肺炎	伪狂犬病	猪蛔虫病	肺丝虫病
病原	肺炎支原体	流感病毒	多杀性巴氏杆菌	胸膜肺炎放线杆菌	伪狂犬病毒	猪蛔虫	肺丝虫
流行特点	仅见猪发病，一年四季均可发生，常见断奶后猪发病，新疫点呈急性经过，死亡也多	不分品种、性别、年龄，晚秋至第二年春发生，呈地方性流行，2~3d群内大部分猪发病，病程短，死亡率低	各龄猪均易感，大、中猪发病率高，气候剧变，散发，无明显季节性，急性呈地方流行	各龄猪均易感，4~5月龄发病死亡多，4~5月和9~11月多发，不良因素可诱发	猪及其他动物均感染，10~20日龄仔猪致死率很高，2月龄以上的猪也发病，呈地方流行，多发生于冬、春两季	3~6月龄猪易感，一年四季均可发病，虫卵经口感染	常发生于温暖多雨季节，土壤肥沃，适于蚯蚓生长，猪食入带幼虫的蚯蚓而感染
临床症状	体温不高，呼吸增至60~120次/min，早、晚运动后，吃食后发生痉挛性咳嗽，腹式呼吸，喘气	体温40.3~42℃，口、眼、鼻流黏液样分泌物，呼吸困难，咳嗽，气喘	体温升高，痉挛性干咳，后为湿咳，慢性持续性咳嗽，呼吸困难，咽喉、颈、腹部红斑，指压不退色	体温41.5℃以上，高度呼吸困难，口、鼻流出泡沫，耳、鼻及四肢皮肤蓝紫，间歇性咳嗽	4月龄以上的猪呼吸困难，流鼻液，咳嗽，母猪流产，哺乳仔猪有神经症状	患猪出现咳嗽，呼吸急迫	阵发咳嗽，早、晚、运动或遇冷空气刺激咳嗽剧烈
剖检变化	肺的心叶、尖叶、中间叶、膈叶前缘发生肺炎，有肉变、胰变，无化脓，界限明显，病变对称	鼻、喉、气管、支气管充血，泡沫样黏液，肺水肿，气肿有炎症，呈紫红色，肺纵隔淋巴结肿大	实质器官及淋巴结出血性病变，纤维素性胸膜肺炎，肺肝变区，呈大理石样花纹	胸膜沉积纤维素，肺充血、出血、坏死或脓肿	呼吸道黏膜扁桃体出血，表面有小出血斑点，暗红色，肝有白色斑纹	虫卵移行呈肺炎病变	一侧或两侧支气管内找到虫体，十几条或更多，并有大量黏液
防治	抗生素治疗，疫苗接种	灭活苗接种，无特效药	抗生素治疗有效，疫苗接种	药物治疗，灭活苗接种	弱毒苗接种，药物无效	驱虫药有效	驱虫药有效

典型案例介绍与讨论——如何防控猪呼吸道疫病

【目标要求】 通过对典型案例的分析讨论，加深对猪群呼吸道疫病的理解和掌握，进一步提高学生诊治猪群呼吸道疫病的能力。

1. **学生角色** 结合教师课堂讲授的呼吸道疫病的知识点和技能点及现场典型案例实践，采取分组讨论、自由发言、交流、争论、补充等形式。明确发病病例主要诊断点。归纳猪群呼吸障碍性主要疫病的共同表现、主要病因、防控猪呼吸障碍性疫病的措施。

2. **教师角色** 在几个组之间往返引导、启发、点拨、激励、鼓励学生大胆谈出自己的看法和见解，提倡有所发挥，鼓励创新意识，扼要总结、分析，全面阐述分析提高呼吸障碍性疫病的防控措施，从案例中应吸取的经验与教训。

【病案一】 养猪户范某送来1头病死猪（同栏共22头猪）到某校动物医院就诊。经剖检主要病理剖检点如下：全身皮肤呈败血症，多处皮肤发绀、发紫，咽部红肿，口、鼻流有带血泡沫，全身淋巴结尤其是颌下淋巴结肿大出血，皮下出血，血液呈浓酱油样凝固不良，肺出血、呈纤维素性炎症。支气管出血、喉头会厌软骨出血严重。请根据以上病变做出初诊，并制订防控措施。

【病案二】 养猪户黄某一栏中猪发病已1周，主诉：该栏猪共9头，先后陆续发病，不食，体温40.5℃左右，呼吸异常，便干、尿黄，大多数猪关节肿大，剖检1头重症猪，心包炎、胸膜炎、腹膜炎（肠、肝、脾粘连），有腹水（淡黄色），关节腔有胶冻样液体等。请根据以上病变做出初诊，并制订防控措施。

综合测试题

一、填空题

拓展—猪细菌病系统诊断流程

1. 猪流行性感冒主要发生于_____季节，本病如无继发感染，一般取_____经过。
2. 猪肺疫的病原是_____，本菌经瑞氏染色镜检特点是_____。
3. 急性猪肺疫的病理剖检点主要呈现_____。胸膜上常有_____。
4. 猪传染性萎缩性鼻炎的病原是_____。病猪常在眼眶下方的皮肤出现_____。防治本病可用_____等药物。
5. 猪接触传染性胸膜肺炎的病原是_____，革兰氏染色呈_____性，本病可用_____等药物治疗。
6. 猪喘气病的病原是_____，本病原对_____、_____、_____和_____等药物敏感。
7. 急性喘气病的病理剖检点主要是_____。
8. 患喘气病的病猪，_____和_____淋巴结表现显著肿大。
9. 患慢性喘气病的病猪，在肺的_____、_____及_____呈小叶性融合性支气管肺炎变化。
10. 患喘气病的病猪，在肺上的"肉变"是指_____；"胰变"是指_____。
11. 猪肺丝虫病是由_____寄生在猪_____内引起的。其中间宿主为_____。

二、判断题
1. 猪肺疫的发生有内源性感染和外源性感染两种情况。（   ）
2. 患猪肺疫的病猪，剖检时可见脾肿大、出血、梗死。（   ）
3. 育肥猪和成年猪感染猪喘气病后，多呈慢性或隐性感染。（   ）
4. 患猪喘气病的病猪，在呼吸式上表现胸式呼吸。（   ）
5. 猪肺丝虫病的病变多见于肺膈叶后缘。（   ）

三、问答题

1. 猪流行性感冒的症状是什么?如何防治?
2. 叙述猪肺疫的症状。
3. 如何预防和治疗猪传染性萎缩性鼻炎?
4. 叙述猪喘气病的症状。
5. 肺丝虫病的诊断点是什么?

项目四 以皮肤病变为主要示病症状的疫病

【知识目标】
1. 掌握皮肤异常为主症疫病的共同症状及其病因。
2. 掌握猪口蹄疫、猪丹毒、猪链球菌病、猪疥螨病和仔猪渗出性皮炎的病原名称、口蹄疫病毒的血清型以及上述各种疫病的临床症状。
3. 了解猪口蹄疫、猪水疱病、猪丹毒、猪链球菌病、猪疥螨病和仔猪渗出性皮炎的流行特点及综合防控措施。

【技能目标】
1. 在提供录像、幻灯、照片、标本及现场病例时,能识别出猪口蹄疫、猪水疱病、猪丹毒和猪链球菌病的主要病理剖检变化。
2. 掌握猪疥螨病的虫体检查方法和防治方法。

【德育目标】 体会猪场疫病的复杂性,更好地将所学知识与技能应用于临床实践,培育热爱专业、精益求精的工匠精神,逐步树立专业自豪感。

【项目导读】 皮肤是覆盖全身体表的强韧被膜,它保护体内各组织和器官,具有感觉、分泌、排泄、调节体温等重要功能。它参与全身的防御反射机制,抗御机械和化学刺激、光线、电热及病原微生物等各种外来侵害。

(一)猪皮肤异常疾病主要综合表现
1. 病猪体表、黏膜色彩发生改变,表现为潮红、发绀、苍白、黄疸等。
2. 病猪皮肤表现丘疹、肿块、水疱、脓疱、糜烂、溃疡、坏死、结痂、皮肤肥厚等。
3. 病猪表现痒、痛、热等局部症状。

(二)猪皮肤异常疾病病因
猪皮肤异常疾病是多种因素综合作用的结果。疾病的发生既可能是侵袭性传染病,也可能是由非传染性疾病引起的。归纳起来有以下几个方面的病因:
1. **病原因素** 由病毒引起的有猪口蹄疫、猪水疱病;由细菌引起的有猪丹毒、猪链球菌病和仔猪渗出性皮炎等;由寄生虫引起的有猪疥螨病等。该类疾病的共同特点是在猪体表都会出现不同程度的皮肤损伤,但各种疾病也有特征性的临床症状,如猪的口蹄疫和猪的水疱病主要是以蹄部、口鼻周围等部位发生水疱或溃疡为临床特征,猪丹毒主要以败血症和皮肤疹块为其特征。
2. **非传染性因素**
(1)由环境潮湿、创伤、冷冻、烧灼、日光晒伤、皮肤脓肿、疱疹及因酸碱腐蚀性物质引起的损伤等。

（2）由过敏原引起的过敏性皮肤病，如湿疹、瘙痒。

（3）维生素和锌等微量元素缺乏等引起的皮肤角化不全等皮肤病。

（三）猪体表异常疾病防控措施

（1）除去一切致病因素。

（2）注意原发病的治疗；禁用刺激性强的药物；用药之前，清除皮肤一切污垢、汗液、痂皮、分泌物等。

（3）避免受内外界不良因素的刺激，做好猪群饲养管理、搞好环境卫生及消毒工作。

（4）定期驱虫。

（5）防止消化机能与新陈代谢的紊乱。

一、猪口蹄疫

【**病种分类**】　一类动物疫病。

【**病原**】　口蹄疫病毒，具有多型性和易变异性。目前有7个主血清型即A型、O型、C型、南非Ⅰ型、南非Ⅱ型、南非Ⅲ型和亚洲Ⅰ型，70个亚型，各型间没有交叉免疫性。口蹄疫病毒各型在致病性上没有多大差异，它们引发的病症基本相同。

【**特征**】　偶蹄动物的一种急性、高度接触性、热性传染病。其临床特征是口腔黏膜、口腔周围、蹄部和乳房部皮肤发生水疱和烂斑。

【**发病机制**】　病毒在病猪的水疱皮和水疱液中含量最高。在内脏、骨髓、淋巴结、肌肉以及奶、粪、尿、唾液、眼泪都有病毒存在，并随之散布。病毒侵入机体后，在侵入局部上皮细胞内增殖，引起浆液渗出形成原发性水疱或第一期水疱。肌肉、骨髓和淋巴结亦是病毒增殖的部位。1～3d后病毒进入血液，引起病毒血症，病猪体温升高和出现全身症状。不久，病毒随血液到达其亲和组织——口腔黏膜和蹄部、乳房部皮肤表层上皮组织，继续增殖，形成继发性水疱或第二期水疱。当第二期水疱破溃时，病猪体温下降，病毒从血液基本消失，随着特异性抗体的不断产生和机体防御作用的增强，病猪逐渐康复。

仔猪发生各型口蹄疫时，病毒及其毒素损害心肌，致心肌变性和坏死，心肌上出现灰白色和淡黄色的斑点或条纹，多呈心肌炎而死亡。

【**流行特点**】　本病主要发生于牛、羊、猪等偶蹄兽，不同品种和年龄的猪都有易感性，多为良性经过，但哺乳仔猪感染后死亡率很高。病猪和带毒猪是该病的主要传染源。病毒通过水疱皮和水疱液，以及发热期间病猪的奶、粪、尿、呼出的气体、口水、泪液和精液向外传播。主要经过呼吸道、消化道、眼结膜及损伤的皮肤黏膜感染。病猪破溃的蹄部水疱皮含毒量最高。

口蹄疫的发生没有严格的季节性，它可发生于一年的任何月份。但由于气温的高低、日光的强弱等对口蹄疫病毒的生存有直接的影响，而不同地区的自然条件、交通情况、生产活动和饲养管理等不尽相同，故在不同地区，口蹄疫的流行表现为不同的季节性。猪口蹄疫以秋末、冬春为常发季节。春季为流行盛期，夏季较少发生，但大群饲养的猪舍，本病无明显的季节性。本病的传播性较强，传播迅速，发病率高，一旦发生，往往呈流行性或大流行性，向周围蔓延，有时也呈跳跃式远距离传播。

【临床症状】 潜伏期一般为1～2d，最长1周左右。

病猪以蹄部出现水疱为主要特征。病初体温升高至40～41℃，精神不振，食欲减退或废绝，常卧地。蹄冠、蹄叉、蹄踵等部位出现充满灰白色或灰黄色液体的米粒大至蚕豆大的小水疱，水疱由小变大，可相互融合。水疱破裂后形成暗红色的烂斑，此时体温降到正常，全身症状好转，经过1周左右痊愈。如有细菌继发感染，蹄叶受到侵害，患肢不能着地，跛行，常卧地不起，甚至蹄匣脱落，致使病情复杂，病程延长。病猪的口腔、齿龈、舌、鼻镜、乳房部等也可见到水疱和烂斑。本病一般为良性经过，大猪很少死亡，但哺乳仔猪患病后，常呈急性胃肠炎和心肌炎而突然死亡，病死率可达60%～80%，甚至整窝死亡，病程稍长者，也可见到口腔和鼻面上有水疱和烂斑。

猪口蹄疫的症状与病理变化

【病理剖检特点】 除口腔和蹄部的水疱和烂斑外，患病仔猪有的可见卡他性出血性胃肠炎变化；心肌松软，切面有灰白色或淡黄色斑点或条纹，像老虎身上的条纹，故称"虎斑心"。心肌炎病变具有重要诊断意义。

【诊断要点】

1. 一般诊断

（1）本病为急性经过，呈流行性传播，主要侵害偶蹄兽，多为良性经过，但哺乳仔猪死亡率很高。

（2）病猪蹄部出现水疱、烂斑，常伴有跛行，严重时蹄匣脱落，口腔黏膜和鼻镜部也可有水疱、烂斑。

（3）仔猪剖检时可见"虎斑心"。

2. 实验室诊断 用于确诊、毒型鉴定和提供用苗依据。采取病猪的水疱皮和水疱液，置50%甘油生理盐水中，或采集恢复期病猪血清，送国家口蹄疫参考实验室确定病毒血清型。

【防控关键点】

1. 预防 加强饲养管理，搞好卫生，定期消毒，加强检疫，坚持自繁自养的原则，不从疫区购进动物及其产品、饲料等，必须从外地引进猪只时要严格检疫，隔离观察两周，确实无病时方可与当地猪只合圈。要定期进行免疫接种，当前经批准猪用的疫苗有灭活苗（O型、O型+A型）和合成肽疫苗（O型）两类。母猪在妊娠初期和分娩前1个月各接种1次灭活疫苗（1头份/头），仔猪免疫时必须要注意母源抗体的影响，仔猪在40日龄或80日龄注射1次（1头份/头），即可获得较强的免疫力。所用疫苗的病毒血清型必须与该地区流行的口蹄疫病毒血清型一致。

2. 扑灭 发生口蹄疫时，必须按《中华人民共和国动物防疫法》《口蹄疫防治技术规范》等有关规定采取综合性、强制性的紧急控制和扑灭措施。必要时送国家口蹄疫参考实验室诊断。划定疫点、疫区和受威胁区，封锁疫区，依法扑杀疫点内所有病畜和同群易感畜，对病畜尸体和污染物作无害化处理。对场地、饮水、畜舍、畜产品与污染物品进行严格彻底消毒。严禁疫区内的活畜及产品输出交易，对出入的车辆和有关物品进行消毒，必要时对疫区内所有易感动物进行扑杀和无害化处理。

二、猪水疱病

【病种分类】 一类动物疫病。

【病原】 水疱病病毒,病毒主要存在于病猪的水疱液和水疱皮中。

【特征】 在蹄冠、趾间、蹄踵皮肤发生水疱和烂斑,部分病猪在鼻盘、口腔黏膜和哺乳母猪的乳头周围也有同样的病变。在症状上与口蹄疫极相似,但牛、羊等家畜不发病。

【发病机制】 病毒侵入猪体,扁桃体是最易受害的组织。皮肤、淋巴结和侧咽后淋巴结可发生早期感染。原发性感染是通过损伤的皮肤和黏膜侵入体内,经2~4d在入侵部形成水疱,以后发展为病毒血症。病毒到达口腔黏膜和其他部分皮肤形成次发性水疱。病毒对舌、鼻盘、唇、蹄的上皮及心肌、扁桃体的淋巴组织和脑干均有很强的亲和力,继而导致细胞水肿、死亡。

【流行特点】 本病仅发生于猪,不分年龄、品种均可感染。病猪和带毒猪是主要的传染源,通过粪、尿、水疱液、乳汁排出病毒。感染途径是口腔和损伤的皮肤,但以口腔为主。本病一年四季均可发生,一般呈散发性或地方性流行。猪水疱病的传播力不如口蹄疫强,所以流行比较缓慢,不呈席卷之势。

【临床症状】 病猪在蹄冠、蹄踵、蹄底和趾间等处皮肤出现水疱,体温升高到40~41℃,并持续数日,精神沉郁,食欲减退。水疱于1~2d破溃,形成溃疡,常环绕蹄冠皮肤与蹄匣之间裂开,严重时蹄匣脱落。病猪有疼痛感,出现跛行、跪行。部分病猪在鼻端、口腔皮肤、口腔和舌面黏膜、乳房也可出现水疱和烂斑。如无继发感染,一般很快康复,死亡率很低,病程一般为7~10d。蹄匣脱落者,恢复较困难。

【病理剖检特点】 特征性病变主要在蹄部、鼻端、唇、舌面及乳房出现水疱和溃疡。个别病例在心内膜有条纹出血斑。其他内脏器官无可见病变。

【诊断要点】

1. **一般诊断**

(1) 本病流行性传播,主要侵害猪,多为良性经过,很快康复,死亡率低。

(2) 病猪蹄部出现水疱、烂斑,常伴有跛行,严重时蹄匣脱落,口腔黏膜和鼻镜部也可有水疱、烂斑。

2. **实验室诊断** 采集病猪的水疱液或水疱皮送检,检查方法有反向间接血凝试验、补体结合试验、荧光抗体试验、中和试验等。

【防控关键点】

1. **预防** 预防本病的重要措施是防止本病的传入。

(1) 在引进猪和猪产品时,必须严格检疫。

(2) 做好日常消毒工作,对猪舍、环境、运输工具可用有效消毒药进行定期消毒。

(3) 免疫预防。目前尚无经批准的疫苗可用。

2. **扑灭** 发生本病时,要及时向上级防疫部门报告,对可疑病猪进行隔离,对污染的场所、用具要严格消毒,粪便、垫草等堆积发酵处理,对疫区实行封锁,并控制猪及猪产品出入疫区。必须出入疫区的车辆和人员要严格消毒。捕杀病猪并进行无害处理。

【公共卫生】 猪水疱病病毒与人的柯萨奇B_5型病毒有亲缘关系,对人有一定的致病性，特别是接触大量本病病毒的实验室工作人员，容易因感染猪水疱病病毒而患病。病人有轻微发热，伴发头痛，体重减轻，甚至出现非化脓性脑炎症状等。因此，从事本病研究和防疫的工作人员，应当注意个人防护，以免受到感染。

三、猪丹毒

拓展—猪塞内卡病毒病 66

【病种分类】　三类疫病。

【病原】　猪丹毒杆菌，革兰氏染色阳性，纤细小杆菌，对青霉素极为敏感。

【特征】　发生于架子猪。急性表现为败血症；亚急性病例表现为皮肤疹块；慢性病例主要表现为心内膜炎、关节炎和皮肤坏死。

【流行特点】　本病主要发生于猪，多见于架子猪。其他畜禽很少感染，试验动物中小鼠和鸽子的易感性特别高。人偶尔可经伤口感染，但感染后取良性经过，称为类丹毒。病猪和带菌猪是主要的传染源，通过排泄物和分泌物排出细菌，污染环境，健康猪主要通过消化道传染，也可通过损伤的皮肤及吸血昆虫的叮咬而感染。本病全年均可发生，但以夏秋湿热季节多见，呈散发或地方性流行，有时也呈暴发性流行。

【临床症状】

1. 急性败血型　流行初期一头或数头在不表现症状的情况下突然死亡，其他猪相继发病，体温高达42～43℃，持续高热，卧地不起，有时呕吐，眼结膜充血，粪便干硬，附着黏液，有时也下痢，严重的呼吸增快，可视黏膜发绀，部分猪皮肤潮红，继之发紫，以耳根、颈下、背部较多见。

2. 亚急性疹块型　出现疹块是其特征，同时伴随少食、口渴、便秘，有时呕吐，体温升高到41℃以上，通常2～3d后在胸、背腹、肩、四肢出现稍突出于皮肤的疹块（俗称打火印）。疹块初期手压退色，后期变蓝，压之不退色，疹块出现后体温开始下降，病势减轻，有的康复，有的经久不痊愈。

3. 慢性型　本型多由急性型或亚急性型转变而来，病的特征为心内膜炎、四肢关节炎和皮肤坏死。发生心内膜炎时，呼吸困难，黏膜发绀，心跳加快，听诊有心杂音，体温一般正常或稍高，食欲时好时坏，精神不佳，后期可见贫血、腹泻、四肢下部水肿等症状，重者在2～4周死亡。发生四肢关节炎时患病关节肿胀、热痛、行走困难，出现跛行。皮肤坏死，常发生于背、肩、耳、蹄和尾等部。局部皮肤肿胀、隆起、坏死、色黑、干硬、似皮革，逐渐与其下层新生组织分离，犹如一层甲壳。坏死区有时范围很大，可以布满整个背部皮肤。2～3个月坏死皮肤脱落，遗留一片无毛色淡的疤痕或溃疡。如有继发感染，则病情复杂，病程延长。

【病理剖检特点】

1. 急性型猪丹毒　主要以急性败血症的全身病变和体表皮肤红斑为特征。脾充血、肿大、呈樱桃红色，质地柔软，边缘增厚，切面外翻，凸凹不平，脾小梁和滤泡结构模糊，红髓易刮下。全身淋巴结肿大、充血，并有小点出血，切面多汁，呈浆液出血性炎症。肾肿大，呈暗红色，皮质部有小点出血，呈出血性肾小球性肾炎、花斑肾。心外膜及心内膜有出血点。胃肠黏膜呈急性卡他性和出血性炎症，其中以胃底部、幽门部和十二指肠最为明显，黏膜潮红，呈小点出血或弥漫性出血，表面有多量黏液。肺充血、水肿，心脏异常肿大。

2. **亚急性型猪丹毒** 主要表现在颈、背、胸、腹、大腿等部皮肤的疹块病变。全身败血症变化轻微。

3. **慢性心内膜炎型** 在心脏的瓣膜上常附着由肉芽组织和纤维蛋白凝块所形成的赘生物，外观似菜花样，以二尖瓣多见，四肢下部皮肤水肿。

4. **慢性关节炎型** 是一种多发性增生性关节炎，不化脓，外形肿大而坚硬。切开关节可见滑膜面充血、肉芽增生，关节软骨表面形成溃疡，关节囊增厚。见有多量浆液性、纤维素性渗出。

猪丹毒的症状与病理变化

5. **慢性皮肤坏死型** 可见皮肤坏死。

【诊断要点】

1. **临床诊断**

（1）本病易侵害架子猪，多发于夏秋湿热季节。

（2）急性败血症病例体温升高达42℃以上，部分病猪皮肤出现红斑，指压退色，死亡较突然；疹块型出现典型疹块；慢性猪丹毒的皮肤出现大块坏死，关节肿胀、跛行，四肢下部水肿。

2. **病理诊断** 剖检主要表现卡他性和出血性胃肠炎，以胃底部、幽门部和十二指肠最明显；全身淋巴结肿胀、出血；肾肿大、淤血、出血；脾肿大、樱桃红色。慢性型可见关节增生，心瓣膜上有菜花样物。

3. **实验室诊断** 对急性败血型和慢性型猪丹毒必须通过实验室诊断才能确诊。

（1）微生物学检查。取病料（败血型病例取心血、脾、肝、肾、淋巴结等；疹块型病例取病变皮肤及其渗出液；慢性型病例取心脏瓣膜疣状物或关节囊液）进行微生物学检查，常用的方法有涂片镜检和细菌分离培养等。若镜检发现猪丹毒杆菌，可做出诊断。

（2）动物接种。取病料研磨用生理盐水制成10倍的稀释悬液，取上清液接种鸽子（胸部肌内注射0.5～1mL）或小鼠（皮下注射0.2mL），若病料中含有猪丹毒杆菌，则鸽子和小鼠常于接种后3～5d内呈败血症死亡，并从死亡的动物体内分离到猪丹毒杆菌。

【防控关键点】

1. **预防** 改善饲养管理，增强猪体的抵抗力。清圈消毒，猪舍和运动场地应经常清扫并用2%氢氧化钠溶液或石灰乳液消毒。当前经批准的疫苗有单苗（活苗、灭活苗）和联苗（猪丹毒＋猪肺疫二联灭活苗、猪瘟＋猪丹毒＋猪肺疫三联活疫苗）两类，每年春秋两季，推荐定期给种猪用猪丹毒灭活苗1头份/次进行预防接种，仔猪断乳后免疫1头份，可用猪丹毒冻干弱毒菌苗（活苗）；猪丹毒、猪肺疫氢氧化铝二联苗（灭活苗）；猪瘟、猪丹毒、猪肺疫弱毒三联苗（活苗）进行免疫。

2. **扑灭** 发现病猪立即隔离治疗。其余假定健康猪全部紧急接种弱毒菌苗。及时封锁疫点，彻底清圈消毒，防止疫情蔓延。严格进行病死猪或急宰病猪肉尸的处理。

3. **治疗** 目前以青霉素治疗效果最好，按每千克体重20 000U肌内注射，每天2次，连用3～5d。也可以用硫酸头孢喹肟注射液，每千克体重2mg，每日1次，连用3d。

【公共卫生】 人对猪丹毒有易感性。人感染猪丹毒杆菌，称为类丹毒。多经损伤的皮肤感染，兽医、屠宰场工人、肉食品加工人员等在工作过程中要注意个人防护，发现感染后应及早用抗生素治疗。

四、猪链球菌病

【病种分类】 三类疫病。

【病原】 链球菌，球形或卵圆形，革兰氏染色阳性，有19个血清群，C群引起猪的急性败血症，E群多引起局部淋巴结脓肿。对抗生素和磺胺类药物敏感。

【特征】 急性型表现为出血性败血症和脑炎；慢性型表现为关节炎、心内膜炎及组织化脓性炎症。

【流行特点】

（1）主要感染猪，以仔猪、架子猪和怀孕母猪的发病率高，仔猪最敏感。

（2）病猪和带菌猪是本病主要的传染源，经过鼻液、唾液、尿、血液、粪便等排菌，未经无害化处理的病死猪肉、内脏及废弃物、运输工具及场地、污染的用具，猪苗集散市场的接触等容易造成本病的散播。气候变化、卫生条件差、多雨和潮湿、高温、长途运输、空气污浊、过于拥挤等不良的应激因素可促使本病的发生。

（3）受损的皮肤和黏膜是重要的传播途径，新生仔猪因为断脐、断尾、阉割、注射等消毒不严格而发生感染，呼吸道也是本病的主要感染途径。本病一年四季均可发生，但5～11月发病较多，常呈散发或地方流行，并容易与猪传染性萎缩性鼻炎、传染性胸膜肺炎等病混合感染。

【临床症状】 潜伏期一般为1～3d，长的可达6d以上。根据病程长短可分为急性败血型、脑膜炎型、亚急性和慢性型4种。

1. **急性败血型** 有的突然死亡，症状稍缓的可见体温升高（41～43℃），震颤，废食，便秘，发绀，浆液性鼻漏，眼结膜潮红，流泪，耳、颈、腹下出现紫斑，关节炎，空嚼，昏睡，后期呼吸极度困难，死前天然孔出血，一般1～3d死亡，此种类型不多见，但危害较大。

2. **脑膜炎型** 病初体温升高（40.5～42.5℃），废食，便秘，浆液性鼻漏，很快出现神经症状，共济失调、转圈、空嚼，继而后肢麻痹，前肢爬行，四肢呈游泳状或角弓反张和僵直性痉挛直至昏迷，几小时或1～2d内死亡，病程达3～5d者，有部分小猪背部、头、颈等部出现水肿，同时有的出现关节炎，此型用抗生素治疗后脑膜炎症状不会很快完全消失，只能逐渐恢复。

3. **亚急性和慢性型** 主要表现为关节炎、心内膜炎、化脓性淋巴结炎、脓肿、子宫炎、包皮炎、乳房炎、咽喉炎、皮炎。呈散发性和地方流行性。其特点是病程稍长（十几天至1个月），症状比较缓和。

【病理剖检特点】 急性败血型以出血性败血性病变和浆膜炎为主，血凝不良，皮肤紫斑，黏膜、浆膜、皮下出血，肺充血水肿，全身淋巴结肿大、充血、出血，有的坏死或化脓。心包腔、胸腔和腹腔积液，混浊，含有絮状物。肝肿大呈暗红色或紫黑色，柔软易碎。脾肿大，有的可增大1～3倍，呈灰红或暗红色，质脆而软，包膜下有小出血点，边缘有出血梗死区，切面隆起，结构模糊。肾出血、肿大。胃肠黏膜充血、出血。鼻黏膜充血、出血，气管充血、肺水肿、充血、出血，有的呈化脓性支气管炎。有的脑及脑膜充血，脑切面有出血点。慢性型病猪肿大的关节皮下有胶冻样水肿，关节囊内有黄色胶冻样液

猪链球菌感染的症状与病理变化

体或纤维素性脓样或干酪样物质。心内膜炎时,心瓣膜增厚,表面粗糙,有菜花样赘生物。

【诊断要点】

1. **临床诊断**
（1）本病常呈地方性流行,多发于仔猪,病程短。
（2）除了有败血症症状外,常伴有多发性关节炎和脑膜炎症状。

2. **病理诊断**　剖检常见各器官充血、出血明显,脾肿大,有神经症状的病猪,脑和脑膜充血、出血。

3. **实验室诊断**　取病料（肝、脾、心血、淋巴结、脑、关节囊液等）直接涂片染色镜检或接种于鲜血琼脂培养基上,进行病原菌分离培养,并通过生化试验和血清学试验进行鉴定。也可取病料研磨用生理盐水10倍稀释制成悬液进行动物接种试验。

【防控关键点】

1. **预防**　加强饲养管理和卫生消毒,不从疫区购入病猪,不要买卖病猪和未经无害化处理的病猪肉及内脏。对病死猪要进行无害化处理,是防治该病的根本措施。新生仔猪要注意脐带消毒防止感染。做好预防接种工作,目前批准的链球菌疫苗有单苗（活苗、灭活苗）和联苗（链球菌＋副猪嗜血杆菌二联灭活苗）两类。仔猪和成年猪均可应用。一般每猪皮下注射3～5mL,保护率可达80％～100％,免疫期在6个月以上。

2. **扑灭**　一旦发生疫情,应按《猪链球菌病应急防治技术规范》进行诊断、报告、处置。对病猪立即隔离治疗,对猪舍、场地和用具等用2％氢氧化钠溶液等严格消毒;疫情流行地区可在每千克饲料中加入多西环素150mg＋62.5％磺胺氯哒嗪钠0.5g,或每吨饲料中加入土霉素400g,连喂2～3周进行药物预防。

3. **治疗**　可用青霉素、链霉素和磺胺类药物等。青霉素钠盐每千克体重30 000U。20％的磺胺嘧啶钠注射液,10～20kg的猪5～10mL,成年猪20～30mL,每天肌内注射2次,连用3～4d。盐酸头孢噻呋注射液每千克体重3～5mg,疗效显著。对症治疗可用30％的安乃近（每千克体重0.2g）,每天肌内注射2次。

【公共卫生】　1998年江苏省和2005年四川省分别暴发了由猪链球菌Ⅱ型引起的猪急性败血性死亡,同时感染接触病死猪及猪肉的人并导致人死亡,给公共卫生带来极大威胁,因此,猪链球菌病的防控除在兽医传染病学上的重要意义外,还有着深远的公共卫生意义。

五、仔猪渗出性皮炎

仔猪渗出性皮炎又名猪油皮病。

【病原】　表皮（白色）葡萄球菌,圆形或卵圆形,革兰氏染色阳性。

【发病机制】　表皮葡萄球菌在自然界分布广泛,空气、尘埃、污水及土壤等都有存在,同时也是猪皮肤、呼吸道、消化道黏膜上的常在菌。在皮肤、黏膜有损伤,机体抵抗力降低的情况下,病原体经过汗腺、毛囊和受损的部位而侵入皮肤,从而引起毛囊炎、蜂窝织炎、渗出性坏死性皮炎和脓肿等。特别是圈舍卫生条件不好,管理制度不健全,缺乏完善的消毒措施时更易引起本病的发生。

【流行特点】　本病可发生于各种年龄的猪,但主要侵害5～10日龄的乳猪,其次为刚断奶的仔猪。大猪虽然也有发生,但数量较少,一般是在各种诱因的作用下才能发生。本病一年四季均可发生，但以潮湿的夏秋季节较为多发。

【临床症状】 由于细菌侵入机体的途径、数量、毒力和机体的免疫力的强弱不一，临床上表现的症状也不同。根据临床症状出现的快慢，本病常有急性型和亚急性型两种。

1. **急性型** 多发于乳猪和断乳不久的仔猪，发病突然。病变首先出现于眼周、耳郭、鼻吻、唇并逐渐扩散到四肢、胸腹下部和肛门周围的无毛或少毛部，出现红斑或角化层的灶状糜烂，继而出现 $3\sim4\mu m$ 的淡黄色小水疱，当水疱破裂后，其内的渗出液与皮屑、皮脂及污垢等混合。此时，病猪体表有一厚层黄褐色油脂样恶性渗出物，当这些物质干涸后，则形成微棕色鳞片状结痂，其下面的皮肤显示出鲜红色的红斑，如仔猪存活 $4\sim5d$，渗出物即干涸，则形成皱褶和龟裂的黑褐色的结痂。

仔猪渗出性皮炎的症状与病理变化

剥去结痂可露出鲜肉样表面，但被毛尚遗存。患病仔猪食欲减退，饮欲增加，并迅速消瘦，生长发育明显受阻。急性病例一般经过 $30\sim40d$ 可康复。但在机体抵抗力降低、病情加重时，病变常常深侵、扩及皮下，则局部伴有淋巴结炎；有的患猪还呈现溃疡性口炎；四肢发生严重的渗出性皮炎时，常可累及到蹄部，此时多在蹄部发现溃疡。死亡常由于并发脱水、蛋白质和电解质丧失及恶病质所致。

2. **亚急性型** 病变常局限于鼻吻、耳、四肢及背部。受损皮肤显著增厚，形成灰褐色形状不整的红斑和结痂；当病变全身化时，皮肤有明显的鳞屑脱落。此型死亡率低，但康复缓慢，生长停滞。

另外，本病也发生于架子猪、育成猪或母猪，但病变较轻微。

【病理剖检特点】 本病的眼观病变基本与临床所见相似，但死于急性期的仔猪，剖检常见肾盂及肾乳头部有大量灰白色或灰黄色的尿酸盐沉积。而死于亚急性的病猪，渗出现象轻微而表皮增生显著，可形成不规则的假瘤样增生及过度不全的角化，毛囊上皮增生，毛乳头部见有菌块。

【诊断要点】

（1）根据临床症状和病理剖检点可建立初步诊断，但确诊需要做病原学检查。通常采取化脓的皮肤、组织或脓性渗出物等做涂片，革兰氏染色，显微镜观察，并依据细菌的形态、排列和染色特性等进行确诊。另外，还可做细菌分离和血清学检查等。

（2）在诊断中应与营养不良所致的皮疹、接触性湿疹和病毒性皮炎相区别。

【防控关键点】

1. **治疗** 采用内外结合用药的办法进行治疗。主要采用敏感药物对所有发病仔猪进行肌内注射，同时病猪损伤的局部皮肤进行外科处理，清除表面的异物、渗出的凝结物、坏死的组织或痂皮等，再用 1% 的高锰酸钾冲洗创面，然后创面涂布青霉素软膏或红霉素软膏、龙胆紫等。对于范围较大或全身性皮肤损伤，在进行局部处理的同时，还应该辅以补液、调节酸碱平衡等全身性疗法。

2. **预防** 加强饲养管理，对猪的圈舍及运动场等经常清扫、保持清洁、定期消毒；保持舍内的干燥，同时保持设备完好无损，防止皮肤黏膜损伤是预防本病的关键。对发病猪要早发现、早隔离、早治疗，同时与病猪接触过的猪只也要进行预防性治疗，当发现猪的皮肤有损伤时，应及时用碘酊或龙胆紫等消毒液进行处理，防止感染的发生，尤其对仔猪进行剪牙、断脐、断尾和去势时，要严格消毒。

六、猪疥螨病

猪疥螨病又名癞病或疥癣。

【病种分类】 寄生虫性疫病。

【病原】 疥螨,呈淡黄色、龟状,虫卵呈卵圆形、黄色。

【寄生部位】 猪皮肤内。

【特征】 一种慢性接触性感染的皮肤病,导致皮肤剧痒和皮炎。

【生活史】 疥螨全部发育过程都在宿主皮肤内完成,包括卵、幼虫、若虫、成虫4个阶段。疥螨的口器为咀嚼型,在猪的表皮挖凿隧道,以皮肤组织和渗出的淋巴液为食,疥螨雌虫钻进猪的表皮挖凿隧道,并在隧道内产卵,在隧道内完成其发育和繁殖。一个雌虫一生可产卵40~50个,平均每天产卵1~3个,约1个月后虫体死亡。卵孵化出的幼虫爬到皮肤表面,在毛间的皮肤上开凿小穴,在里面蜕化变为若虫。若虫再钻入皮肤,形成狭而窄的穴道,并在里面蜕化变成成虫。疥螨的整个发育过程为8~22d,平均为15d。

【流行病学】 疥螨病是由于健康猪接触患病猪或通过有疥螨的猪舍和用具等而受感染。疥螨感染的主要来源是患有慢性病变的猪。

猪疥螨适宜的生活条件是潮湿和阴暗的环境,在该条件下,虫体能增加其活动性,并迅速地繁殖和蔓延。因此在秋冬季节里尤其是连绵多雨季节里蔓延最广,病情也最严重。在春夏季节,阳光充足,空气干燥,可使虫体大量死亡,病猪症状减轻或康复。

仔猪易发疥螨病,而且发病也较严重。随着年龄的增长,症状逐渐减轻而成为带螨者,从而成为主要传染源。成年公猪多为带螨者,常成为繁育猪群的传染源。带虫母猪产仔后,通过直接接触传给仔猪。营养不佳,管理不良与慢性疥螨病的关系密切。

【临床症状】 主要是皮肤发炎、脱皮、剧痒和消瘦。该病通常起始于头部,眼窝下及耳部,然后蔓延到背部和躯干两侧、后肢内侧及全身,患猪局部发痒,常在圈舍、栏柱摩擦,或用后肢踢擦患部,摩擦损伤的皮肤出现丘疹、水疱或化脓。严重的体毛脱落,皮肤角质层增厚,干枯或龟裂,食欲减退,消瘦甚至死亡。

猪疥螨感染的症状

【诊断要点】

(1) 根据临床症状(皮炎、剧痒)及流行情况(秋冬季节、幼猪多发),可做出初步诊断。

(2) 虫体检查可用于确诊。其检查方法有直接涂片法和浓集法。

【防控关键点】

1. 治疗 将病猪及时隔离,用温水或2%~3%来苏儿温水彻底洗刷患部,清除硬痂和污物后再涂药。因大多数药物对虫卵没有杀灭作用,所以需治疗2~3次,每次间隔5d,以杀死新孵出的幼虫,常用的药物及用法如下:

(1) 用1%~2%的敌百虫水溶液涂擦或喷洒患部,但对大面积全身感染的猪,每次涂擦的面积不得超过体面积的1/4。也可以用阿维菌素浇泼剂或莫昔克丁浇泼剂喷涂背部。

(2) 口服或皮下注射、肌内注射伊维菌素或阿维菌素,剂量为每千克体重0.02mg,5~7d后重复1次,连用2~3次,同时选用扑尔敏等药物止痒。

2. 预防 疥螨病之所以得不到很好的控制,在某种程度上是由于对其流行病学缺乏了解和猪场管理人员对疥螨病所造成的损失估计不足,从而缺乏应有的重视。应保持猪舍清洁、干燥、通风良好,勤换垫草;从外地引进的猪,应先隔离观察,防止引进患疥螨病的猪;发现病猪应立即隔离、应用杀螨药治疗,防止蔓延,同时对病猪舍及用具彻底消毒。

附 猪皮肤异常主要疫病的鉴别诊断 见表1-5。

表1-5 猪皮肤异常主要疫病的鉴别诊断点

病名	口蹄疫	水疱病	猪丹毒	链球菌病	仔猪渗出性皮炎	猪疥螨病
病原	口蹄疫病毒	水疱病病毒	猪丹毒杆菌	链球菌	葡萄球菌	疥螨虫体
流行特点	偶蹄兽最易感,不分年龄品种,并感染人;多途径传播,冬季多发,传播快,大流行,发病率高,死亡率低	只感染猪,不分年龄、品种,无季节性,发病率高,死亡率低	2~4月龄猪多见,散发或地方流行,夏季多发,经皮肤、黏膜、消化道感染,病程短,病死率高	各种年龄均易感,地方流行,与饲养管理、卫生条件有关;发病急,感染和发病率高,流行期长,病型多	吮乳仔猪多见,散发,与外伤、卫生条件差等因素有关	仔猪易发,随年龄增长,症状逐渐减轻,潮湿阴暗的环境条件下易发
临床症状	体温40~41℃;鼻端、唇、口腔黏膜、蹄、乳房有水疱、烂斑,跛行,重者蹄匣脱落,行走困难;孕猪流产,仔猪死亡率高,可达100%	体温40~42℃,先于蹄部出现水疱、烂斑,跛行;后有少数猪鼻端出现水疱,仔猪有神经症状	体温42℃以上,体表有规则或不规则疹块,并可结痂、坏死脱落;慢性型多为关节炎和心内膜炎症状	急性体温41~42℃,咳、喘,发生关节炎、脑膜炎,有神经症状;皮肤发绀,有出血点;慢性淋巴结脓肿	体温正常,体表黏湿,血清及皮脂渗出,有水疱及溃疡,污浊皮痂,气味难闻	皮肤发炎、脱皮、剧痒和消瘦;头部、眼窝下及耳部,常摩擦患部,皮肤出现丘疹、水疱或化脓。严重的体毛脱落,皮肤角质层增厚,干枯或龟裂
剖检变化	仔猪呈虎斑心,其他病理剖检点同生前所见	个别病例在心内膜有条纹出血斑。内脏器官无可见明显病变	急性者脾呈樱桃红色,肿大柔软,皮肤有疹块;慢性者病理剖检点为增生性、非化脓性关节炎,菜花心	内脏器官出血,脾肿大,有关节炎,淋巴结化脓	死于急性型的仔猪,剖检常见肾盂及肾乳头部有大量的灰白色或灰黄色的尿酸盐沉积。死于亚急性型的病猪,渗出现象轻微而表皮增生显著	内脏器官无可见病变
实验室诊断	病毒分离,琼扩,补反,乳鼠接种	病毒分离,琼扩,补反,乳鼠接种	涂片镜检,分离鉴定细菌,血清学试验	涂片镜检,分离鉴定细菌	涂片镜检,分离细菌	直接涂片,检查虫体
防治	按有关规定扑杀,有效防控	按有关规定扑杀,有效防控	青霉素治疗有效,可用弱毒菌苗预防	青霉素、链霉素等有效;可用疫苗预防,但效果差	外科处理,抗生素治疗,自家疫苗预防	洗刷患部,涂擦敌百虫,肌内注射伊维菌素或阿维菌素

典型案例介绍与讨论

【病案一】 2012年6月10日,养猪大户肖某饲养的猪群突然发病死亡。病猪体温高达41.8~42.5℃,稽留不退。病猪虚弱,精神沉郁,食欲减退或废绝,烦渴,呼吸困难,寒战,行走摇晃、喜卧、呕吐。眼结膜充血,有浆性分泌物。病猪初期便秘,后转腹泻,尿少带黄色。病猪背部、腹侧、颈部、耳部、四肢等处皮肤发红或出现大小不等的红色或深红色菱形、类圆形疹块,指压退色。多以急性败血症死亡,病程多为2~3d。病猪死后多见皮肤发红,耳部水肿。对3头病死猪剖检可见全身淋巴结肿大,切面多汁,呈紫红色。黏膜与浆膜上有淤血点或淤血斑。实质器官肝、肾、脾充血肿胀,脾呈樱桃红色;心脏混浊肿大,坏死呈暗红色;胃壁、十二指肠、空肠黏膜充血,有出血点。根据以上发病情况、临床症状、剖检变化,初步诊断为何种疾病?应如何进行防控?

【病案二】 2011年9月20日,某猪场引进的匈系杜洛克公猪关节肿大,跛行,卧地不起。后由一肢变为两肢疼痛。病猪精神沉郁,食欲减退。体温升高到41℃以上,呈稽留热,呼吸促迫,心跳增速,粪便干燥,有的呈算盘珠状,粪便表面常有黏液。病猪耳部、胸部、腹部出现紫斑。兽医立即对该猪进行治疗,病情得以控制,但随后又连续反复发作2次,后因治疗不及时、不彻底,于2011年9月28日死亡。剖检发现,皮肤有紫斑,尸僵不全,血液凝固不良。口、鼻流出血样泡沫状的液体,气管内充满泡沫,肺有出血斑;心包积液呈淡黄色,心内膜有针尖大小的出血点;全身淋巴结肿大,切面充血、出血。脾肿大,肾呈现紫色。关节部皮下有胶冻样渗出物,水肿液为淡黄色。切开关节囊有乳酪样物,关节滑液变混浊,关节滑膜充血,关节呈浆液纤维素性炎症。调查发现该种猪场均未注射过猪肺疫疫苗和猪链球菌疫苗。根据以上发病情况、临床症状、剖检变化,初步诊断为何种疾病?应如何进行防控?从案例中应吸取哪些经验与教训?

综合测试题

一、填空题

1. 口蹄疫的病毒血清型,目前已知的有7个主型和70个亚型,7个主型是_____、_____、_____、_____、_____、_____和_____。

2. 口蹄疫除感染猪外,也可感染_____、_____等动物。

3. 猪口蹄疫症状主要是在_____等处出现水疱和烂斑,其中以_____为主。剖检时,在心脏上的主要变化是_____。

4. 猪水疱病的易感动物是_____,本病常用消毒药有_____、_____、_____等。

5. 猪丹毒的病原是_____,本菌形态呈_____,革兰氏染色呈_____,_____明胶穿刺培养呈_____生长。

6. 猪丹毒在皮肤上的表现是,急性败血型表现_____,亚急性疹块型表现_____,慢性型表现_____。

7. 链球菌革兰氏染色呈_____性，本菌对_____药物敏感。
8. 猪疥螨是寄生在猪_____内的一种_____性寄生虫病。病猪以_____和_____为特征。
9. 仔猪渗出性皮炎又称为_____，是幼猪感染_____所引起的一种全身性渗出性皮炎，该病可发生于各种年龄的猪，但主要侵害_____猪，其次为_____猪。

二、判断题

1. 酒精不能杀灭口蹄疫病毒。（ ）
2. 猪患口蹄疫时，一般表现成年猪死亡率低，而仔猪死亡率较高。（ ）
3. 不同年龄和品种的猪均可感染猪的水疱病。（ ）
4. 疹块型猪丹毒的特征是皮肤出现疹块，指压不退色。（ ）
5. 关节炎型猪丹毒表现化脓性关节炎。（ ）
6. 治疗猪丹毒时，可用链霉素等抗菌药物。（ ）
7. 链球菌不能经脐带伤口感染新生仔猪。（ ）
8. 关节炎型链球菌病表现增生性、不化脓性关节炎。（ ）
9. 检查疥螨时，可选择患部皮肤采集病料。（ ）
10. 仔猪渗出性皮炎病一年四季均可发生，但以潮湿的夏秋季节较为多发。（ ）

三、问答题

1. 接种口蹄疫疫苗时，为何要用与当地流行病毒同一血清型的疫苗？
2. 制订一个扑灭口蹄疫的具体措施。
3. 试述猪水疱病的主要症状。
4. 试述猪丹毒的症状和病变。
5. 猪链球菌病有哪些症状？
6. 设计预防猪口蹄疫、猪水疱病、猪丹毒、猪链球菌病的免疫程序。
7. 实验室怎样检查猪疥螨？怎样正确选择和使用药物治疗猪疥螨？
8. 简述仔猪渗出性皮炎的诊断点。

项目五　猪其他常见疫病

【知识目标】

1. 简单讲述猪的其他常见疫病的共同症状及病因。
2. 掌握本教学内容各病的病原名称，猪圆环病毒病、猪附红细胞体病的致病特点和典型症状。
3. 了解猪圆环病毒病、猪附红细胞体病的流行特点和防制措施。

【技能目标】

1. 在提供录像、幻灯、照片、标本及现场病例时，能认识猪圆环病毒病、猪附红细胞体等疾病的主要病理剖检变化。
2. 重点掌握猪圆环病毒病、猪附红细胞体病的实验室检验，并能对试验结果进行正确的判定与分析。

【德育目标】 体会猪场疫病的复杂性，更好地将所学知识与技能应用于临床实践，培育热爱专业、精益求精的工匠精神，逐步树立专业自豪感。

【项目导读】 养猪生产中存在众多复杂的疫病防控问题。由于诸多因素的存在，近年来一些疫病一直严重影响养猪经济效益，对我国养猪业生产构成了很大威胁，此类疫病具有不同的临床表现，病因较为复杂，诊断困难。目前有的尚无有效疫苗可供免疫接种，用抗生素治疗效果不佳，仅能减少继发感染。有效控制这类疫病需强化生物安全措施，改善饲养管理，这是保证养猪业健康发展的关键因素之一。

一、猪圆环病毒病

【病原】 猪圆环病毒（PCV）是目前已知最小的动物病毒之一，有1型、2型和3型三种血清型，其中1型不致病，只有2型（PCV-2）和3型（PCV-3）致病，可导致患猪出现严重的免疫抑制。目前临床上，PCV-2、PCV-3均可导致多系统功能障碍。PCV-3目前已经从患有皮炎肾病综合征（PDNS）的母猪及其流产胎儿体内检出。

【特征】 猪圆环病毒病是猪的一种多系统功能障碍性传染病，危害最重的是仔猪断奶后多系统衰弱综合征（PMWS），猪皮炎与肾病综合征（PDNS）、增生性坏死性肺炎（PNP）、猪呼吸道疾病综合征（PRDC）、猪繁殖障碍综合征（SMEDC）、仔猪先天性震颤（CT）、肉芽肿性肠炎等疫病与PCV-2感染有重要关联。病猪进行性消瘦、皮肤苍白、黄疸、腹泻、呼吸困难、体表淋巴结肿大；病理特征为多种组织发生广泛的肉芽肿性炎症、肉芽肿性淋巴结炎、间质性肺炎、肝炎、间质性肾炎和胰腺炎，表现为全身衰竭。

【流行特点】

1. **血清学调查情况** 感染广泛，多数猪群血清阳性率为20%~80%。
2. **发病年龄** 本病发病年龄跨度很大，可以从断奶前一直到16周龄甚至18周龄，几乎可以影响所有的养猪阶段。但多集中于断奶后2~3周龄的仔猪，成年猪多呈隐性感染。
3. **发病率、死亡率和致死率** 猪群发病率为30%~50%；死亡率为8%~35%；致死率为80%~100%。
4. **PCV-2对外界环境抵抗力强** 对氯仿不敏感。对酸碱抵抗力极强，在pH 3的酸性环境中很长时间不被灭活。70℃时可存活15min。
5. **流行季节** 一年四季均可发生，特别是气温突变和较寒冷的季节多见。
6. **传播途径** 本病可经消化道、呼吸道水平传播，少数怀孕母猪感染PCV后可经胎盘垂直传播感染仔猪。精液也可带毒，传播本病。
7. **流行形式** 本病发展比较缓慢，猪群1次发病可持续12~18个月。
8. **发病因素** 目前多数学者认为PCV-2是PMWS的主要原因，但不是唯一的病因。温度因素（低温、高温），环境因素（氨气、细菌性脂多糖＋粉尘），应激因素（猪的混群、长途运输），免疫刺激（疫苗、佐剂），混合感染等均可促进本病的发生，使PMWS症状更加复杂化和严重化。

【临床症状与病理剖检特点】猪圆环病毒感染后潜伏期较长，即使胚胎期或出生后早期感染，也多在断奶以后才陆续出现临床症状。PCV-2 感染可引起以下多种病症：

1. 猪断奶后多系统衰弱综合征　通常发生于断奶仔猪，现已证实 PCV-2 是 PMWS 的重要病原，繁殖与呼吸繁殖综合征病毒、细小病毒、伪狂犬病病毒等病原混合感染和免疫刺激可以加重该病的危害程度。

（1）临床症状。患猪表现为精神欠佳、食欲不振、体温略偏高、肌肉衰弱无力、下痢、呼吸困难、眼睑水肿、黄疸、贫血、消瘦、生长发育不良，与同龄猪体重相差甚大，皮肤湿疹，最显著的病变是全身淋巴结，尤其是腹股沟、肠系膜、支气管以及纵隔淋巴结肿胀明显，发病率为 5%～30%，死亡率为 5%～40% 不等，康复猪成为僵猪。

（2）病理剖检特点。剖检可见淋巴结肿大、肝硬变、多灶性黏液脓性支气管炎。肺衰竭或萎缩，外观灰色至褐色，呈斑驳状，质地似橡皮。脾肿大、坏死、色暗。肾苍白、肿大、有坏死灶。心包炎，胸腔积水并有纤维素性渗出。胃、肠、回盲瓣黏膜有出血、坏死。

猪圆环病毒感染引起的病变

2. 皮炎和肾病综合征　通常发生于 8～18 周龄的猪。

（1）临床症状。以会阴部和四肢皮肤出现红紫色隆起的不规则斑块为主要临床特征，患猪表现皮下水肿，食欲丧失，有时体温上升。通常在 3d 内死亡，有时可以维持 2～3 周。

（2）病理剖检特点。剖检可见肾肿大、苍白，有出血点或坏死点。出现胸水和心包积液。

3. 增生性坏死性肺炎　此病主要危害 6～14 周龄的猪，与 PCV-2 有关，还有其他病原参与。发病率为 2%～30%，死亡率为 4%～10%。引起猪的肺炎，表现出呼吸道症状。眼观病理剖检点为弥漫性间质性肺炎，颜色为灰红色。

4. 繁殖障碍　PCV-2 和 PCV-3 感染均可造成繁殖障碍，导致母猪返情率增加、产木乃伊胎、流产以及死产和产弱仔等。其中以 PCV-2 引起的繁殖障碍更严重。

【诊断要点】　常用的实验室诊断方法有免疫荧光技术、PCR 技术和 ELISA 等。PCV-3 感染猪临床症状与病理变化与 PCV-2 感染高度相似，需结合临床与实验室诊断确诊是否为 PCV-3 感染。

【防控关键点】

1. 加强饲养管理

（1）购入种猪严格检疫，隔离观察，健者方可进入猪场生产区。

（2）严格实行"全进全出"制度，落实生物安全措施。

（3）定期消毒，杀死病原体、切断传播途径。生产中应用 3% 氢氧化钠溶液、0.3% 过氧乙酸溶液消毒，效果良好。

2. 免疫接种

由于 PCV-3 是 2017 年后新发现的致病血清型，因此目前市场上的圆环病毒疫苗均采用 PCV-2 为抗原研制，有全病毒灭活苗和亚单位疫苗 2 种，全病毒灭活苗常见的有 DBN-SX07 株、WH 株、SH 株、ZJ/C 株、YZ 株等，亚单位疫苗多采用大肠杆菌或杆状病毒等表达系统生产。圆环病毒+支原体二联灭活疫苗也已经批准使用。

该病的感染多是通过母仔途径传播，做好母猪的免疫对圆环病毒感染的防控非常重要。推荐母猪群每年全群免疫 2～3 次（1 头份/次），仔猪出生后 7 日龄首免（1 头份）、断乳后二免（1 头份）。

3. 药物防治

(1) 母猪用药。在产前1周和产后1周添加增强免疫力的中药,如茯苓多糖、黄芪多糖等,配合使用80%泰妙菌素(100mg/kg)+土霉素或金霉素(300mg/kg)。

(2) 仔猪用药。哺乳仔猪分别在3、7、21日龄大腿内侧皮下注射长效土霉素(200mg/mL),每次0.5mL,或分别在1、7日龄和断奶时各注射头孢噻呋(5mg/mL)0.2mL;断奶前1周至断奶后1个月用80%泰妙菌素+多西环素或土霉素或金霉素(150mg/kg)拌料饲喂,同时用阿莫西林(500mg/L)饮水。

二、猪附红细胞体病

猪附红细胞体病又名猪嗜血支原体病。

【病原】 猪嗜血性支原体,目前列入支原体属。是一种典型的原核生物,多形态微生物体,姬姆萨染色呈淡红色。它们单独或成链状附着于红细胞的表面,或围绕在整个红细胞上,部分游离于血浆中。

【特征】 本病是猪嗜血性支原体寄生于人或动物红细胞表面、血浆及骨髓等处,引起宿主出现高热、黄疸、贫血为主要临床表现的一种人兽共患病。

【发病机制】 目前还不十分清楚,有人认为该病的发生主要是由于自身免疫和吞噬红细胞所致。猪嗜血性支原体吸附红细胞后,细胞膜的通透性和脆性增加,红细胞易于溶解和破裂,从而导致被遮蔽的抗原暴露出来或者已有抗原发生变化,致使被自身免疫系统视为异物。机体产生自身抗体,攻击感染猪的红细胞而发生溶血,加剧黄疸及血红蛋白尿的形成。此外,猪嗜血性支原体的急性感染可导致严重血液凝固障碍并引起出血;由于病原体的大量繁殖,机体的糖分解大量增加,出现低血糖,患猪由于代谢障碍,导致血液中乳酸和丙酮酸含量上升而导致酸中毒,被感染的红细胞携氧能力降低,影响肺中气体交换,导致机体呼吸困难。

【流行特点】 目前本病报道较多的传播途径有媒介昆虫叮咬传播,垂直传播,血源性传播,接触性传播。本病多发于高热、多雨且吸血昆虫繁殖滋生的季节,尤其是夏秋季节发生较多。任何导致猪只免疫力下降的因素如免疫抑制性疾病、长时间饲喂霉变饲料、分娩、断奶、转群、炎热等应激,均可诱发或加重该病的发生。

【临床症状】 极易发生在哺乳仔猪、怀孕母猪以及高度应激的育肥猪。潜伏期6~10d,病程长短不一,几天至数周。根据临床症状的特征,常分为急性型和慢性型两种。

1. **急性型** 皮肤苍白,高热达42℃,有时出现黄疸,四肢特别是耳郭边缘发绀,耳郭边缘甚至大部分耳郭可能发生坏死,严重的呈现酸中毒和低血糖。厌食、反应迟钝、消化不良等症状是否出现取决于贫血的严重程度。

2. **慢性型** 猪消瘦,皮肤和可视黏膜苍白,有时出现荨麻疹型或病斑型皮肤变态反应,如四肢末梢、耳尖、腹下出现大面积的紫红斑块等。

母猪通常在产后34d表现临床症状,急性期表现为厌食,发热,乳房或外阴水肿可持续1~3d,泌乳量下降,缺乏母性,很难与产科疾病分开,贫血母猪产出的小猪也会贫血,表现皮肤和可视黏膜苍白,体重减轻。发生继发感染时加重发病,导致母猪极度虚弱。母猪携带附红细胞体,但外观健康,并可能出现繁殖障碍。

【病理剖检特点】 四肢末梢、耳尖、腹下出现大面积的紫红斑块,有的全身发紫,皮肤、脂肪黄染。肝肿大，呈土黄色或黄棕色，有时见坏死点或坏死灶，心外膜或心冠状沟脂肪出血或黄染，血液稀薄，凝固不良，心肌苍白松弛，心包内有较多淡红色的液体。肾肿大、苍白，膀胱有少量出血点。

猪嗜血支原体感染引起的病变

【诊断要点】

1. **初步诊断**　根据流行病学分析，临床症状和病理剖检可做出初步诊断。

2. **实验室诊断**

（1）直接涂片镜检。是目前诊断猪附红细胞体（嗜血支原体）的主要手段。采集病猪高热期耳静脉血（不用酒精棉球擦拭皮肤，以防红细胞变形），制成血液涂片，经姬姆萨染色后用1000倍油镜观察，可发现红细胞表面附着有球菌样的小体和游离在血浆中的紫褐色小体，有折光性，外周有一白环，也可在红细胞的胞浆内见到圆形或卵圆形的菌体，其数量不等。发病初期3～5d，红细胞感染率95%以上，第7～11天时，附红细胞体从血浆中消失。病程发展到最后阶段在红细胞表面上难以观察到。血象检查中，观察到所有的红细胞严重变形，呈溶血性星芒状畸形，白细胞总数明显增多，而淋巴细胞的数量减少。

（2）可进行电镜检查、生物学诊断、血清学诊断、分子生物学诊断，更简便准确、敏感特异、易于操作，但受到多种条件限制。

【防控关键点】

（1）加强饲养管理，搞好环境卫生，阻断传播途径，增强机体抵抗力，减少不良应激是防制该病发生的关键措施。定期驱除体内外寄生虫（用伊维菌素或阿维菌素等），杀灭蚊蝇、猪虱。免疫、断尾、剪齿、剪耳号等时要防止器械污染造成本病的传播。

（2）目前没有可使用的疫苗。

（3）目前治疗猪附红细胞体（嗜血支原体）病缺乏特效药物。药物治疗关键在于早期用药。

①首选药物是贝尼尔，按每千克体重3～5mg，配成5%～7%的溶液深部肌内注射。每日1次，连用2d。中后期使用贝尼尔的同时须保肝利胆、促进造血、健胃缓泻以提高疗效，缩短病程。

②多西环素注射液。每千克体重1～3mg，静脉或肌内注射，连用3d。病情严重时，可以对症治疗：对贫血者，可肌内注射维生素B_{12}、维生素C、右旋糖酐铁；出血严重时，可肌内注射维生素K_3、止血敏等。

三、猪李氏杆菌病

【病种分类】　三类疫病。

【病原】　产单核细胞李氏杆菌，革兰氏染色阳性，无荚膜和芽孢。

【特征】　各种家畜、家禽、野生动物和人共患的一种散发性传染病。病猪表现脑膜炎、败血症和单核细胞增多等症状。

【发病机制】　李氏杆菌含有与胞内寄生生活循环有关的毒力基因。当李氏杆菌侵入机体，在侵入部位的上皮细胞（结膜、肠道、膀胱）内增殖，并破坏细胞，继之突破机体防御机构进入血液引起菌血症。还能在吞噬细胞内寄生繁殖，被带到机体各部。可导致血液中单核细胞增多,使内脏发生细小坏死病灶。若病原菌随血液突破血脑屏障侵入脑组织,则可引起脑膜炎。动物采食污染的饲料后,饲料刺伤口腔黏膜,病菌从口腔黏膜的创伤侵入,经口腔到延髓附近的脑干部的三叉神经上行至神经纤维内,最后侵入延髓,在延髓实质内形成病灶,也可引起脑膜炎。

【流行病学】 本病的易感动物很广泛,各种年龄的动物都可感染发病,但幼龄动物较易感。许多野兽、野禽、啮齿动物特别是鼠类都易感,常为本菌的贮存宿主。患病动物和带菌动物是本病的传染源,经排泄物和分泌物排菌。自然感染可经消化道、呼吸道、眼结膜和损伤的皮肤。本病的发生有一定的季节性,主要发生于冬季和早春。冬季缺乏青饲料,天气骤变,内寄生虫或沙门氏菌感染及其他因素均可成为本病的诱因。本病呈散发性,各种年龄猪都可能感染发病,但幼龄猪、妊娠母猪较易感。

【临床症状】 病初有的体温升高,到后期下降至常温。多数病猪呈脑膜炎症状,表现为意识障碍、共济失调、步态不稳,做圆圈运动,无目的乱跑,有的病猪头颈后仰,前肢和后肢张开呈典型的观星姿势,严重者呈现阵发性痉挛。病程1~3d,长的可达4~9d。幼猪病死率高。

仔猪多发生败血症,体温显著升高,精神高度沉郁,食欲减退或废绝,口渴;有的表现全身衰弱、僵硬、咳嗽、腹泻、皮疹、呼吸困难、耳部和腹部皮肤发绀;有的发生神经症状,妊娠母猪常发生流产。成年猪发病多为慢性经过,多数可自愈。

【病理剖检特点】 败血症死亡的病猪,脾肿大,肝表面有灰白色坏死灶,肺充血、水肿,气管与支气管有出血性炎症,心内外膜出血,胃及小肠黏膜充血,肠系膜淋巴结肿大。有神经症状的病死猪,脑及脑膜充血、水肿,脑脊液增多,脑干变软,有小脓灶,肝有坏死灶。

【诊断要点】

1. **染色镜检** 取病料(肝、脾、脊髓液及脑桥等)涂片,革兰氏染色,镜检,如发现有排成V形或相互并列革兰氏阳性小杆菌,可做出(初步)诊断。

2. **分离培养** 将脑组织研磨制成10倍乳剂,接种于鲜血琼脂平板,置37℃培养48h,可见有细小菌落,周围有β溶血环。

3. **动物实验** 利用病料乳剂或培养物接种于兔眼结膜囊内,3d后发生脓性结膜炎和角膜炎,不久发生败血症死亡。

【防控关键点】 主要是改善饲养管理和搞好环境卫生,粪便消毒处理,消灭猪舍附近的鼠类,被污染的水源可用漂白粉消毒,病猪尸体一律深埋或焚烧。

发现病猪立即隔离治疗。早期应用大剂量磺胺类药物,或与青霉素、链霉素、庆大霉素等配合使用,效果更好。具体方法:磺胺嘧啶钠注射液每千克体重0.07g,肌内注射,每日2次;庆大霉素每千克体重1~2mg,肌内注射,每日2次。

【公共卫生】 人对李氏杆菌有易感性。凡与病猪接触的人员应注意个人防护。

四、猪囊尾蚴病

猪囊尾蚴病又名猪囊虫病。

【病原】

1. **成虫** 即猪带绦虫,也称有钩绦虫,寄生于人的小肠内。虫体长2~7m,乳白色,呈扁平带状，由头节、颈节和节片组成。节片分未成熟节片、成熟节片和孕卵节片3种。

2. **幼虫** 即猪囊尾蚴，也称猪囊虫，为白色半透明的囊泡，似黄豆粒大小，囊内充满液体，囊壁上有1个内嵌的头节，头节构造与成虫相同。

3. **虫卵** 呈圆形，大小为35～45μm，棕黄色，卵壳较厚，有辐射状条纹，内含六钩蚴。

【特征】 寄生于体内的猪带绦虫（有钩绦虫）的幼虫——猪囊尾蚴（猪囊虫）寄生于猪的肌肉组织及其他器官所引起的疾病，是一种危害严重的人兽共患寄生虫病。

被猪囊虫寄生的猪肉俗称"米糁子猪肉"或"豆猪肉"。

【生活史】 成虫寄生于人的小肠，其孕卵节片不断脱落，随人的粪便排出体外，孕卵节片在直肠或在外界由于机械作用破裂而散出虫卵。当虫卵被中间宿主（猪、犬、猫和人等）吞食后感染。孕卵节片或虫卵经消化液的作用而破裂，虫卵中的六钩蚴逸出，然后钻入肠壁血管，随血液循环被带到身体各部组织，在肌肉组织中经过10周左右发育成囊虫（猪囊尾蚴）。人吃了未煮熟的或生的含有囊虫猪肉即可感染。猪囊虫在胃液和胆汁的作用下，于小肠内翻出头节，用其小钩和吸盘吸附在肠黏膜上，经2～3个月发育为成虫。成虫在人的小肠内可存活数年至数十年（图1-7）。

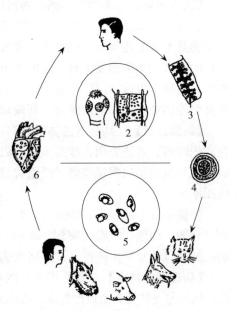

图1-7 有钩绦虫生活史
1. 头节 2. 节片 3. 孕卵节片
4. 虫卵 5. 囊虫 6. 囊虫病心脏
（山东省畜牧兽医学校，黑龙江省畜牧兽医学校，1990. 临床兽医学）

【流行特点】

1. **感染来源** 患病或带虫的人，孕卵节片存在于粪便中，污染饲料或饮水。

2. **感染途径** 猪和人均经口感染。

3. **感染原因** 猪吃入绦虫患者的粪便或被粪便污染的饲料或饮水而感染。人患绦虫病是由于吃入了猪囊尾蚴病猪肉。人感染囊尾蚴的原因有两个：一是猪带绦虫的虫卵污染人的手、蔬菜等食物，被误食后而受感染。二是猪带绦虫的患者发生肠逆蠕动时，脱落的孕节随肠内容物逆行到胃内，卵膜被消化，逸出的六钩蚴返回肠道钻入肠壁血管，移行至全身各处而发生自身感染，多见于肌肉、皮下组织和脑、眼等部位，其中以咬肌、舌肌、膈肌、肋间肌、心肌等活动多的横纹肌多见。

4. **流行因素** 人感染绦虫主要取决于饮食卫生习惯和烹调与食肉方法，如有吃生猪肉习惯的地区，则呈地方性流行。烹煮时间不够亦可感染，对肉品的检验不严格，病肉处理不当，生熟不分，均可成为本病重要的流行因素。

5. **抵抗力** 虫卵在外界抵抗力较强，一般能存活1～6个月。

【临床症状】 猪轻度感染时症状不明显，严重感染时，表现为营养不良，生长缓慢，贫血，水肿。如囊虫寄生在肺及喉头，则表现呼吸困难，叫声嘶哑，吞咽困难；如寄生在眼内，可引起视觉障碍甚至失明；如寄生在大脑时，出现癫痫症状，有时发生急性脑炎而突然死亡。

【病理剖检特点】 严重感染时，猪肉呈苍白色。可在舌肌、咬肌、膈肌、心肌、肋间肌及肩部、股内侧肌肉中发现猪囊尾蚴。

【诊断要点】 本病生前诊断较为困难，对严重感染猪，用手触摸舌肌时有稍硬的豆状结节可作参考。但一般只有宰后检验时在猪的肌肉组织或其他脏器内发现猪囊虫才可确诊。另外，血清免疫学诊断方法已被应用。

【防控关键点】

1. **治疗** 在生产实际中，对猪囊尾蚴病的治疗意义不大。可用吡喹酮和阿苯达唑治疗。吡喹酮按每千克体重 50mg 口服，每天 1 次，连用 3d。或用阿苯达唑每千克体重 20mg 口服，每隔 48h 再服 1 次，共服 3 次，效果较好。

2. **预防**

（1）讲究卫生，做到"人有厕所猪有圈"，防止猪吃人粪而感染猪囊尾蚴病。

（2）加强肉品卫生检验，检出的猪囊虫肉应按有关规定进行无害化处理。

（3）不吃生猪肉或未熟透的猪肉，食品生熟要分开。

（4）人患绦虫病时，应进行驱虫治疗，驱出的虫体应深埋或烧毁。

典型案例介绍与讨论

【病案一】 2016 年 10 月 19 日某农校猪病诊断室接诊了一病例，其主要临床症状是体温升高，多在 41～42℃，食欲下降甚至废绝，精神不振，呼吸困难，仔猪和育肥猪的心跳明显加速，几乎是原来的两倍，同时表现为腹式呼吸，个别猪还会出现流鼻汁和咳嗽等现象，粪便干硬如球并有黏液或黏膜，尿液颜色发黄并逐渐加深直至酱油色，皮肤发红，特别是耳部和颈部尤为明显，怀孕母猪出现流产或产死胎，保育猪出现急性死亡，母猪和种公猪也有死亡，死亡的猪多表现为皮肤发绀，个别猪表现为贫血。在 1 周的时间里伤亡育肥猪 50 头，在最后 3d 里伤亡母猪 28 头。对病死仔猪剖检发现心肌苍白柔软，冠状沟脂肪消失或黄染；全身的淋巴结黄染，较重者呈现铁锈色；肺病变较轻只有轻度的水肿；肾、膀胱等其他器官多表现为贫血和部分出血点。根据以上病例的发病情况、临床症状、剖检变化，初步诊断为何种疾病？应如何进行防控？通过案例分析你得到了哪些启示？

【病案二】 某猪场有一头生猪，体重约 17.5kg，发病后去诊治，检测其体温为 41.5℃，症状表现为精神沉郁、厌食，呼吸急促，步态异常，后肢叉开，坐地呈现观星姿态，转圈不停，痉挛，后肢逐渐麻痹，倒地后四肢划动，叫声尖利，口吐白沫等。根据以上病例的发病情况、临床症状、剖检变化和实验室诊断，初步诊断为何种疾病？应如何进行防控？从案例中应吸取哪些经验与教训？

综合测试题

【思政园地】同一个世界，同一个健康

一、填空题

1. 猪圆环病毒病是一种新的传染病，主要感染_____周龄仔猪。其特征为_____、_____、_____、_____。圆环病毒病的症状主要包括

_____和_____。

2. 猪嗜血性支原体呈_____、_____、_____等形态，血液涂片、染色、镜检，常用的染色方法是_____。

3. 猪附红细胞体病的传播媒介是_____，本病的主要症状是_____、_____和_____。

二、判断题

1. 氯仿对猪的圆环病毒有较强的杀灭作用。（   ）
2. 目前为止，猪圆环病毒病还没有药物可治，只能用疫苗来预防。（   ）
3. 猪附红细胞体病主要发生于冬季。（   ）
4. 猪附红细胞体病的主要传染源是节肢动物。（   ）

三、问答题

1. 试述猪圆环病毒病的主要症状及病理剖检变化。
2. 试述猪附红细胞体病的主要症状及病理剖检变化。
3. 治疗猪附红细胞体病的药物有哪些？请设计一个治疗方案。

模块二 猪普通病

项目一 猪内科疾病

【知识目标】
1. 能准确叙述胃肠炎、肠便秘、胃溃疡、感冒、急性应激综合征、猪感光过敏、湿疹等疾病的病因和临床症状。
2. 了解感冒与流行性感冒的区别。
3. 能提出胃溃疡、急性应激综合征、猪感光过敏等重点疾病的预防措施和治疗方案。

【技能目标】
1. 能运用诊断技术,能鉴别诊断相应疾病。
2. 能运用灌服和灌肠法对相应病例进行治疗。

【德育目标】 提高服务"三农"工作的积极性和主动性,树立专业自豪感。

一、胃肠炎

胃肠炎是胃肠表层黏膜及其深层组织发生的重剧炎症,表现为严重的胃肠机能紊乱。

【发病特点】 以体温升高、剧烈腹泻、脱水和伴发不同程度的自体中毒为特征。

【病因】
(1) 采食腐败、发霉变质、冰冻或不清洁饲料。
(2) 误食有毒植物以及某些化学药物。
(3) 暴饮、暴食或滥用抗生素。
(4) 继发某些传染性疫病(如猪瘟)、寄生虫病(如猪蛔虫)及其他胃肠疾病(如胃肠卡他)等。

【临床症状】 病初精神萎靡,多呈现消化不良症状,以后逐渐或很快呈现胃肠炎的症状。病猪精神不振,食欲减退或废绝,但饮欲增加;鼻盘干燥,可视黏膜初暗红后变为青紫色;口腔干燥,气味恶臭;舌面皱缩,被覆多量黄腻或白色舌苔;体温升高达40℃以上,呼吸频数,脉搏加快,有的常伴发呕吐,其内(混)有血液或胆汁。病猪初期肠音增高,剧烈而持续腹泻,排出水样粪便,并混有血液、黏液或坏死组织,有恶臭或腥臭味。后期肠音消失,肛门松弛,眼球下陷,皮肤弹性减退,被毛粗乱无光。腹泻持续时间较长的病猪,严重脱水,血液浓稠,尿量减少。重症时排粪失禁或呈现里急后重现象。严重病猪由于脱水而导致酸中毒,四肢无力,肌肉震颤,起立困难,体温下降,全身衰竭死亡。

【诊断要点】 依据剧烈腹泻,热候症状,舌苔变化,里急后重,再结合病因可做出诊断。

【防治措施】

1. **治疗** 治疗原则为抗菌消炎、清理胃肠、收敛止泻、强心补液和预防脱水和酸中毒。

(1) 抗菌消炎。可选用磺胺脒 5～10g、碳酸氢钠(小苏打)2～3g 混合口服,每天 2 次;或选用黄连素、土霉素、庆大霉素、喹诺酮类等药物口服。

(2) 清理胃肠。可灌服 0.1％高锰酸钾溶液 200～500mL 或蓖麻油 30～50mL,也可应用人工盐缓泻。

(3) 收敛止泻。可用鞣酸蛋白、次硝酸铋各 5～6g,混合内服,每日 2 次,也可用木炭末或矽碳银片等止泻。也可以用庆大-小诺霉素注射液 2～4mg/kg。喹诺酮类药物,每千克体重 5～10mg,肌内注射或交巢穴注射。

(4) 强心、补液、缓解酸中毒。可静脉注射 5％葡萄糖生理盐水 500mL、10％维生素 C 注射液 5mL、5％碳酸氢钠溶液 250mL,或用复方氯化钠注射液 500mL、25％葡萄糖注射液 200mL 混合后 1 次静脉注射。静脉输液有困难时,可将口服补液盐放在饮水中,让病猪足量饮用,也有较好的效果。

(5) 胃肠炎症状缓解后可适当应用健胃剂。幼猪可用多酶片、酵母片等内服,也可用胃蛋白酶、乳酶生各 10g 混合后分 3 次内服。大猪则用健胃散、人工盐各 20g,混合后分 3 次内服。

(6) 中药治疗。

①加减白头翁汤。白头翁 100g、秦皮 50g、黄柏 35g、苦参 50g、木香 25g、玉片 25g、赤芍 50g、木通 25g、滑石 50g,煎汤灌服。

②三黄加白散。黄芩 50g、黄柏 50g、黄连 50g、白头翁 40g、枳壳 25g、砂仁 25g、泽泻 25g、猪苓 25g,煎汤灌服。

③郁金散。郁金 50g、黄芩 20g、黄柏 25g、黄连 25g、枳壳 30g、厚朴 25g、朴硝 20g、大黄 40g、诃子 40g、白芍 25g 进行加减治疗。

(7) 针灸治疗。可针灸脾俞、大肠俞、小肠俞、后海、尾根、百会等穴。

2. **预防** 加强饲养管理,提高饲料质量,严禁饲喂发霉变质、有毒及有刺激性的饲料。饮水要清洁,饲养要精心,饲喂要定时定量,不要突然更换饲料或饲养方法。切实搞好环境卫生,保持猪舍清洁干燥。定期驱虫,同时积极预防其他疾病。平时发现消化不良的猪只要及时治疗,以防病情加重转化为胃肠炎。

二、肠便秘

肠运动机能和分泌机能紊乱,肠内容物在肠腔内停滞、变干、变硬,引起某段肠腔阻塞的一种腹痛性疾病。

【发病特点】 以排粪困难、腹胀、腹痛为特征。猪便秘常发部位是结肠,小猪较为多见。

【病因】 引起本病的原因较复杂,常见以下几方面:

1. **饲料方面** 经常饲喂大量的劣质粗硬、不易消化的饲料,如粗谷壳、花生壳、稻草秸、豆秸等;或饲料不洁,混有多量泥沙、根须等其他异物。

2. **饲养管理方面** 突然更换饲料，饮水和运动不足等。

3. **继发性因素** 母猪妊娠后期或分娩不久伴有肠弛缓；某些传染病或其他热性病、慢性胃肠病等均可继发该病。

【临床症状】 病猪精神不振，食欲减退或废绝，饮欲增加，腹围逐渐增大，呼吸次数增数，起卧不安，呻吟腹痛。病初缓慢地排出少量干硬粪球，其上常附有灰色黏液或血液，继而经常做排粪姿势，不断用力努责，但无粪便排出，可见肛门突出。腹部听诊肠音减弱或消失。用手触压腹壁，病猪表现疼痛不安，瘦弱的病猪，可触摸到肠内干硬粪块。若十二指肠便秘时，病猪表现呕吐，呕吐物呈液状、有酸臭味。当便秘肠段压迫膀胱颈时，则会导致尿闭。若无其他并发症，体温一般多正常。

【诊断要点】 依据病猪食欲减退或废绝，喜饮水，肠音减弱或消失，排粪干硬且减少或停止，腹痛不安，结合病因即可确诊。

【防治措施】

1. **治疗** 原则为除去病因、软化粪便、疏通肠道、强心镇痛。

（1）除去病因。对病猪应立即停喂或仅喂给少量的青绿多汁饲料，供给充足饮水，增加运动等。

（2）软化粪便、疏通肠道。可采用以下方法：

①内服泻剂。用液体石蜡50～150mL或硫酸镁（硫酸钠）30～100g或大黄末50～100g，加入适量水灌服，每天1次，连用2～3d。也可用硫酸钠6g、人工盐6g混合拌料饲喂，直至症状缓解。同时也可配合毛果芸香碱5～30mg或新斯的明2～5mg进行肌内注射。

②灌肠。可用温肥皂水（40～43℃）反复进行深部灌肠，同时配合腹部按摩（妊娠母猪禁用，以防流产）。注意插入肛门的胶管应涂上润滑剂，插入时不要用力过猛，以免损伤肠黏膜或造成肠穿孔。

（3）强心镇痛。心力衰竭时，可肌内注射相应强心药；腹痛不安时，可肌内注射30%安乃近注射液5～10mL；病猪极度衰弱时，可静脉注射10%葡萄糖溶液250～500mL。

（4）中药治疗。以通肠消积、滑肠破气、清热止痛为原则。芒硝200g、大黄80g、麻仁150g、乳香20g、没药20g、枳实40g、厚朴30g、神曲100g、香附40g、木香20g、木通20g、连翘20g、栀子20g、当归25g，煎水内服。

（5）针灸治疗。可针灸脾俞、六脉、后海，配玉堂、尾根、百会穴等。

2. **预防** 平时要加强饲养管理，给予营养全面，容易消化，青、粗、精合理搭配的饲料，并适量添加人工盐；平时要供给充足清洁的饮水，适当加强运动；搞好防疫消毒和圈舍卫生，防止长期大量使用抗生素，及时诊治原发病。

三、猪感光过敏

过敏是外界某些抗原性物质进入已致敏的机体后，通过免疫机制在短时间内发生的一种强烈的多脏器病症群。本病的表现与程度，与机体反应性、抗原进入量及途径等有关。通常突然发生且很剧烈，常可危及生命。

【发病特点】 鲜苜蓿、灰菜、三叶草等植物中都含有叶红质，这种物质经阳光照射后产生荧光，被机体吸收后，该荧光物质从血液进入皮肤，在阳光的作用下，引起猪感光过敏。

【临床症状】 轻者表现精神不振，皮肤发红，慢慢在皮肤的无毛或少毛部位（如头部、颈部、背部等）出现大小不等的红色斑状疹块，大至核桃，小至米粒，且红斑突出皮肤表面，用手指按压不退色，但有热痛，爱蹭痒，有的出现水疱；重症患猪，红色疹块肿胀严重，四处乱窜，奇痒难忍，蹭痒剧烈且次数增多，水疱破溃后，流出淡黄色液体，病程长者，继而出现结痂，个别由于处理不及时，出现细菌感染，引起皮肤坏死，病猪体温升高，大多在39～40℃，个别猪出现呼吸困难、四肢无力、昏迷等症状。

【剖检点】 全身内脏组织器官均有不同程度的充血，肝、脾稍有肿大，边缘有少量的针尖状出血。

【诊断要点】 根据对猪饲喂的饲料、发病特点、临床症状、病猪的剖检变化等情况可做出诊断。

猪感光过敏症状

【防治措施】

1. **治疗** 原则为消除致敏原，及时抢救，对症治疗。

（1）消除致敏原。立即停止饲喂含有感光过敏物质的饲料，如紫花苜蓿、三叶草等，并将猪舍中剩余的部分牧草清理出去。在敞开式的圈舍前面搭上遮阳网，将严重的患猪赶到阴暗避光的舍内进行治疗饲养。

（2）及时抢救。首先皮下注射0.1%肾上腺素0.3～0.5mL，紧接着静脉注入0.1～0.2mL，如症状不缓解，半小时后重复肌内注射或静脉注射0.1%肾上腺素，直至脱离危险。继以5%葡萄糖溶液静脉滴注，同时给予血管活性药物，及时补液500mL并快速滴入。

（3）对于患病较轻的患猪，在皮肤患处涂擦氧化锌油膏；病猪皮肤患部破溃者可用0.2%高锰酸钾溶液清洗，并涂鱼石脂软膏，每天3次。为减少猪只皮肤的瘙痒，每头猪可肌内注射抗组织胺类药物如苯海拉明40～60mg，每天1次，也可应用脱敏药物如钙制剂、肾上腺皮质激素等进行机体脱敏。

（4）对症治疗。初期给病猪适量投服缓泻剂，如人工盐、大黄等，以清除消化道内尚未被消化吸收的有毒物质。对于呼吸困难的动物用尼可刹米0.25～1mg皮下注射、肌内注射或静脉注射。为加强对病猪的解毒作用，提高机体的抵抗力，在饮水中可加入适量的葡萄糖、维生素C；在饲料中添加足量的维生素A、维生素D、维生素E，并且投喂其他的青绿饲料。

2. **预防** 消除过敏原最根本的办法是明确引起本症的过敏原，并采取有效措施避免与之接触。少喂或停喂灰菜、鲜苜蓿等含有特异性感光物质的饲料，控制每头猪的喂量，即每天每头小猪不超过1.5kg，大猪不超过3kg。喂后不要让猪晒太阳。应注意尽量减少不必要用药，尽量采用口服制剂。对过敏体质患病动物，在注射用药后观察15～20min，在必须接受有诱发本病可能的药品前，宜先使用抗组胺药物或地塞米松。

四、急性应激综合征

应激综合征是猪遭受不良因素（应激原）的刺激，而产生一系列非特异性的应答反应，是一种像休克一样的急性应激不良综合征。

【发病特点】 猪和家禽最为常见，良种猪、瘦肉型、生长速度快的猪多发生，主要表现为生长发育缓慢，免疫力下降，生产性能和产品质量降低。包括恶性高热症、背肌坏死症、运输性肌病、PSE猪肉（苍白、柔软、有渗出的猪肉、白猪肉）、DFD猪肉（深色干硬肉）、抓捕性肌病以及心猝死病等。

【病因】

1. **超常刺激**　各种强烈的刺激因素，常成为应激综合征的触发剂，如拥挤、过热、过冷、注射疫苗、长途驱赶、去势、环境污染、突然更饲、追捕、保定、惊吓、打针、鞭打、捆绑、斗架、电击、狂风暴雨、兴奋恐惧、精神紧张、公猪配种、母猪分娩、车船运输、使用某些全身麻醉剂等。

2. **遗传因素**　遗传因素是应激综合征发生的内在原因，有一部分猪对应激具有易感性，而且呈隐形基因遗传。从外貌上看，应激敏感猪几乎都是体矮、腿短、股圆、肌肉丰满的卵圆体形猪，如兰德瑞斯猪、皮特兰猪、波中猪及杂交瘦肉型猪，而各地土种猪却比较能抗应激。

【发病机制】　当猪受到应激原（如捕捉、追赶、运输、高温、寒冷、拥挤、咬斗、注射、手术）刺激后，下丘脑兴奋，分泌促肾上腺皮质激素，通过垂体门脉系统进入垂体前叶，使垂体前叶分泌促肾上腺皮质激素（ACTH）增多，ACTH通过血液循环到达肾上腺，促使糖皮质激素的释放。ACTH分泌增多，阻碍某些营养物质的吸收，加强分解代谢，抑制炎症和免疫反应，致使机体抵抗力下降。应激原的强度大，作用持久时，肾上腺皮质分泌功能将衰竭，可造成猪发病和死亡。

【临床症状】　猝死型应激综合征，病猪无任何症状，突然死亡，多发生在抓捕和运输过程中。应激反应初期，肌肉和尾巴震颤，特别是尾巴快速震颤，使皮肤红一阵白一阵，体温迅速升高，皮肤潮红，呈现紫斑，呼吸困难，可视黏膜发绀。继之肌肉僵硬，站立困难，卧地不动，眼球突出，心跳加快，每分钟可达200次，张口呼吸，口吐白沫，高热，呈休克状态，5～7min体温即可升高1℃，直至临死前体温可达45℃。如不予治疗，约有80%以上的病猪在20～90min内死亡。应激反应最严重的猪，见不到任何明显的症状而突然死亡。慢性应激综合征主要表现为生产性能下降。

【病理剖检特点】　死后几分钟内就尸僵，肌肉温度很高。急性死亡或急宰的病猪受害的肌肉（如背肌、腰肌、腿肌及肩胛部肌肉），常在死后半小时内呈现苍白、柔软、水分渗出增多（PSE猪肉）。反复发作而死亡的病猪，可在腿部和背腰部出现深红色而干硬的猪肉（DFD猪肉）。

【诊断要点】　依据病猪有应激的病史、遗传特性、临床症状等进行诊断。

【防治措施】

1. **治疗**　原则为消除病因，镇静安定，解除酸中毒，提高抗应激能力。

(1) 消除病因。及时消除各种应激因素，猪群中如发现某些猪出现应激综合征的早期症候，如肌肉和尾巴震颤、呼吸困难而无节律、皮肤时红时白等，应立即隔离，给予充分的休息和安静，用凉水浇洒皮肤，症状轻者多可自愈。

(2) 解除酸中毒。应激状态下，肌糖原迅速分解，血中乳酸升高，pH下降，可用肾上腺素或地塞米松皮下注射2mL，5%碳酸氢钠溶液100～200mL，静脉注射解除酸中毒。

(3) 提高抗应激能力。电解多维和微量元素硒、锌、铬等均有提高动物抗应激能力的作用，故饲料中添加这些对预防应激有一定意义。

2. 预防 主要从两方面着手：

（1）依据应激敏感的遗传特性，注意选种育种。凡有应激敏感病史或易惊恐、皮肤易发红斑、体温易升高的应激敏感猪，一律不做种用。选择具有抗应激性状的猪作为种猪，逐步建立抗应激的种猪群。

（2）改善饲养管理，减少或避免各种应激原的刺激。猪舍要通风良好，避免高温、潮湿和拥挤。饲料要妥善加工调制，饮水要充足，日粮营养要全价，特别要保证足量的微量元素硒和维生素 A、维生素 D、维生素 E。在收购、运输、调拨、贮存猪的过程中，要尽量消除各种应激因素，避免噪音、惊恐。注意气候变化，防止过冷、过热。运输前注射镇静剂或喂多种维生素，运输过程中防止急走急停。育肥猪运到屠宰场，应让其充分休息，散发体温后屠宰。屠宰过程要快，胴体冷却也要快，以防止产生劣质的白猪肉。对已知某些具有应激敏感的猪，在可能发生应激之前给予镇静剂，有助于降低本病的死亡损失。

五、猪胃溃疡

猪胃溃疡主要是指胃黏膜局部组织糜烂和坏死，或自体消化形成圆形溃疡面甚至胃穿孔。

【**发病特点**】 临床上以呕吐巧克力色胃内容物、排黑色粪、皮肤黏膜苍白为特征。本病呈散发性，在一群猪内引起个别猪死亡。本病近年来常见，可发生于任何年龄，但多见于 50kg 以上生长迅速的猪及饲养在单体限位栏内的母猪。本病以炎热的夏秋季节较多见。

【**病因**】

1. **饲料因素** 饲料霉败，饲料粗硬不易消化，饲料中缺乏粗纤维，饲料粉碎得太细，长期饲喂高能量特别是玉米含量过高的饲料，在谷类日粮中混合大量有刺激性的物质，饲料中缺乏维生素 E、维生素 B_1、微量元素硒等，饲料中不饱和脂肪酸过多等。

2. **应激及饲养管理因素** 噪声、恐惧、闷热、疼痛、妊娠、分娩、过多打扰猪群（如经常转群、称重）；猪舍狭窄、密度过大、活动范围长期受限制；猪舍通风不良、环境卫生差；饲喂不定时、时饱时饥、突然更换饲料等。以上因素致使消化机能紊乱，胃壁组织受刺激引起黏膜充血，逐渐使胃壁组织损伤、发炎，并释放组胺使胃壁毛细血管扩张，促进胃泌素的形成与乙酰胆碱增多，引起神经、体液调节紊乱，消化机能障碍，引发本病。

3. **疾病因素** 常继发于慢性猪丹毒、蛔虫感染、铜中毒、霉菌感染（特别是白色念珠菌感染）；常见于维生素 E 缺乏、肝营养不良的猪；猪只体质衰弱，胃酸过多等。

4. **遗传因素** 高生长率或低背脂含量的品种与胃溃疡的高发病率有关。

【**发病机制**】 发病机制较复杂。不良的消化因素的影响，胃壁组织受到刺激，引起黏膜充血、淤血、糜烂、溃疡，逐渐发生组织学变化；已被损伤发炎、糜烂的胃黏膜组织，释放出组胺，使胃壁毛细血管扩张，促进胃泌素的形成与乙酰胆碱的大量产生，刺激胃壁细胞大量分泌盐酸和胃蛋白酶，而保护性黏液则相对缺少。胃蛋白酶在酸性环境中作用增强，除对饲料蛋白进行分解外，还对胃壁组织中蛋白有消化作用，从而导致胃壁局部溃疡形成。

【**临床症状**】 按发病缓急程度的不同，临床上可分为隐性、慢性和急性型 3 种。

1. **隐性型** 无明显症状，生长速度和饲料转化率几乎不受影响，在屠宰后才被发现。

2. **慢性型** 食欲降低或废绝，病猪体表和可视黏膜明显苍白，吐血或呕吐时带血，弓背或伏卧，因虚弱而喜卧，渐进性贫血、消瘦，生长发育不良。初期便秘，后期排煤焦油样粪便，潜血检查呈阳性。病情有时恶化，有时缓解，引起消化障碍和腹痛。少数病例有慢性腹膜炎症状。病程7～30d。

3. **急性型** 急性发作时，由于溃疡部大出血，病猪可突然死亡；也有的病猪在强烈运动、相互撕咬、分娩前后突然吐血、排煤焦油样血便、体温下降、呼吸急促、腹痛不安、体表和黏膜苍白、体质虚弱、终因虚脱而死亡。当病猪因胃穿孔引起腹膜炎时，一般在症状出现后1～2d内死亡。

【**病理剖检特点**】 溃疡主要在胃底部和幽门区表现不同程度的充血、出血及大小数量不等、形态各异的糜烂斑点和界限分明、边缘整齐的圆形溃疡。胃内有血块及未凝固的新鲜血液，有纤维素渗出物，肠内也常发现新鲜血液。无临床症状的病猪，早期病变有黏膜角化过度以及上皮脱落，而无真正的溃疡形成。病猪的胃比正常胃有更多的液体内容物；也有胆汁自十二指肠逆流至胃使胃黏膜黄染。慢性胃溃疡引起出血的病猪，脾肿大。有的溃疡自愈猪，可留下瘢痕。若是胃已穿孔，则可见弥漫性或局限性腹膜炎。也常见膈膜炎症，腹腔内容物进入胸腔呈现膈病变。

猪胃溃疡症状和病理变化

【**诊断要点**】 本病生前诊断较困难，特别是早期确诊更难。具有诊断意义的症状是排黑色粪便，皮肤和黏膜明显苍白，口吐巧克力色胃内容物。50kg以上生长迅速的猪常发。唯一的证据是取可疑的粪便作潜血检查。应与出血性肠炎综合征、急性猪痢疾加以区别。

【**防治措施**】

1. **治疗** 原则为消除病因、中和胃酸、保护胃黏膜。

（1）消除病因。用粗糙含纤维素的谷物饲料替代细的粉料或颗粒料，营养缺乏或维生素E及微量元素硒缺乏时，可调整日粮，补充相应的营养物质，同时伴发某些疾病时，应采取相应药物治疗。症状较轻的病猪，应保持安静，减轻应激反应。可注射镇静药。

（2）中和胃酸保护胃黏膜。可用氢氧化铝、硅酸镁或氧化镁等抗酸制剂，使胃内容物的酸度下降；保护溃疡面，防止出血，促进愈合，可于饲喂前投服次硝酸铋5～10g，每天3次。也可口服鞣酸蛋白，每次2～5g，每天2～3次，连用5～7d。此外，为维持食糜的正常排空，可用聚丙烯酸钠每天5～20g溶于水中饮服，或以0.5%～5%的比例混于饲料中饲喂，连用5～7d。对于出血严重的病猪可给予维生素K、西咪替丁制剂，也可用氯化钙溶液或葡萄糖酸钙溶液加维生素C静脉注射。

（3）淘汰。如果病猪极度贫血，证实为胃穿孔或弥漫性腹膜炎，则失去治疗价值，宜及早淘汰。

（4）针灸治疗。可针灸脾俞、百会、后海穴等。

2. **预防** 避免饲料粉碎得过细，饲料颗粒度不能低于700μm（一般饲料颗粒度在1.5～3.5mm）；减少日粮中玉米数量，饲料中加入草粉或燕麦壳等使日粮中粗纤维量达到7%；保证饲料中维生素E、B族维生素及微量元素硒的含量；定期在饲料中加入一定量碳酸氢钠（小苏打），控制胃酸过多。用铜作促生长剂时，饲料中同时加少量碳酸锌作抗铜添加剂；聚丙烯酸钠混饲，浓度0.1%～0.2%，以改变饲料的物理状态，使之能在胃内停留时间正常；减少频繁的转群、运输、驱赶、撕咬等各种应激因素；保持猪舍冬暖夏凉，通风良好，饲养密度适宜，猪舍要留有足够的空间便于猪的自由活动；同时定期驱虫。

六、猪湿疹

猪湿疹是表皮和真皮上皮由致敏物质引起的一种过敏反应,也称湿毒症。

【发病特点】 本病夏秋多雨季节、高温季节发病较多,以患猪皮肤出现红斑、疮疹、瘙痒为特征。

【病因】 圈舍卫生条件差、湿热、皮肤不清洁、通风不好、饲养密度大等;饲料单一、营养缺乏,特别是维生素、矿物质缺乏和缺锌等;昆虫叮咬、化学药品刺激以及慢性消化道疾病、新陈代谢紊乱、内分泌失调等。

【临床症状】

1. **急性型** 急性者大多突然发病,病初猪的下颌、腹部和会阴两侧皮肤发红,出现黄豆大小或蚕豆大小的结节、瘙痒不安,病情加重时出现水疱、丘疹,破裂后常有黄色渗出液,结痂及痂皮脱落等。

2. **慢性型** 急性患猪治疗不及时常转为慢性,病猪皮肤粗厚、浸润、瘙痒,常局部感染、糜烂或化脓,导致采食、休息受影响,最后消瘦虚弱而死。

病猪全身表现红斑性湿疹

【诊断要点】 可根据发病季节进行诊断。

急性者多突然发病,病初皮肤发红,瘙痒不安,以后出现丘疹、水疱,破裂后呈湿性。如有擦伤,常伴有糜烂、渗出液、结痂及鳞屑等症状。

慢性的患部渗出液少,皮肤变得粗厚、瘙痒、鳞屑多等。注意与其他类似症状的皮肤病的区别。

【防治措施】

1. **治疗** 原则为消除病因,脱敏止痒,对症治疗。

(1) 消除病因,加强护理,保持皮肤清洁干燥,圈舍通风良好,并给予一定的日光浴,防止使用刺激性强的药物,供给营养丰富易消化的饲料。

(2) 局部治疗。首先剪去患部及周围的被毛,用温肥皂水或0.1%高锰酸钾溶液清洗患部。根据湿疹的不同时期,应用相应的药物治疗。

①红斑性、丘疹性湿疹。用胡麻油、石灰水等量(清凉性擦剂),或滑石粉、淀粉等量(保护性撒粉),涂于患部。

②水疱性、脓疱性、糜烂性湿疹。先剪去患部被毛,用1%~2%鞣酸溶液或3%硼酸或0.1%新洁尔灭或0.1%雷佛奴尔溶液冲洗创面,然后涂布3%龙胆紫。也可撒布氧化锌、滑石粉(1∶1)、碘仿鞣酸粉(1∶9)等,以防腐、收敛和制止渗出。后期渗出减少时,可用氧化锌软膏、碘仿鞣酸软膏(碘仿10g、鞣酸5g、凡士林100g)涂擦。

③慢性湿疹。碘仿鞣酸软膏(碘仿10g、鞣酸5g、凡士林100g)涂擦。

(3) 脱敏。扑尔敏注射液每千克体重0.1~0.2mL,皮下或肌内注射,隔日1次,连用2~4d。也可用10%氯化钙溶液10~20mL加入适量生理盐水,静脉滴注,每天1次。

(4) 止痒。瘙痒不安时可用水杨酸、石炭酸、70%酒精溶液按5∶1∶100比例混合后涂抹。

(5) 对症治疗。有感染时,可用抗生素注射。同时,注意调节胃肠,给予适当的维生素C、维生素B_1等有利于疾病康复。

2. **预防**

（1）猪舍保持清洁干燥，通风采光良好，勤换垫草，湿度大时可撒石灰除湿，保持猪的皮肤卫生，消灭吸血昆虫。

（2）加强饲养管理，饲喂富含维生素、矿物质的饲料，饲料搭配要多样化，饲料要易消化，减少胃肠刺激等。

综合测试题

一、填空题

1. 胃肠炎以_____、_____、_____和_____为特征。
2. 肠便秘也称_____，是由于_____和_____紊乱，肠内容物在肠腔内_____变干变硬，引起肠腔_____的一种_____性疾病。
3. 肠便秘治疗时主要应用_____药或用温肥皂水进行_____以软化_____、疏通肠道。
4. 灌肠时插入肛门的胶管应涂_____插入时不要_____以免损伤_____或造成_____。
5. 猪胃溃疡主要是指胃黏膜出现_____和_____，或_____形成_____，甚至_____。临床上以_____、_____、_____为特征。
6. 猪应激综合征治疗原则是_____、_____、_____、_____。

二、判断题

1. 胃肠炎的治疗主要应用泻药。（　　）
2. 猪便秘的发生部位多在小肠。（　　）
3. 猪在嚎叫时或发生强烈咳嗽时，应暂停灌药。（　　）
4. 猪胃溃疡病一年四季均可发病，但以炎热的夏秋季节较多见。（　　）
5. 慢性猪丹毒、蛔虫感染、铜中毒、霉菌感染（特别是白色念珠菌感染）等疾病常继发猪的胃溃疡。（　　）
6. 发生应激综合征的原因是对猪的超常刺激。（　　）

三、问答题

1. 胃肠炎、肠便秘、肺炎的发病原因有哪些？有何临床表现？
2. 胃肠炎的治疗原则是什么？怎样进行治疗？
3. 如何诊断猪便秘？治疗时应采取哪些措施？
4. 猪胃溃疡的主要症状有哪些？
5. 猪发生应激综合征在临床上有哪些表现？病理剖检点主要有哪些？

项目二　猪外产科疾病

【知识目标】

1. 掌握疝、产后缺乳、产后瘫痪、产褥热、乳腺炎的病因、症状和防治措施。
2. 了解脱肛、子宫内膜炎的病因、诊断要点和防治措施。

【技能目标】
1. 能正确诊断仔猪阴囊疝,掌握结扎总鞘膜的手术治疗技术。
2. 能正确选用和使用治疗乳腺炎的药物,掌握乳房内注入药液疗法、乳房基部封闭疗法和全身疗法进行乳腺炎治疗及外敷疗法的操作技术。
3. 了解脱肛、子宫内膜炎的病因、诊断要点和防治措施以及脱肛整复和子宫冲洗操作技术。

【德育目标】 提高服务"三农"工作的积极性和主动性,树立专业自豪感。

一、疝

1. **疝的概念** 疝是指腹腔内脏器官从自然孔道或病理性破裂孔脱至皮下或邻近的剖腔内统称为疝,又称赫尔尼亚。是一种常见的外科病。各种动物均可发生,以猪、犬多见。

2. **疝的构成**

(1) 疝轮(孔)。是指天然孔或腹壁病理性破裂孔,如脐孔、腹股沟管、腹壁破裂孔等,腹腔脏器经此孔脱至于皮下或解剖腔内。

(2) 疝内容物。是通过疝轮脱到疝囊内的可移动的脏器(如小肠、网膜、子宫等)以及少量疝液。

(3) 疝囊。是包围疝内容物的外囊。多由腹膜、腹壁筋膜及皮肤等构成(图2-1)。

3. **疝的分类**

(1) 根据向体表是否突出,分为外疝(如脐疝)和内疝(如膈疝)。

(2) 根据疝的解剖部位,分为腹股沟阴囊疝、脐疝和外伤性腹壁疝等。

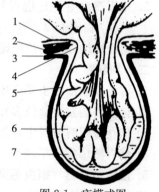

图2-1 疝模式图
1. 腹膜 2. 肌肉 3. 皮肤 4. 疝轮
5. 疝囊 6. 疝内容物 7. 疝液

(3) 根据疝内容物活动性的不同,分为可复性疝和不可复性疝。可复性疝是当机体的体位改变或压迫疝囊时,疝内容物可通过疝孔还纳于腹腔;反之称为不可复性疝。当疝内容物嵌闭在疝孔内,脏器受到压迫,局部血液循环障碍而发生淤血、炎症,甚至坏死,并引起一系列相应的临床症状时,则称为嵌闭性疝。

★ 脐 疝 ★

肠管、网膜等内脏器官通过脐孔脱至皮下称为脐疝。是仔猪常见的外科疾病之一,多为先天性,疝内容物多为小肠及网膜。

【病因】

1. **先天性脐疝** 发生本病的根本原因是先天性脐孔闭锁不全或完全没有闭锁,使肠管通过脐孔进入皮下引起。

2. **诱发因素** 断脐不当或腹压剧增,如断脐时过度牵拉、捕捉、挤压、过食、奔跑、跳跃等是本病的诱发因素。

【临床症状】
1. 脐孔处出现局限性、突出皮肤表面的半圆形柔软的肿胀物。
2. 触诊无热无痛，有时可摸到圆形扩大的脐孔，听诊时可听到肠蠕动音。
3. 若为嵌闭性疝时，触诊无可复性，病猪腹痛不安、食欲废绝、呕吐。

【诊断点】 脐孔处出现局限性、半圆形柔软的肿胀物，触诊无热无痛，可摸到脐孔，听诊有肠蠕动音。

【治疗】 可采取保守疗法和手术疗法两种。

1. **保守疗法（非手术疗法）** 适用于脐孔较小的幼龄猪。方法是在摸清脐孔后，可用绷带压迫患部，使脐孔缩小，组织增生而治愈。也可用95%酒精或10%~15%氯化钠溶液，在疝孔周围分四点注射，每点注射2~5mL。注射后，每天应使猪仰卧，并用手按压还纳肠管2~3次，以促使疝孔四周发炎而瘢痕化，使疝孔闭合治愈。

2. **手术疗法**

（1）可复性脐疝。术前病猪停食半天，仰卧保定，局部剪毛消毒，用1%盐酸普鲁卡因10~20mL进行浸润麻醉，3~5min后在疝囊基部靠近脐孔处纵向切开皮肤（最好不切开腹膜），稍加分离，还纳内容物，在靠近脐孔处结扎腹膜，将多余部分剪除，对疝轮做纽孔状缝合或荷包缝合，切除多余皮肤并结节缝合（图2-2），涂碘酊，装结系绷带。对病程较长、疝轮肥厚、光滑而大的脐疝，在闭锁疝轮时，应先用手术刀轻轻划破脐轮边缘肌膜，造成新鲜创面再缝合。术后病猪应饲养在干燥清洁的猪舍内，喂给易消化的稀食，防止喂得过饱，限制剧烈奔跑，7~14d拆线。

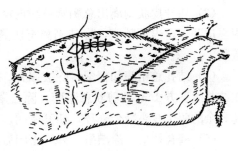

图2-2 皮肤进行结节缝合

（2）嵌闭性脐疝。先在患部皮肤上切一小口（勿损伤内容物），然后用手指探查内容物种类及粘连、坏死等病变。用手术剪按所需长度剪开疝轮，暴露疝内容物，剥离粘连物。如肠管坏死做坏死肠管切除及吻合术。再将肠管送回腹腔并注入适量抗生素。用荷包缝合或钮孔状缝合法缝合疝轮。结节缝合皮肤，装结系绷带。

★ 阴 囊 疝 ★

腹腔内的肠管或其他内脏器官经腹股沟内环进入阴囊（总鞘膜内）时称为阴囊疝。

【病因】
1. **先天性原因** 由腹股沟内环过大引起。公猪有遗传性。
2. **后天性原因** 是由于挤压、抓捕、跳跃、过饱等致使腹压剧增引起。

【临床症状】
1. **可复性疝** 多为一侧性。患侧阴囊皮肤紧张、增大、下垂，无热痛，柔软，有弹性，压迫时肿胀缩小，内容物能还纳于腹腔，可摸到腹股沟外环，腹压增大时阴囊部膨大。肠管进入阴囊内，可听到肠蠕动音。
2. **嵌闭性阴囊疝** 患猪突然腹痛，患侧阴囊增大，阴囊皮肤紧张、水肿、发凉、摸不到睾丸。运步时患侧后肢向外伸展,步样强拘,随着炎症的发展,全身出汗,呼吸困难,体温升高,预后不良。

【诊断要点】

(1) 患猪一侧或两侧阴囊肿大,皮肤张紧发亮,倒提用手轻揉加压时,内容物即可还纳腹腔,无其他全身反应。

(2) 听诊时有肠蠕动音,触诊内容物质地柔软带有音响无痛感。

(3) 若发生嵌闭性阴囊疝时,肠管与囊壁粘连,可出现腹痛、呕吐、食欲废绝,严重时引起休克、死亡。

【防治措施】

1. **治疗** 常采用结扎总鞘膜管法,手术大多与去势同时进行。

(1) 保定。将患猪两后肢提起或吊起,使其头部朝下,助手固定两耳朵,腹部朝向术者。

(2) 术部剪毛消毒及麻醉。术者先轻揉加压阴囊内容物,使内容物还纳腹腔,在腹股沟外环至阴囊中部剪毛,用2%～5%碘酊消毒。用1%盐酸普鲁卡因10～20mL进行浸润麻醉。

(3) 切开皮肤剥离出总鞘膜还纳内容物。先在患部表面将疝内容物送回腹腔,一刀切开阴囊皮肤,露出总鞘膜,将其剥离至阴囊底提起睾丸及总鞘膜,再将睾丸向同一方向捻转数圈。

(4) 结扎总鞘膜和精索,除去睾丸。术者在靠近腹股沟外环处贯穿结扎总鞘膜及精索,在结扎线下方1cm处剪断总鞘膜,除去睾丸及总鞘膜,将断端塞入腹股沟管内。然后用结扎剩余的两个线头缝合外环,使其密闭。

(5) 缝合切口,涂碘酊。外环密闭后,清理创口,撒消炎粉或青霉素与链霉素混合粉,结节缝合皮肤,切口涂碘酊。

(6) 术后护理。术后不宜喂得过早、过饱,适当控制运动。如果是双侧阴囊疝,可用同法摘除另一侧。

2. **预防** 猪的先天性阴囊疝,通过显性公猪对母猪的测交,可发现携带隐性赫尔尼亚基因的母猪,并予以淘汰,可达到防止本病发生的目的。目前,此方法已在育种工作中应用,凡是患此病的小公猪均不能留做种用。

★ 腹 壁 疝 ★

腹壁疝是腹腔脏器经腹壁破裂孔脱至皮下的一种外科疾病。特点是钝性暴力作用于腹壁,使腹肌、腱膜甚至腹膜发生破裂,而皮肤仍保持完整性。常见于腹侧壁或下腹壁。本病多发生于哺乳仔猪。

【病因】 主要由腹壁受到强大钝性外力的作用引起,如冲撞、踩踏、撕咬、角顶、蹴踢等作用于腹壁,使肌纤维断裂造成破裂孔,致使肠管、网膜等脱入皮下发生,但皮肤保持完整。

【临床症状】

(1) 腹壁受伤后突然出现局限性、柔软、富有弹性及热痛的肿胀。

(2) 发病2～3d后,患部出现炎性肿胀,致使疝轮、疝内容物的特征不明显。

(3) 炎症消退后肿胀界限清楚,触诊柔软,有压缩性,能触到疝轮,听诊时可听到肠蠕动音。

(4) 当发生嵌闭性疝时，患猪腹痛剧烈。

【诊断要点】

(1) 发生突然，腹壁出现柔软、略扁的肿胀，触压时内容物可还纳腹腔并能摸到腹壁破裂孔。

(2) 听诊腹壁肿胀物有肠蠕动音。

(3) 穿刺时有粪液流出。

【治疗】 治疗原则为还纳内容物，密闭疝轮，消炎镇痛，防止腹膜炎和疝轮再次裂开。

1. 保守疗法 适于刚发生的、较小的上腹壁可复性疝。严防腹膜炎和疝轮再次裂开。根据疝囊大小用竹片编一个竹帘，用绷带卷连接，长度15cm左右，两端磨成钝圆，竹帘竹片的间隔是0.5~1cm。另外准备一个厚棉垫。装着压迫绷带时，先在患部涂消炎剂，待将疝内容物送回腹腔后，把棉垫覆盖在患部。将竹帘压在棉垫上，再用绷带将腹部缠绕固定。也可用轮胎胶皮制成压迫绷带进行压迫固定。随着炎性肿胀的消退，疝轮即可自行修复愈合。随时检查压迫绷带使其保持在正确位置上，经固定15d后，如已愈合即可解除压迫绷带。也可在破裂孔周围分点注射95%酒精，每点注射3~5mL。

2. 手术疗法 为本病的根治疗法。

(1) 保定。患猪侧卧保定或仰卧保定，患部朝上。

(2) 术前准备及麻醉。术部剪毛消毒，用1%普鲁卡因进行术部浸润麻醉。

(3) 切开疝囊还纳内容物。在疝囊纵轴上将皮肤捏起形成皱襞切开疝囊，手指探查疝内容物有无粘连坏死。将正常的疝内容物还纳腹腔。如脱出物与疝囊发生粘连时要细心剥离，用温生理盐水冲洗，撒上青霉素粉或涂上油剂青霉素，再将脱出物送回腹腔。对嵌闭性疝，切开疝囊后，如肠管变为暗紫色，疝轮紧紧钳住脱出的肠管，这时，可用手术剪扩大疝轮，用温生理盐水清洗温敷肠管。如肠管颜色很快恢复正常，出现蠕动，可将肠管还纳腹腔。如已坏死，将坏死肠管切除，行肠管吻合术，再将其还纳腹腔。

(4) 闭合疝轮。闭合疝轮依据具体病猪而异，一般先缝合腹膜，然后缝合腹肌。如缝腹膜较困难时，可将腹膜和腹横肌一起缝合。对较小的腹壁破裂孔，可将腹壁各层一起缝合，对大的疝轮则常用纽孔状缝合法。对陈旧性腹壁疝闭合，如果疝轮瘢痕化，肥厚而硬固，应在疝轮上做切割，形成新鲜创面以利愈合。最后结节缝合皮肤，涂碘酊，装结系绷带。

(5) 术后护理。术后要防止挤压和喂得过饱，适当限制运动，常规应用抗生素或磺胺类药物3~5d，以防止继发感染。

二、直 肠 脱

直肠脱也称脱肛，是指直肠末端一部分黏膜或直肠后段全层肠壁脱出肛门之外而不能自行缩回的一种疾病。

【发病特点】 见于仔猪和分娩期间母猪，本病冬季和早春多发。

【病因】

1. 主要原因 由直肠韧带松弛或肛门括约肌松弛引起。

2. 诱发因素 营养不良，粗饲料过多，长期便秘，顽固性腹泻，腹压增高，过度努责，寒冷潮湿等均能诱发引起。

【临床症状】 病初直肠末端黏膜脱出时，可在肛门口处见到一个淡红色至暗红色的半球形突出物，表面形似许多花瓣样轮状皱褶，中央有一小孔。病猪表现频频努责，常做排粪姿势，在排粪后或卧地时突出明显，随着体位的变化，轻者可自行缩回，重者常不能缩回。经1～2d后，脱出的黏膜淤血、水肿、呈暗紫色，表面黏附大量泥土、粪便及其他污物。随着时间的延长，脱出黏膜发生干裂、糜烂以致发炎坏死，甚至引起损伤和破裂，排粪十分困难。病情进一步严重时，病猪可出现努责加剧，食欲减退或废绝，体温升高等全身症状。

【诊断要点】 肛门外可见淡红色至暗红色的半圆球形突出物即可确诊。

【防治措施】

1. **治疗** 原则为及时整复固定，防止破裂感染。

（1）整复。将病猪取前低后高姿势或提起两后肢保定，用温热（约40℃）0.1%高锰酸钾溶液或1%～2%明矾溶液清洗患部及肛门周围，除去泥土、粪渣等污物及坏死黏膜，其上涂以液体石蜡或植物油后，术者用手指轻轻地将脱出部分送回肛门内。如因水肿、淤血整复较困难时，先用消毒针头点刺放出或挤出黏膜水肿液和淤血，剔除破损的黏膜，修整缝合破损组织，其上涂以润滑剂，再用手轻轻整复后，由肛门向直肠内撒入青霉素和链霉素混合粉剂。

（2）固定。为防止再次脱出，可在肛门周围行荷包缝合。方法是进针和出针的位置距肛门1～2cm，依次穿入与穿出，最后将两个线头拉紧，依据猪体大小将肛门留下1～2指大小的排粪口，术后7～10d拆线。也可完全拉紧，定时松开排粪。

对轻度直肠脱出整复后，也可在肛门括约肌两侧1～2cm处注射95%酒精或10%氯化钠溶液，刺入深度2～5cm，分上下左右四点注射，每点注射3～5mL，使局部肿胀，起到固定作用。

（3）手术切除。对脱出时间过长的病猪，脱出部分的肠黏膜已经糜烂坏死或被其他猪咬坏时，可采取直肠切除术进行治疗。方法是小猪采取倒提式保定，大猪左侧卧保定。用温肥皂水洗净脱出部分及周围皮肤，再用0.1%高锰酸钾溶液进行洗涤和消毒后，用1%的盐酸普鲁卡因20～40mL在肛门周围分四点进行局部浸润麻醉，然后在靠近肛门括约肌外侧，用消毒过的两根长封闭针头作十字形交叉穿过脱出的肠管将其固定，在固定处的外侧约2cm处，切除坏死肠管，彻底止血后，肠管两个断端的浆膜肌层作结节缝合，再用螺旋形缝合法缝合肠管断端的黏膜层。缝合完毕用0.1%新洁尔灭或0.1%高锰酸钾溶液冲洗，创面撒布青霉素和链霉素混合粉剂或涂碘甘油，取下固定针，断端即可缩回肛门内。

（4）术后护理。术后禁食2～3d，仅喂给少量麦麸粥等流食，但不限饮水，术部保持清洁，常规注射抗生素，每天2次，连用3～5d。

2. **预防** 改善饲养管理条件，保持圈舍温暖干燥、清洁卫生，供给充足的饮水，多喂青绿多汁饲料，减少饲料中粗纤维含量，适当增加运动，减小床面坡度，及时治疗原发病。

三、产后缺乳症

母猪产仔后乳汁分泌过少或没有乳汁，称为产后缺乳症。

【发病特点】 发生后引起仔猪饥饿、衰竭和死亡。

【病因】

(1) 母猪在妊娠期间饲料单一，营养不全，缺乏蛋白质、维生素、矿物质和微量元素，尤其缺乏维生素 E 和微量元素硒等导致母猪泌乳不足。

(2) 母猪产后患病或某些应激因素，如产后子宫感染、乳腺炎、突然更换圈舍、给药、运输、噪声等均可造成母猪的减食或绝食而诱发引起。

(3) 母猪配种过早或年龄过大，乳腺发育不全或内分泌功能失调引起。

(4) 本病的发生与遗传有一定关系。

【临床症状】 母猪产后出现食欲减退，体温升高，便秘等症状，触摸乳房松软干瘪，挤不出乳汁或只有少量稀薄水样乳汁，产仔后 3~5d 内新生仔猪尚能吃饱，无明显异常。但随着产后时间的延长和新生仔猪的生长，泌乳量日渐减少，每次的放乳时间极短，一般不足十几秒。由于新生仔猪长时间吃不饱，导致仔猪整天围绕母猪嘶叫，并频频拱撞乳房或时常咬伤乳头，致使母猪疼痛，不愿哺乳至拒绝哺乳。数日后仔猪因长期饥饿出现消瘦、脱水、衰竭，常可造成多数仔猪或全窝死亡。

【诊断要点】 根据产后乳房松软干瘪，挤不出乳汁或只能挤出少量乳汁，数日后新生仔猪吃不饱，饥饿嘶叫，经常咬伤乳头，母猪拒绝哺乳，仔猪大多死亡即可确诊。

【防治措施】

1. **治疗**

(1) 对产后无奶母猪。可用催产素 40IU，亚硒酸钠维生素 E 注射液 10mL，混合后一次肌内注射（适于体重 120kg 以上的母猪）。注射前 1h 将母仔分开，注射后 20min 放回仔猪哺乳，或给母猪灌服催乳灵 10 片，每日 2 次，连用 3~5d。

(2) 对产后缺奶、营养较差的母猪。可喂豆浆 5kg 加鹅蛋 3 枚，调制方法是把豆浆煮沸，边煮边兑入鹅蛋汁，候温 1 次喂服，每周 2 次。或将猪胎衣用水洗净，煮熟切碎加适量食盐、一瓶啤酒，混入饲料中喂给。也可用鲤鱼炖汤拌饲。

(3) 对产后缺奶、营养良好体质肥胖的母猪。可用下列中药治疗：王不留行 40g，穿山甲、白术、通草各 15g，白芍、黄芪、党参、当归各 20g，共为细末，每天 1 剂，调在饲料中分 3 次喂给，连用 3~5d。也可用王不留行 30g，路路通 40g，通草 10g，共为末或水煎 3 次去渣拌入饲料中喂。

(4) 对产后患病母猪。要及时治疗原发病，如母猪便秘的，可在饲料中添加 1% 硫酸镁，或用温肥皂水灌肠；由于子宫炎和乳腺炎引起体温升高等全身症状的母猪，可用抗生素、安乃近等治疗，以尽快恢复健康。

(5) 对新生仔猪。应及早找另一相继分娩正常的哺乳母猪代乳或进行人工哺乳，以提高仔猪成活率。在寄养之前，要用代养母猪的粪尿、垫草或乳汁在仔猪身上涂抹，以防止拒绝哺乳。

2. **预防** 本病的预防很重要，应做好以下几点：

(1) 母猪妊娠后期，要加强饲养管理，给予营养丰富、容易消化的饲料，同时适当增加青绿多汁饲料。另外，在妊娠期间要控制母猪不要过肥，适当增加粗饲料，可在产前 1 周逐渐增加麸皮含量，最多可加到日粮的一半，并且适当增加运动量。

(2) 选留好后备母猪，选择乳腺发育良好、其母乳汁分泌旺盛的小母猪留作后备母猪。

(3) 减少或避免各种应激因素对母猪的刺激，如噪声、惊吓、转圈、产房温湿度异常变化等。

（4）产房要经常消毒，产后开始哺乳之前对乳房要清洗消毒，及时诊治母猪原发病，及时淘汰顽固的无乳母猪。

四、产后瘫痪

产后瘫痪又称产后麻痹或生产瘫痪，是母猪产后突然发生的一种急性、严重的神经障碍性疾病。

【发病特点】 临床上以四肢瘫痪、知觉丧失为特征。以产后2～5d发生较多。

【病因】

（1）由血糖、血钙急剧下降引起，主要原因是母猪产后大量泌乳，大量的钙、磷从乳中排出，使体内的钙、磷缺乏，同时胰腺活动增强，导致血糖降低。

（2）由母猪怀孕期间饲料单一，尤其饲料中缺乏糖、维生素和钙、磷不足或钙、磷比例失调而引起。

（3）母猪产前运动不足、长期俯卧、圈舍阴暗潮湿、阳光不足、胎儿过多均可诱发本病。

【临床症状】 本病多发生于产后2～5d，病猪精神高度沉郁，食欲减退或废绝，体温一般正常，粪便干硬，小便赤黄，泌乳量显著减少或停止。轻者两后肢无力，站立不稳，行走时出现跛行，后躯摇晃，驱赶时尖叫；严重者四肢麻痹，不能站立，如果强行运动只能靠前肢爬行，后躯拖地，行走极其困难，卧地不起，知觉减弱或消失，呈昏迷状态。临床上有时可在产后哺乳20d左右发生。本病的病程较长，逐渐消瘦，最后由于极度衰竭而死亡。

【诊断要点】 本病常发生于产后2～5d，病猪表现严重的神经机能障碍，出现四肢麻痹、行走困难、卧地不起，严重时知觉丧失，呈昏迷状态，体温一般正常，无明显其他疾病症状即可确诊。

【防治措施】

1. 治疗 原则为补充糖、钙，乳房送风，对症治疗。

（1）补糖、补钙疗法。10%葡萄糖注射液300～500mL加入10%葡萄糖酸钙50～100mL或10%氯化钙20～50mL静脉注射，每天1次，连用3d。同时配合维丁胶性钙10mL、维生素B_1 10mL、维生素B_{12} 5mL，混合一次肌内注射，每天1次，连用3～5d。

（2）乳房送风疗法。本法最好使用乳房送风器或将16号兽用注射针头的针尖磨光磨圆，针柄接上合适的乳胶管，用酒精棉球将母猪乳头分别消毒后，把灭菌后的磨圆针头轻轻插入乳头管内，乳胶管接到去掉气嘴夹的打气筒上，然后分别向乳房内缓缓打气，待乳房皮肤紧张，轻敲乳房呈鼓音时停止打气，用纱布条扎住乳头，经1～2h后解开纱布条。此种方法治疗产后瘫痪简单易行，常可较快地产生疗效。

（3）对症疗法。便秘时投给盐类泻剂，可用硫酸钠或硫酸镁30～50g，加适量水1次内服，或用温肥皂水灌肠；如果出现严重低磷血症，可以用20%磷酸氢二钠注射液150mL缓慢静脉注射，每天1次，连用3d；对于用钙制剂、葡萄糖治疗无效的病例，可改用糖皮质激素类药物，如地塞米松磷酸钠注射液等。

2. 预防 加强妊娠母猪的饲养管理，饲料中应给予足够的蛋白质、维生素和矿物质，尤其注意钙、磷的补充和比例适宜，一般钙磷比例保持在1.5∶1至1∶1。并且经常补喂青绿多汁饲料。产前 20d 要适当加强运动，经常晒太阳，保持圈舍通风干燥、清洁暖和。母猪在怀孕两个半月时，肌内注射维丁胶性钙 10mL，可以有效预防本病的发生。

五、产 褥 热

产褥热也称为产后感染，是以母猪产后出现高热、不食为主要特征的一种疾病。

【病因】
（1）主要原因是母猪分娩时，产房不洁、贼风侵袭、寒冷潮湿引起。
（2）分娩助产或者难产救助时消毒不严或导致产道损伤继发感染引起。

【临床症状】　母猪产后表现食欲减退或废绝，体温升高达 40℃以上，恶寒战栗，心跳和呼吸加快，随后乳汁减少，喜卧乃至卧地不起。多数病猪从阴道内流出白色脓性或棕褐色的污秽黏液。

【诊断要点】　根据母猪产后不食，高热，恶寒战栗，阴道流出不洁黏液等即可初步确诊为本病。

【防治措施】
1. 治疗
（1）消除污染源。本病已引起全身性变化，严禁用消毒药液冲洗子宫，以防感染恶化。只能肌内注射垂体后叶素 2～4mL，以加强子宫收缩，促使炎性分泌物的排出。
（2）解热消炎。用青霉素 160 万 U×6 支、链霉素 100 万 U×3 支、30％安乃近 10mL×2 支、地塞米松磷酸钠注射液 10mL×2 支，混合 1 次肌内注射（适用于体重 150kg 母猪）。
（3）强心。肾上腺素注射液适量。
（4）调节电解质平衡。静脉注射 10％～20％葡萄糖注射液 300～500mL，5％的碳酸氢钠溶液 100mL。
2. 预防　母猪在产前要准备好产房，首先要清扫干净，彻底消毒，然后铺上清洁柔软的垫草。寒冷的天气要注意防寒保暖，避免贼风侵袭。助产时，术者要严格消毒，操作要小心细致，以免损伤子宫和产道。

六、乳 腺 炎

乳腺炎是指乳腺发生各种不同性质的炎症，临床上以 1～2 个乳区或整个乳区肿胀疼痛、拒绝仔猪吮乳为特征。乳腺炎是哺乳母猪较为常见的一种产科疾病，常见于产后 5～30d 的母猪。

【病因】
（1）主要原因是由于病原菌侵入乳腺感染而引起，常见的病原菌有链球菌、葡萄球菌、大肠杆菌和绿脓杆菌等，主要通过仔猪咬伤乳头皮肤、母猪擦伤的乳房或直接从乳腺管中侵入。
（2）母猪在分娩前或产仔后及仔猪断奶前喂给精料过多或喂给大量的发酵饲料和多汁饲料所引起。

(3)圈舍卫生不良,猪舍门栏尖锐,地面不平或过于粗糙使乳房过度受到挤压也可以诱发引起本病。

(4)继发或并发于某些疾病,如子宫内膜炎等。

【临床症状】

1. **急性乳腺炎** 患病乳区红肿,触诊乳房发热、疼痛。母猪拒绝仔猪哺乳。病初乳汁稀薄水样,以后变为淡黄色或黄色脓汁样,内含凝乳块或絮状物,有的混有血液或脓汁。随着病情的发展乳汁排出不畅或困难,泌乳量减少或停止。严重时乳房化脓溃烂,除局部症状外,还会出现精神沉郁,体温升高,食欲减退或不食等全身症状,最后可导致败血症死亡。

猪乳腺炎症状

2. **慢性乳腺炎** 乳腺患部组织弹性降低,硬结,泌乳量减少,挤出的少量乳汁浓稠,呈灰黄色或粉红色,有时内含豆渣样凝乳块,多无全身症状,少数病猪体温略高,食欲减退,有时由于结缔组织增生而使乳房变硬,乳头闭锁,丧失泌乳能力。

【诊断要点】 根据乳房肿胀、发热、疼痛、拒绝哺乳、厌食、乳汁稀薄水样或脓样、泌乳量减少,其内含有凝乳块或絮状物即可做出诊断。

【防治措施】

1. 治疗

(1)外敷疗法。急性乳腺炎初期时,乳房热肿,可用10%硫酸钠溶液冷敷(此时不能热敷);当乳房皮温降低,手感不热和乳房内有硬块时,用10%硫酸钠溶液热敷。冷、热敷均为每天2次,每次30~60min,连用3~5d。

慢性乳腺炎,乳房只肿不热,可选用樟脑软膏、10%鱼石脂软膏、5%~10%碘酊或碘甘油,待乳房洗净擦干后,将软膏涂在患病乳房皮肤上,2d 1次。

(2)封闭疗法。青霉素80万U、0.25%~0.5%普鲁卡因溶液100mL、地塞米松磷酸钠注射液20~30mL混合,分别在患病乳房肿胀上边缘1~2cm处分点皮下注射,每点注射5~10mL,每天1次,连用3~5d。

(3)乳房内注入药物疗法。本法适用于化脓性乳腺炎,因乳腺内感染化脓,脓汁常从乳腺管中排不出来。方法是先挤净患病乳房内的乳汁及脓性分泌物,然后将乳头导管(或12号兽用长针头,针尖磨光磨圆)消毒后,小心从乳腺管插入乳房内部,尽量放出脓汁后,用注射器抽取0.1%雷佛奴尔溶液并注入乳房,待冲洗液从针头中流出或抽出后,再用新鲜的雷佛奴尔溶液反复冲洗,直至冲洗液中无脓汁时为止。然后将青霉素80万U、链霉素0.2~0.3g、0.25%普鲁卡因溶液20mL混合后注入乳房内,每天1次,连用3d。

上述疗法相互配合使用,效果更好。

(4)手术疗法。当乳腺内已经化脓,可实施手术切开排脓,切口选择在患病乳房下侧,垂直切开后彻底排净脓汁,用0.1%高锰酸钾溶液彻底冲洗干净,填充青霉素软膏,每天或隔日处理1次,直至痊愈。

(5)全身疗法。当出现全身症状时或手术后,应选用抗生素或磺胺类药物静脉注射,以防发生脓毒败血症。当体温升高时,可肌内注射安痛定或30%安乃近或柴胡注射液10~20mL。

2. **预防** 加强饲养管理,平时做好母猪产房及圈舍的清洁卫生工作,勤换垫草,保持猪舍阳光充足和干燥，合理设计产床，避免各种机械性损伤；母猪产前及哺乳阶段要做好乳房的清洗消毒，对于营养良好的母猪，产前1周至产后1周应减少精料，尤其是蛋白质类饲料的饲喂量；仔猪断奶前3~5d，应减少精料和多汁青绿饲料，以免乳汁过多过浓；仔猪出生后，要及时剪牙，以免咬伤乳头，平时要保护好乳房，防止挤压损伤等；在母猪分娩后，最好注射2~3针抗生素或磺胺类药物，以防乳腺炎的发生。

七、子宫内膜炎

子宫内膜炎是子宫黏膜的黏液性或化脓性炎症。临床上分急性和慢性两种，以慢性较为多见，是母猪常见的一种生殖器官疾病，也是导致母猪不孕的主要原因之一。

【病因】

(1) 主要原因是通过各种途径，病原菌侵入产道感染引起，如配种、人工授精、阴道检查、难产救助及子宫脱出整复时消毒不严均可发生。

(2) 继发或并发于某些疾病过程中，如流产、难产、胎衣不下、子宫脱出、结核病、沙门氏菌病、布鲁氏菌病等均可引起本病的发生。

【临床症状】

1. **急性子宫内膜炎** 多见于产后母猪，病猪体温升高达41℃左右，食欲减退或废绝，喜卧，不愿哺乳，常作排尿姿势，从阴门流出暗红色或黄白色脓性腥臭的分泌物，附着在尾根及阴门处，且卧下时排出量增多。

2. **慢性子宫内膜炎** 多由急性炎症转化而来，常无明显的全身症状，有时体温略微升高，食欲及泌乳减少，有时从阴门流出云雾状或乳白色黏稠分泌物，不发情或发情不正常，屡配不孕。当子宫蓄脓时，子宫增大，子宫壁增厚；当子宫积液时，子宫增大，子宫壁变薄，有波动感。随着病程的延长，母猪呈渐进性消瘦。

3. **隐性子宫内膜炎** 无明显症状，性周期、发情和排卵均正常，但屡配不孕，或配种受孕后发生流产，发情时从阴道中流出较多的混浊黏液。

【诊断要点】 根据产后母猪性周期不正常，屡配不孕，经常从阴门流出黏液性或脓性分泌物的特征及相应症状，结合病史，即可做出诊断。不能确诊时，可结合下列方法进行诊断：

1. **发情分泌物性状的检查** 正常发情时分泌物量较多，清亮透明，呈牵缕状。而子宫内膜炎病猪的分泌物量多，但较稀薄，不呈牵缕状，或者量少且黏稠混浊，呈灰白色或灰黄色。

2. **阴道检查** 子宫颈口不同程度肿胀和充血，在子宫颈口封闭不全时，可见有不同性状的炎性分泌物经子宫颈口排出。如子宫颈封闭，则无分泌物排出。

3. **实验室诊断**

(1) 子宫回流液检查。冲洗子宫，镜检回流液，可见脱落的子宫内膜上皮细胞，粒细胞或脓球。检查子宫回流液对隐性子宫内膜炎的确诊具有重要意义。

(2) 发情时阴道分泌物的化学检验。取4%氢氧化钠2mL，加等量分泌物，煮沸冷却后无色者为正常，呈微黄色或柠檬黄色的为阳性。

(3) 阴道分泌物生物学检查。在加温的载玻片上，分别加两滴精液，一滴加被检分泌物,另一滴则作为对照,镜检精子的活动情况,精子很快死亡或者被凝集者为阳性。

【防治措施】

1. **治疗** 原则为抗菌消炎、促进炎性产物的排出和子宫机能的恢复。

(1) 子宫冲洗法。首先皮下注射己烯雌酚 2～4mL, 1h 后,将患猪头低尾高侧卧保定,将导尿管插入阴道,最好插入子宫颈,然后注入 35～40℃的 0.1% 高锰酸钾溶液或 0.1% 新洁尔灭溶液或碘盐水 (1% 氯化钠溶液 1000mL 中加 2% 碘酊 20mL) 反复冲洗子宫,直至排出透明液体为止,最后排出子宫内残存的溶液,向子宫内注入青霉素 480 万 U 或 1g 金霉素 (金霉素 1g 溶于 20～40mL 注射用水中),每天 1 次,连用 3～5d。化脓性子宫内膜炎不能冲洗。

(2) 为了促使子宫收缩,有利于子宫内炎性分泌物的排出,可皮下注射垂体后叶素 20～40IU。

(3) 全身疗法。可应用抗生素或磺胺类药物。上午用青霉素 160 万 U×3 支、链霉素 100 万 U×3 支、安痛定 20mL 混合一次肌内注射;下午用 20% 磺胺嘧啶钠注射液 60mL、40% 乌洛托品注射液 30mL 混合一次肌内注射,连用 3～5d,疗效良好 (此量为 150kg 的母猪用量,小母猪可酌情减量)。也可注射四环素、庆大霉素、卡那霉素或红霉素等。

2. **预防** 在进行人工授精、产道检查、胎衣剥离、分娩助产、难产救助、子宫脱出整复时要严格消毒,防止感染。此外,动作要轻柔,避免产道损伤。母猪产前产后要保持猪舍清洁干燥,勤换清洁柔软垫草,产后及时注射 2～3 针产后清等。对怀孕母猪应给予营养丰富的饲料,适当增加运动,增强体质及抗病能力。助产时应按规范进行,以预防子宫内膜炎的发生。

八、胎衣不下

胎衣不下即母猪分娩后,胎衣(胎膜)在 1h 内不排出。

【病因】 造成母猪胎衣不下的病因较多,常见的有以下几种。

1. **胎盘炎症** 母猪妊娠期间,特别是妊娠后期,机体其他部位炎症导致胎盘发炎,结缔组织出现增生,发生粘连,分娩后胎盘不易剥离,引发胎衣不下。有些管理水平差的猪场,长期饲喂霉变的饲料,使胎盘内绒毛坏死,也会影响胎盘脱落。

2. **子宫收缩力差** 各种原因导致子宫收缩力不足,胎盘无法排出。如饲料中营养元素不全,缺乏钙、脂溶性维生素、硒等均会引发子宫收缩力下降。妊娠后期母猪营养不足或过剩,膘情过瘦或过肥,运动不足等也会导致子宫收缩迟缓。有些初产母猪产程过长,分娩后体力不支,子宫收缩力也会变弱。另外,产后仔猪没有及时哺乳,致使催产素释放不足,子宫收缩也会受到影响。

3. **胎盘充血、水肿** 分娩时,子宫强烈收缩或脐带血管关闭太快会引起胎盘充血,绒毛嵌闭在腺窝中,严重的可出现水肿,不利于绒毛中的血液外排,水肿延伸至绒毛末端,致使胎盘组织间连接更加紧密,胎盘不易分离。

4. **胎盘未成熟或老化** 正常情况下的胎盘会在产前一周内成熟,结缔组织出现胶原化,表面看起来湿润,纤维膨胀、轮廓不清,且子宫腺窝的上皮层变平,以备分娩。未成熟的胎盘不会发生上述变化,其胶原纤维呈波浪形,轮廓清晰,剥离困难,产后容易滞留。

5. 其他因素 除了上述因素外，母猪的胎次及日龄、遗传因素、药物因素、感染因素、环境因素等都会对胎衣的剥离造成影响。临床工作中应多观察和总结，如果是个体发病，只需要人工助产处理即可。但如果是群发性的母猪产后胎衣不下，则应警惕传染性疾病、饲料霉变、环境应激及管理因素的影响。很多情况下，本病的发生是多种病因的叠加造成的。

【临床症状】 临床上胎衣不下可分为部分胎衣不下和全部胎衣不下两种，母猪多见前者，胎衣粘连的部位多在子宫角最前端，不易被发现。母猪在产完最后一头小猪后，阴门流出大量红褐色液体，含有大量胎衣组织碎片。母猪不食或采食很少，体温上升，泌乳不足，频频有排尿样动作，产程过长的猪卧地不起，体力下降，气喘不止。胎衣长期排不出会引发产后异物性子宫内膜炎，胎衣在宫体内腐败变臭，毒素被吸收后可引发全身症状，母猪脉搏加快、呼吸频率加大、精神不振，阴门潮红水肿，恶露不尽，注射催产素后可排出大量腐败性的组织碎片。

【防治措施】

1. 预防 加强母猪群管理，分娩后一定要检查胎衣上的脐带断端数目与实际产出的仔猪数目是否相同，以便尽早发现残留的胎衣组织，及时处理。技术人员每天要检查原料库中的玉米霉变情况，禁止饲喂发霉玉米。经常发生本病的猪场可在母猪产后注射广谱抗生素进行抗感染预防，常用的抗生素有盐酸头孢噻呋、硫酸头孢喹肟、复方阿莫西林、青霉素和链霉素、土霉素及氨苄西林等。母猪妊娠后一定要饲喂营养全面的全价饲料。

2. 治疗

（1）肌内注射缩宫素 50 万 IU，刺激宫缩排除胎衣。也可皮下注射催产素 5～10 IU，2h 后再重复注射一次。还可耳静脉注射 20mL 10%氯化钙和 50～100mL 10%葡萄糖。

（2）若胎儿胎盘比较完整，可在子宫内注入 5%～10%氯化钠溶液，可促使胎儿胎盘缩小，与母体胎盘分离；若子宫内有残余胎衣碎片，可向子宫内灌注 0.1%雷佛奴耳溶液 100～200mL，每天 1 次，连用 3～5d。

（3）徒手剥离。肌内注射氯前列醇钠 0.1mg，宫口开放后，看胎衣是否排出，如不能排出，将手伸入子宫将胎衣与宫壁剥离，使胎衣排出。排出后将子宫彻底清洗，再放入适量等抗菌药物。

徒手剥离胎盘是治疗本病的常见方法，但剥离时一定要注意无菌操作。母猪阴门及尾根部位、操作者手臂进行消毒。剥离胎盘时动作一定要轻柔，全程采用钝性剥离，避免对生殖道黏膜产生二次伤害。需要注意的是，猪发生胎衣不下时，其子宫颈会严重收缩，手及器械很难进入子宫颈，剥离难度较大，此时可注射雌二醇帮助宫颈开张，以便进行剥离操作。

典型案例介绍与讨论

【病案一】 某养猪专业户自述，就诊 10d 前 1 头母猪产出 10 头仔猪，其中 4 头母猪，6 头公猪，且 6 头公猪中有 3 头是阴囊疝，请问这是什么原因造成的？应怎样进行治疗？

【病案二】 某畜主抱来 1 头仔猪求诊。主诉当天早上病猪不愿吃奶，肚皮鼓出来个包。临床检查病猪体重 4kg 左右，营养良好，体温、心跳等无明显变化，左腹中部出现小鸡蛋大肿胀物，患部皮肤稍有伤痕，手压内容物即可推入腹腔，继续指压时感到腹壁有裂隙。根据这些症状，请问此猪患何种病？怎样进行治疗？

【病案三】 有一产仔母猪，产程约7h，共产出8头活仔猪和一头已死仔猪，死仔猪皮毛呈片状脱落。主诉该猪喜卧不食，周身战栗，胎衣已排出。检查所见体温40.5℃，呼吸、心跳加快，从阴门中流出暗红色污秽不洁的液体，请问，此猪患的是何种病？应该怎样进行治疗？

综合测试题

一、填空题

1. 疝由_____、_____、_____构成。
2. 直肠脱也称_____，治疗以_____防止_____为原则。
3. 子宫内膜炎是_____的_____或_____炎症，是母猪_____的主要原因之一。
4. 子宫蓄脓时_____增大、子宫壁_____，子宫积液时，子宫_____、子宫壁_____有_____。
5. 产后瘫痪以产后_____天多发，以_____和_____为特征。
6. 产褥热也称_____，以_____和_____为主要特征。

二、问答题

1. 怎样预防和治疗脱肛？
2. 叙述脐疝的手术治疗过程。
3. 产后缺乳应该如何预防？怎样治疗？
4. 产后瘫痪的主要病因是什么？应如何治疗？
5. 乳腺炎有哪些表现？怎样进行治疗？
6. 子宫内膜炎的主要症状有哪些？如何进行治疗？

项目三 猪营养代谢病

【知识目标】 掌握佝偻病和骨软病、硒缺乏症、锌缺乏症、铁缺乏症、铜缺乏症、仔猪低血糖病的病因、诊断和防治措施。

【技能目标】 能正确选择和使用治疗仔猪低血糖病的药物，以及应用腹腔注射法进行仔猪低血糖病的治疗。

【德育目标】 提高服务"三农"工作的积极性和主动性，树立专业自豪感。

【项目导读】 营养代谢是生物体内部和外部之间营养物质通过一系列同化和异化、合成与分解代谢、实现生命活动的物质交换和能量转化的过程。营养物质则是新陈代谢的物质基础。日粮中含有最适量的营养成分时，猪的生长性能最好。当日粮中一种或多种营养成分绝对和相对缺乏或过多，以及机体受内外环境因素的影响，可引起机体营养物质的平衡失调，出现新陈代谢和营养障碍，导致机体生长发育迟滞、生殖能力和抗病能力降

模块二 猪普通病

低，重者出现明显的临床症状，甚至危及生命。因此，对于此类疾病的诊断，必须从饲养条件着手，结合临床症状、化验资料等，进行详细而全面的综合分析，才能做出正确的判断。

(一) 猪营养代谢疾病主要表现

(1) 发病缓慢，病程长，典型症状出现较晚。

(2) 食用同种饲料的群体同时发病，症状有许多相似之处，受损的组织与脏器比较广泛。

(3) 发病率高，幼龄猪表现严重。

(4) 体温正常或偏低。

(5) 早期诊断困难。

(6) 母猪表现繁殖障碍。

(二) 引起猪营养代谢疾病的主要因素 引起猪群营养代谢病的原因很多，归纳起来，主要有以下几个方面：

1. 营养物质的供给和摄入不足 日粮不足，或日粮中缺乏某种必需的营养物质，特别是必需氨基酸、维生素、常量元素和微量元素的缺乏更为常见。

2. 猪对营养物质消化、吸收不良 诸多猪胃肠道疾病不仅可影响营养物质的消化吸收，而且能影响营养物质在猪体内的合成代谢。

3. 猪对营养物质的需要在特殊生理活动时增加，疾病时消耗增加，饲料中抗营养物质过多时需要量也增加。

4. 营养物质的平衡失调 体内营养物质间的关系是复杂的，各种营养物质均具有其独特的作用，机体可通过转化、依赖、拮抗作用，以维持营养物质间的平衡，这种平衡一旦被破坏，均可导致疾病。

(三) 猪营养代谢病防治要点

(1) 应给予猪群合理的日粮，根据其不同的生理发育阶段，合理搭配饲料日粮的数量和质量，既要考虑机体的生理需要，又要注意营养物质间的平衡，同时还要考虑公猪配种期、母猪妊娠期和泌乳期，幼龄猪生长期等情况下的特殊需要。

(2) 做好饲料的收藏、贮存，防止霉败变质。

(3) 遵循缺什么、补什么，缺多少、补多少的原则，保证营养物质供应。

(4) 以临床症候群、临床病理学指标、病理解剖学特征变化为基础，参考有针对性的防治措施的实践效果，最终取得综合诊断的基本根据。

一、仔猪低血糖病

仔猪低血糖病是仔猪出生后，最初几天因饥饿致体内贮备的糖原耗竭，体内血糖显著降低而引起的仔猪营养代谢性疾病。新生仔猪对血糖非常敏感。

【**发病特点**】 本病仅发生于 1~7 日龄的新生仔猪，且多于生后最初 3d 发病。多发生在冬季和早春季节，本病一旦发生常可造成整窝仔猪死亡。本病的特征是血糖水平明显低下，血液非蛋白氮含量明显增多。本病的发生因母猪产后泌乳质量水平、外界环境、气候条件不同而有不同。

【病因】

（1）妊娠母猪后期饲养管理不当，饲料单一，母猪营养不良，乳质低劣，患有慢性疾病，特别是罹患子宫炎-乳腺炎-无乳综合征或发热及其他疾病，致母猪产后无乳或少乳，以致仔猪饥饿。

（2）仔猪吮乳不足，仔猪先天性营养不良、瘦弱、生活力低下不能充分吮乳；窝仔数量过多，母猪乳头不足，有的仔猪抢不到乳头而吃不到母乳；人工哺乳不定时、不定量，导致仔猪吃不饱而饥饿。仔猪患有先天性糖原不足、同种免疫溶血性贫血、先天性肌震颤，消化不良时，极易引起低血糖症。

【发病机制】 新生仔猪出生时，体内几乎没有脂肪贮备，因而糖类是新生仔猪唯一的能量来源。仔猪生后24h，肝糖原贮备良好，血糖水平正常。仔猪生后第一周尚不能进行糖原异生作用，因而需完全依赖母乳作为机体糖的来源，此时摄食母乳不足，则体内糖原迅速耗竭，引起低血糖症。血糖降低，导致神经系统，特别是大脑营养障碍，严重时，使机体陷于昏迷状态，甚至出现低血糖性休克，最终死亡。

【临床症状】 一般仔猪出生后2～3d发病。病仔猪表现为四肢无力或卧地不起，体温降低，皮肤发凉，呈黄白色或青白色，精神沉郁，拒绝吮乳，有的排出黄色稀粪，继而倒地，角弓反张，四肢呈游泳状或伸直，瞳孔散大，口吐白沫，感觉迟钝或消失，昏迷不醒。病程一般不超过24h，如不及时抢救，死亡率可达100％。剖检可见肝呈橘黄色，质脆易碎，胆囊肿大，肾呈土黄色或淡黄色，有散在红色出血点。

【防治措施】

1. **治疗** 及时给患病仔猪补充葡萄糖，可用10％的葡萄糖注射液10～20mL进行腹腔内注射或皮下分点注射。每天2次，直至症状缓解并能自行吮乳时为止。亦可灌服25％葡萄糖溶液。有发病的仔猪，应全窝连同母猪饮用口服补液盐。

2. **预防** 加强妊娠母猪的饲养管理，尤其是妊娠后期应给予营养完全的饲料，及时治疗母猪乳房炎和子宫内膜炎以及母猪的其他慢性病。仔猪生后应尽快按体质强弱固定乳头。当仔猪过多时应尽早寻找保姆代乳猪或进行人工哺乳。对初生仔猪注意保温，避免机体受寒。

二、硒-维生素E综合缺乏症

硒缺乏症与维生素E缺乏症，在临床症状、病理剖检点上有许多共同之处，而且在病因、发病机理以及防治效应等方面，也存在复杂的相互关系，因而这两种缺乏通常统称为硒-维生素E综合缺乏症，又称白肌病。

【发病特点】 该病主要发生于仔猪和断奶后小猪。本病是以骨骼肌和心肌等变性，肝变性坏死为主要病变的代谢性疾病。

【病因】 目前多认为本病的发病原因是由于饲料中缺乏微量元素硒与维生素E，因此，在缺硒地区，饲料单纯、缺乏青绿多汁饲料的猪场和养殖户，常可大批发病。

本病具有群体选择性，即幼龄阶段多发。这与幼龄阶段生长发育和代谢旺盛，对营养物质需求量相对增多，对硒、维生素E的缺乏尤为敏感有关。

【发病机制】 机体在代谢过程中能产生一系列使细胞和亚细胞结构脂质膜受到破坏的各种内源性过氧化物。这些过氧化物易与富含饱和脂肪酸的细胞磷脂膜（脂质膜）起"脂质过氧化"反应,即可造成细胞膜及亚细胞膜结构及功能的破坏。硒是一种天然的抗氧化剂,它能清除体内产生的过氧化物和某些自由基,对生物膜具有保护作用,保护细胞膜不受氧化破坏。

硒和维生素E在抗氧化方面具有协同作用,硒能催化过氧化物的分解,维生素E可抑制过氧化脂质的生成。两者相互补偿,共同防止组织细胞免受过氧化物的损害,保护细胞的完整性。

当机体硒缺乏,同时维生素E不足时,过氧化物在体内大量生成并不断积聚,导致对细胞的毒害,使细胞完整性遭到破坏,表现一系列基本的症候群（运动机能、心脏功能、消化机能、神经机能、全身状态、繁殖功能障碍）,多种器官组织发生变性坏死等一系列病变。

【临床症状】 病猪一般营养良好,身体强壮,多为同窝仔猪中体重大者。发病初期,全身无明显变化,食欲、精神未见异常,体温正常或略低。随着病情的发展,出现精神不振,喜卧,食欲稍减退,后肢运动无力,赶起时常靠边站立,听诊心跳加快,心音节律不整。常可突然死在圈中。未死的仔猪病情再度发展,可出现四肢运步无力,步态不稳,进而后肢瘫痪,呈犬坐姿势,呼吸困难,张嘴喘息,最终因心脏停搏而死亡。有的仔猪顽固性腹泻,排黄色稀粪。

【病理剖检特点】 尸体皮肤发白或腹部出现青斑,尸僵不全,眼结膜苍白、水肿。切开胸、腹部,皮下组织发白,很少有血液渗出。肝淤血、质脆、肿胀,在表面上常有土黄色或灰白色点状、条状变性,断面上有槟榔样花纹。心包液增多,心室、心房扩张,心腔内充满血凝块,心肌质脆色淡,局部常有灰黄色条纹。当切开后腔静脉时,常可流出大量淡化的血液,血凝不全。骨骼肌特别是臀部肌肉呈淡红色,有的肾可见充血、肿胀,肾实质有出血点和灰白色斑纹灶。

【诊断要点】 发病突然,死亡迅速,发病时后肢无力,步态不稳,皮肤苍白,发病猪体质营养良好,死后尸僵不全,全身苍白,剖检发现心肌变性,骨骼肌变性,肝有灰白色、土黄色变性。

【防治措施】
1. **治疗** 主要应用亚硒酸钠维生素E进行治疗。体重5～10kg的仔猪肌内注射亚硒酸钠维生素E注射液2mL;体重10～20kg的仔猪肌内注射3mL;体重100kg的猪肌内注射10mL,均为每天1次,连用3d。
2. **预防** 饲料要多样化,特别是怀孕母猪,应供给足够的青绿多汁饲料。尤其在冬季,要给予含硒和维生素E的饲料（如苜蓿草粉、玉米胚饼、蔬菜等）。

在严重缺硒地区和有本病发生地区,对怀孕母猪和仔猪定期补充亚硒酸钠维生素E制剂,可混入饲料中喂服,以预防发病。

三、骨软病和佝偻病

猪的骨软病和佝偻病是因钙、磷缺乏或钙、磷代谢障碍、比例失调引起的两种疾病。

【发病特点】 骨软病多发于成年猪、妊娠后期母猪、哺乳后期母猪;佝偻病主要由维生素D缺乏引起,多发生于生长仔猪。

【病因】 发生本病的根本原因是机体内钙、磷缺乏所致。因此,饲料单一,饲料中缺乏钙、磷元素即可发生本病。猪舍阳光照射不足，缺乏运动，舍内潮湿拥挤，患有慢性胃肠疾病、寄生虫疾病、先天性发育不良等均可影响钙、磷的吸收利用而诱发本病。

【发病机制】 钙磷缺乏或比例失调或维生素D缺乏，使动物机体矿物质代谢紊乱，仔猪骨细胞钙化过程延迟，骨盐沉积不足，增生软骨细胞的肥大过程减缓和肥大软骨的重吸收减少使骨骺生长板异常增厚，未钙化的类骨组织明显增多，纤维结缔组织大量增生，呈现骨组织变软、变性、弯曲为特征的佝偻病。

【临床症状】 先天性缺钙仔猪生后即表现症状。轻症表现为四肢软弱，呈劈叉姿势，不能站立，部分不能吮乳而死亡；重症可见颜面骨肿大，硬腭突出，四肢及关节肿大，关节不能弯曲，多数不能吮乳而死亡。后天性缺钙病程进展缓慢，病初表现食欲减退，不愿站立、喜食泥土、煤渣和污物；继而胃肠功能紊乱，出现慢性消化不良症状，时腹泻，时便秘，蹄系部后弯，有的猪在这个阶段出现阵发性抽搐症即突然鸣叫倒地、角弓反张、口吐白沫，发作1~3min后转为正常，每天如此发作一至数次；随着病情加剧出现站立时四肢发抖，强迫活动时发出尖叫声，行走摇摆无力或呈现跛行；病情严重者面骨肿胀，四肢关节肿大、发硬，甚至四肢变形，肋骨向内弯曲。病猪被毛粗乱，拱腰消瘦。如果不及时治疗，常可死亡或形成僵猪。

母猪缺钙多发生于哺乳后期，产仔多、乳汁好的母猪多发，发病时间为产后25d以后。发病后表现行走强拘，运步无力且后躯摇晃，跛行，后期卧地不起，有时股骨、骨盆等发生骨折。

【诊断要点】 先天性缺钙症为生后骨骼变形，不能正常站立，甚至爬行。后天性缺钙症表现异食，四肢无力，或出现缺钙性抽搐症，关节肿大发硬，甚至骨骼变形。母猪多发生于产后25d之后，四肢无力，步行疼痛，易骨折，最终卧地不起。

【防治措施】

1. 治疗 应以补充钙及调节钙、磷比例为主。仔猪肌内注射维丁胶性钙2mL，3~5d 1次，连用3次。有缺钙抽搐症的病猪，应再肌内注射10%磺胺嘧啶钠注射液5mL，以防止脑炎的发生（以上为体重5~8kg的仔猪用量）。

2. 预防 妊娠母猪应加强饲养管理，严禁饲料单一，并补足钙、磷，常在母猪饲料中加入2%的骨粉，1%的鱼粉。实践证明，母猪妊娠2个月时，肌内注射维丁胶性钙10mL可起到非常好的预防作用。对于高产母猪及乳汁较多的母猪，哺乳期除饲喂含足够钙、磷的饲料外，于产后25d时肌内注射维丁胶性钙也有较好的预防效果。仔猪生后要在7日龄前提早补料，生后15d肌内注射维丁胶性钙1mL。猪舍内应阳光充足，清洁干燥。

四、铁缺乏症

铁缺乏症是发生于5~30日龄哺乳仔猪的一种营养性贫血症，又称仔猪贫血。主要是由于饲料中缺铁、铁摄入不足或丢失过多而引发。特别是在猪舍为水泥地面又不采取补铁措施的猪场，可引起仔猪大批死亡而造成损失。

【病因】 本病主要是由于缺铁或铁的供应量不足所致，哺乳仔猪生长发育迅速，如果铁供应不足，就会影响血红蛋白的合成而发生贫血。在圈养的水泥地面猪舍内，铁的唯一来源是母乳，由于仔猪长期不能与土壤接触，失去了对铁的摄取来源，易发生缺铁性贫血。

初生仔猪并不贫血，但因体内铁贮存较少（约 50mg），仔猪每增重 1kg 需 21mg 铁，每天约需 15mg 铁，但仔猪每天从乳汁中仅能获得 1～2mg 铁。每天动用 10mg 贮存铁，只需 1 周贮铁就耗尽。因此，长得越快，贮铁消耗越快，发病也越快。

此外，铜、钴等元素不足，也可造成仔猪贫血。尤其是铜缺乏。二者造成贫血的区别是缺铁时血红蛋白含量下降，而缺铜时红细胞的数量减少。

【发病机制】 铁是血红蛋白、肌红蛋白的重要组成成分。此外，铁还是细胞色素氧化酶、过氧化物酶的活性中心，三羧循环中的大多数酶中含有铁。机体缺乏铁时，血红蛋白、肌红蛋白及上述酶类合成和功能受阻，随后出现各种症状。

【临床症状】 病仔猪离群伏卧，不愿吮乳，精神沉郁，眼结膜、口腔黏膜苍白或有轻度黄染。白色仔猪耳和吻突呈苍白色，多数病猪耳静脉不显露，针刺仅少量出血，有些病猪可出现呼吸加快，抓起时嘶哑尖叫症状。外观肥壮的病猪可发生突然死亡，不死的猪则生长迟滞。多数病猪消瘦，大肠杆菌感染率剧增，很容易诱发仔猪白痢。

【病理剖检特点】 主要表现为贫血，骨骼肌颜色变淡，胸、腹腔内常有渗出液，心脏扩张，心肌松软，血液稀薄如水，血凝不良，肝肿大，常在肝表面有槟榔样花纹。

【诊断要点】 可视黏膜、耳朵和吻突颜色苍白，离群喜卧，抓起时，叫声尖而嘶哑，剖检时肝肿大、心脏扩张、质地柔软，血液稀薄如水等为本病诊断的主要依据。

【防治措施】

1. 治疗

（1）仔猪出生 3～5d 后，用硫酸亚铁 100g，硫酸铜 20g，磨碎后混匀于 20kg 红土或无沙细土中，撒在猪舍内，任仔猪自由拱食，或注射补铁制剂，对预防本病效果较好。

（2）硫酸亚铁 2.5g，氯化钴 2.5g，硫酸铜 1.0g，常水加至 500～1 000mL，混合后用纱布过滤，涂在母猪乳头上，或混于饮水中或掺入代乳料中，让仔猪自饮、自食，对大群猪场较适合。

治疗本病也可应用其他补铁制剂，如质量较好的注射剂等。补铁越早，效果越好。但要谨防铁中毒。

2. 预防 加强母猪的饲养管理，饲喂稳定而平衡的日粮。

五、铜缺乏症

本病主要见于仔猪，是在生长发育期间发生的以贫血、心脏肥大、心肌萎缩、生长发育缓慢等为主要特征的新陈代谢疾病。

【病因】 本病主要是由缺铜所致，包括土壤中缺铜及饲料中含铜不足。

【临床症状】 发病猪主要表现贫血、腹泻、食欲减退或消失，被毛粗糙退色。喜食泥土，后肢弯曲，生长发育缓慢等症状。

【病理剖检特点】 剖检时可见全身贫血，心脏肥大，心腔内充满血液，心肌变薄、尤其左心壁肌萎缩严重，病情严重者，主动脉、冠状动脉和肺动脉破裂。

【诊断要点】 病猪生前有贫血、消化紊乱等代谢病症状，剖检时心脏肥大、心肌变薄，重症动脉破裂为主要诊断依据。

【防治措施】 日粮中铜的预防量和中毒量之间的安全范围相当窄。铜中毒时，出现全身黄疸、贫血和血便，剖检时发现肝出现显著的黄色和黄橘色，内出血相当严重，胃贲门区溃疡和肺水肿。

（1）硫酸铜 1g、硫酸亚铁 2.5g、蒸馏水 1 000mL，混合后喂仔猪或涂抹在母猪乳头上让仔猪吮吸，有较好的防治效果。

（2）硫酸铜 7g、硫酸亚铁 21g，溶于 1 000mL 水中，给病仔猪或可疑病仔猪每头灌服 2～4mL，3d 1 次，连用 2～3 次，有较好的疗效。

六、锌缺乏症

猪锌缺乏症是一种慢性、非炎性疾病，主要以皮肤表皮增生和皮肤龟裂为特征。

【病因】　锌缺乏是由于饲料中锌含量绝对或相对不足引起的。

原发性缺乏主要是饲料中含锌量不足（每千克配合饲料中的锌的正常含量为 30～50mg），又称绝对性锌缺乏。

继发性缺乏主要是饲料中存在干扰锌吸收利用的因素，又称相对性锌缺乏。如钙、镉、铜、铁、锰、钼、磷等元素可干扰锌的吸收。饲料中植酸、纤维素等含量过高可干扰锌的吸收。

【发病机制】　锌是动物不可缺少的微量元素之一，广泛存在于蛋白质合成、核酸合成的各种酶中。锌缺乏时，这些酶的活性降低，氨基酸代谢紊乱，谷胱甘肽、DNA、RNA 合成受阻，细胞分裂、生长受阻，动物生长发育迟滞。锌还可直接或间接作用于生殖器官，影响精子和卵子的生成，缺乏时母猪发情周期紊乱。缺锌时可引起碱性磷酸酶活性降低，长骨成骨活性降低，软骨形成减少，以致形成骨短粗病。锌与维生素 A 一起维持上皮细胞生长和正常功能，可促进伤口愈合，缺锌时，可发生癞皮病。

【临床症状】　病猪出现消化不良，一般先便秘后腹泻，随着病情延长，腹泻加剧，排出混有较多黏液的黄色糊状粪便，此时食欲减退，不愿走动。继而在腹部、耳根、四肢下部、尾根部出现红色的小丘疹，并逐渐向腰背部、臀部蔓延，不久小丘疹形成红色疹块，疹块对称且界限明显。以后疹块表面逐渐覆盖一层灰白色污秽的厚痂，进而厚痂部皮肤龟裂，耳朵边缘内卷，蹄叉皮肤干裂而出现跛行。口腔黏膜苍白，舌面开裂并附着灰白色痂膜，不易剥离。

【诊断要点】　消化不良，皮肤、耳、四肢末端皮肤有疹块和痂膜，并出现龟裂，无痒感，舌面有裂纹并附有痂膜为本病主要诊断依据。

【防治措施】

1. 治疗

（1）硫酸锌注射液，每千克体重 3mg，肌内注射，每天 1 次，10d 为一疗程。

（2）猪群中如果需紧急补锌时，可在日粮中添加 0.1% 的硫酸锌。

（3）如果伴有皮肤龟裂或化脓、破溃，可局部涂擦 1% 龙胆紫或 10% 硫黄软膏。

当伴有腹泻等全身症状时，可针对不同症状进行对症治疗。

2. 预防　保证日粮中含有足够的锌，并适当限制钙的水平，使钙、锌保持在 100∶1。当（猪）日粮含钙 0.4%～0.6% 时，50～60mg/kg 的锌可满足其营养需要。日粮中锌含量达到 100mg/kg 时对钙有保护作用。

七、猪异食癖

猪异食癖是由于饲养管理不当、圈舍环境差、饲料营养失衡、机能代谢障碍等因素引起的一种营养代谢性疾病,多见于体重24~40kg的小猪和产前、产后或妊娠初期的母猪。在临床上多呈现渐行性消瘦、皮毛杂乱无光、生长发育受阻等症状,若治疗不及时,猪的生产性能严重降低,成为僵猪。

【病因】

1. **管理不当** 饲养密度过大、饲养空间狭小、饮水不足、同一圈舍的猪大小强弱悬殊、争夺位次等是发生异食癖的诱因。

2. **环境因素** 秋冬季节发病率比较高的原因可能与干燥和高尘环境有关。如舍内温度过高或过低,通风不良及有害气体蓄积,猪舍光照过强,猪处于兴奋状态而焦躁不安,猪受到惊吓、天气的异常变化、猪圈潮湿等均会造成猪产生不适感最终引发啃咬等异食癖。

3. **个体差异** 同一猪圈内如果饲养不同品种或同一品种间体重差异过大,常发生咬架。个体之间差异大,在占有睡觉面积和抢食中常出现以大欺小现象。

4. **疾病因素** 猪感染虱、疥螨等体外寄生虫时,因皮肤不适而烦躁不安,常在猪舍摩擦导致耳后、肋部等处出现渗出物,对其他猪产生吸引作用而诱发咬尾行为。猪体内寄生虫病,特别是猪蛔虫感染时,刺激患猪攻击其他猪。猪体内激素水平紊乱也可以导致情绪不稳定而发生咬尾现象。

5. **营养水平** 当饲料营养水平低于饲养标准,不能满足猪生长发育的营养需要时,可导致咬尾症的发生。另外,日粮中的各种微量营养成分不平衡,也会造成此症。

6. **本身天性** 猪天性爱玩、爱模仿,在环境舒适时,小猪咬其他猪的尾巴并相互模仿,导致大群异食癖。同时因咬伤、流血等,又引发猪相互咬架。

【临床症状】 猪患异食癖表现为咬尾、咬耳、咬肋、吸吮肚脐,特别是喜食鸡粪、食尿、拱地、啃木棍,有闹圈、跳栏等现象。相互咬斗是异食癖中较为恶性的一种,表现为猪对外部刺激敏感,举止不安,食欲减弱,目光凶狠。起初只有几只互相咬斗,逐步由多头参与,主要是咬尾,少数也有咬耳,被咬猪尾部脱毛、出血,猪群进而对血液产生异食癖,危害逐步扩大。被咬猪常出现尾部皮肤和皮毛脱落,影响增重,严重时可继发感染骨髓炎和脓肿,若不及时处理可并发败血症等,从而导致死亡。

【诊断要点】 依据病猪临床症状,结合病因即可诊断。

【防治措施】

1. **加强管理**

(1) 合理安排猪舍。同一圈猪只个体差异不宜过大,应尽量接近;饲养密度不宜过大。

(2) 单独饲养有恶癖的猪。在圈中发现有咬尾恶癖的猪应及时挑出单独饲养。同时隔离被咬的猪,对被咬的猪应及时用高锰酸钾液清洗伤口,并涂上碘酊以防止伤口感染,严重的可用抗生素治疗。

(3) 避免应激。保持猪舍内温度适宜、加强猪舍通风、保持卫生清洁,防止造成应激。定时、定量饲喂优质饲料,保持饮水清洁、充足,避免抢食争斗。

(4) 仔猪及时断尾。断尾时间最好在仔猪3日龄左右,选择合适的断尾工具,避免造成感染。

(5) 分散猪的注意力。在猪舍放置玩具，如链条、皮球、旧轮胎以及青绿饲料等分散猪的注意力，从而减少咬尾行为。

(6) 使用平衡营养的配合饲料。选用优质饲料原料。适当增加食用盐用量，最好选用矿物质微量元素盐粉。还可以在饲料中增加调味消食剂来改善猪的异食癖。

2. 对症治疗 对有啃墙、啃圈习惯的猪，可喂红土或烧砖用的页岩粉末，以补充铁、锰、锌、镁等多种微量元素；有吃猪粪、鸡粪习惯的可肌内注射维生素 B_{12}；有吃石灰习惯的应在饲料中添加钙和磷，如熟石灰、骨粉等，也可在料中添加维生素 AD_3、维生素 E 粉或肌内注射维丁胶性钙；患寄生虫病的猪，应该及时驱虫；啃吃垫草的猪，可喂服多种维生素或肌内注射复合维生素；有吃胎衣和胎儿习惯的母猪，除加强护理外，还可以用河虾或小鱼煮汤饮服，或在饲料中加鱼粉；对爱啃砖头、吃煤渣、饮尿的猪，应在饲料中添加 $0.5\%\sim0.8\%$ 的食盐，添加量不可超过 1%，以防食盐中毒。

典型案例介绍与讨论

【病案一】 某养殖户带死仔猪求诊。主诉就诊前一天晚上发现仔猪发病，第二天早上喂猪时发现死亡。死仔猪出生 1 个月，体重 10kg 左右，营养良好，毛稀体胖，尸僵不全，皮肤呈黄白色。剖检见心脏肥大，心腔内充满血凝块，心肌质地柔软，肝表面有点状灰白色变性，臀肌色淡，其他未见异常。请进行诊断，设计出行之有效的防病方案。

【病案二】 某养猪户常年饲养 4～5 头母猪，但是近 1 年内，所产仔猪易发生佝偻病，请你用所学到的知识，制订出合理的预防方案，帮助这位养猪户解决这个问题。

综合测试题

问答题

1. 仔猪贫血只是由于铁元素缺乏造成的吗？还有哪些原因？怎样预防仔猪贫血？
2. 仔猪低血糖病的病因有哪些？如何防治本病？

项目四　猪中毒病

【知识目标】 能对铜中毒、砷中毒、硒中毒、食盐中毒、亚硝酸盐中毒、霉败饲料中毒做出正确的诊断，并制订相应的预防措施。

【技能目标】 能对亚硝酸盐中毒进行治疗。能采取正确的治疗措施对霉败饲料中毒、黄曲霉毒素中毒、T-2 毒素中毒、玉米赤霉烯酮中毒的病例进行处理。

【德育目标】 体会猪场中毒性疾病的复杂性，将所学知识应用于中毒性疾病的防治，培育热爱专业、精益求精的工匠精神，逐步树立专业自豪感。

【项目导读】

（一）猪中毒性疾病的特点

与传染病等相比，中毒性疾病具有以下特点：

1. **呈群发性** 饲喂同一批饲料的猪往往同时发病，症状基本相似。
2. **无传染性** 饲喂可疑饲料的猪发病，未饲喂的则不发病，相邻栏舍间无传染性。
3. **急性中毒病例** 发病前猪食欲旺盛，健康状况良好，采食量大的猪病情较重。
4. **病猪主要症状表现一致** 根据猪的临床表现，可为毒物检验提示方向。猪体温一般不升高，多有消化道不良反应。

（二）猪中毒性疾病发生的原因

（1）工业污染及有毒化学物质引起的中毒，如氟中毒、铜中毒、硒中毒。
（2）农药、鼠药使用和保管不当引起的中毒，如猪有机磷农药中毒。
（3）饲料调制、保管和使用不当引起的中毒，如猪亚硝酸盐中毒、猪食盐中毒。
（4）某些药物使用不当，如猪伊（阿）维菌素中毒。

（三）猪中毒性疾病的防治要点

（1）加强日常的饲养管理，排除一切可能中毒的原因。
（2）要减少工业污染的发生，加强农药、鼠药、兽药及饲料添加剂的使用和保管，注意饲料的调制、保存和使用。
（3）中毒性疾病的治疗原则。

①当猪大批发生可疑中毒性。疾病时，为阻止毒物继续侵入，首先必须停止饲喂可疑有毒的饲料和饮水，改喂其他优质饲料。

②尽快排除进入体内的毒物。中毒初期，当进入胃肠道的毒物尚未完全溶解吸收时应尽快排除，其方法是催吐、洗胃、泻下、灌肠、放血、利尿以加速毒物排出。

③吸附、沉淀、中和、氧化、包埋毒物，保护胃肠黏膜，破坏和阻止毒物吸收。

④应用特效解毒药。对确诊的中毒病可应用特效解毒药迅速解毒。如有机磷农药中毒的病畜可选用碘解磷定、硫酸阿托品进行解救，猪亚硝酸盐中毒可用美蓝解救。

⑤对症治疗，预防并发症。猪中毒后，由于各脏器机能紊乱，表现各种原发性和继发性的症状，如呼吸衰竭、心力衰竭、兴奋、痉挛、腹痛等，临床上应按照具体情况，进行对症治疗，如强心，对异常兴奋病例应用镇静剂，对严重出血者采用止血剂，对有严重胃肠炎者采用黏膜保护剂；消除肺水肿，并保护肝功能，解除酸中毒，必要时用抗感染疗法等，对抢治危急病例、帮助病猪耐过中毒损害具有良好效果。同时，要对病猪加强护理，多给饮水，饲喂新鲜饲料。冬季注意保暖。

一、亚硝酸盐中毒

【病因】 某些青绿饲料如白菜、菠菜、萝卜叶、甜菜叶、牛皮菜、甘蓝和一些野菜、瓜藤等含有较多的硝酸盐，特别是大量使用氮肥的植物，含量更高。这些饲料如果蒸煮不透或用小火加盖焖煮，不加搅拌，煮后焖于缸内，在40～60℃条件下放置过久，使饲料中的硝酸盐在硝化菌的作用下还原为剧毒的亚硝酸盐，引起中毒。如果将这些饲料堆积存放过久，霉变腐烂，也可使其中的硝酸盐转变为亚硝酸盐，而引起中毒。

本病各种动物均可发生，其中以猪最为多见。

【发病机制】 亚硝酸盐是一种血液毒，使血液中的氧合血红蛋白氧化成高铁血红蛋白。高铁血红蛋白不能与 O_2 结合，因此，血液失去携氧的能力，以至全身组织细胞缺氧，最后导致中枢发生麻痹而窒息死亡。

亚硝酸盐对血管运动中枢有抑制作用，可使小血管松弛，血管扩张，致使血压下降，导致外周循环衰竭。另外，硝酸盐和亚硝酸盐会使饲料中的维生素 A 和维生素 E 等氧化，造成维生素 A 和维生素 E 缺乏，并可争夺合成甲状腺素的碘，从而刺激甲状腺的代偿机能，导致甲状腺肿大。

【临床症状】 一般在采食后十几分钟到半小时突然发病，故又称猪饱潲症。严重者不表现任何症状突然倒地死亡。急性病例，病猪狂躁不安、痉挛、呼吸困难、张口伸舌、口吐白沫、流涎呕吐、后躯无力、步态不稳。可视黏膜和皮肤苍白，继而发绀。体温正常或偏低，耳鼻、四肢发凉，很快四肢麻痹，倒地痉挛，伸舌窒息而死。采食量大的猪病情重，往往来不及治疗便死亡。

【病理剖检特点】 主要特征是血液呈酱油状，紫黑色而凝固不良。皮肤及可视黏膜发绀。胃底、幽门部和十二指肠黏膜充血、出血。病程稍长者，胃黏膜脱落可形成溃疡。气管及支气管有血样泡沫。肺充血、出血，有时呈现肺气肿。心外膜常有点状出血。肝、肾呈蓝紫色。淋巴结轻度充血。

【诊断要点】

1. 有相应的病史

2. **临床诊断** 本病临床特征为发病急、死亡快、呼吸困难、皮肤及黏膜发绀、流涎、呕吐等。

3. **剖检诊断** 剖检可见血液呈酱油状，紫黑色，凝固不良，胃肠道黏膜充血和出血等。

4. **实验室诊断** 进行亚硝酸盐检验。方法如下：

取胃肠内容物和残余饲料的液汁 1 滴，滴在滤纸上，加 10％联苯胺液 1～2 滴，再加 10％冰醋酸 1～2 滴，如有亚硝酸盐存在，滤纸即变为红棕色，否则颜色不变。

【防治措施】

1. 治疗

（1）立即停喂有毒青绿饲料。可采用耳尖、尾端放血急救；为了排除胃肠内残余的毒物，可以内服催吐剂；用活性炭灌服吸附毒素或用高锰酸钾溶液洗胃，而后应用导泻剂将毒物尽快排出体外，再灌服豆浆、牛乳、鸡蛋清或玉米面糊等保护胃肠黏膜。

（2）尽快使用解毒剂。特效解毒剂为美蓝（亚甲蓝）和甲苯胺蓝，同时配合使用维生素 C 和高渗葡萄糖溶液。具体措施如下：静脉注射 1％美蓝溶液，每千克体重 1mL，或注射甲苯胺蓝溶液每千克体重 5mL。内服或注射大剂量维生素 C（每千克体重 10～20mg）以及静脉注射 10％～25％葡萄糖溶液 300～500mL。

2. **预防** 在饲喂含硝酸盐多的饲料时，最好鲜喂，如需蒸煮，应开盖加火，迅速烧开，不断搅拌，不要焖在锅里过夜。青绿饲料贮存时，不要堆积一处，应摊开散放，以免产生亚硝酸盐。已腐败变质的青绿饲料，不能用来喂猪。

二、食盐中毒

【发病特点】　仔猪敏感。临床上以神经症状和消化机能紊乱为特征。

【病因】　大量饲喂含盐分过高的酱渣、咸菜、咸鱼粉、腌肉水、泔水、饭店残羹等；配制日粮时，添加食盐过多或搅拌不均，加上饮水不足，都可引起食盐中毒。

【发病机制】　一般认为，食入大量食盐后，一方面，食盐直接刺激胃黏膜而引起胃肠炎，导致腹泻，并使胃肠内容物渗透压增高，使大量的水向胃肠渗透，加剧机体脱水，导致血液浓稠，血液循环障碍，组织缺氧。另一方面，血中钠离子增加，食盐大量进入血液，使血浆渗透压增高，引起组织细胞内液向血浆渗入，故病猪呈现口渴、少尿及脑机能紊乱。当血液中 Na^+、K^+ 增多时，破坏了阳离子间平衡，致使神经调节失调。钠离子进入脑组织内，使脑组织渗透压升高而发生脑水肿，致使颅内压升高，压迫脑血管并使氧的弥散降低，使脑组织贫血和缺氧，迫使脑组织通过无氧酵解获得能量，而高钠是脑内葡萄糖无氧酵解的强烈抑制剂，因而导致脑组织供氧不足，而发生变性和坏死，临床上呈现一系列中枢神经受损的症状，主要呈现兴奋状态。

【临床症状】　主要表现口渴，口流泡沫样黏液，食欲减退，可视黏膜潮红，便秘或下痢，有时多尿。有的出现呕吐症状，随之发生明显的神经症状，病猪兴奋不安，频频点头，张口咬牙，肌肉震颤，呈犬坐姿势，来回转圈或前冲、后退，听觉和视觉障碍，刺激无反应，不避障碍，顶撞墙壁。发生阵发性痉挛，每隔10min左右1次，每次持续2～3min，甚至连续发作。一般体温正常，但耳及皮温降低。心跳疾速，可达140～200次/min，呼吸困难，发绀。最后四肢瘫痪，卧地不起，一般经1～6d死亡。

【病理剖检特点】　胃肠黏膜充血、出血、脱落、溃疡，以胃底部最为严重。肝肿大、质脆。脾、肾充血肿大。肠系膜淋巴结充血、出血。心内膜有小出血点。脑膜充血、水肿，以致脑回展平和呈水样光泽。

【诊断要点】

1. **有采食过量食盐的病史**
2. **临床诊断**　有明显的胃肠炎、口渴和神经症状。
3. **剖检诊断**　胃肠道有出血性炎症和脑水肿病变。
4. **实验室诊断**　组织器官氯化钠测定。

【防治措施】

1. **治疗**　食盐中毒无特效解毒药，主要是促进食盐排除，恢复阳离子平衡及对症治疗。

发现中毒后应立即停喂含食盐的饲料，改喂稀糊状饲料。病猪应给予多次少量饮水，切忌突然大量给水或任意自由饮水，以免胃肠内水分吸收过速，使血钠水平下降，加重脑水肿，而使病情突然恶化。

(1) 急性中毒的猪，用1%硫酸铜溶液50～100mL内服催吐后，内服黏浆剂及油类泻剂50～100mL，使胃肠内未吸收的食盐泻下和保护胃肠黏膜。也可在催吐后内服白糖150～200g。

(2) 静脉注射10%葡萄糖酸钙溶液50～100mL，也可用5%氯化钙溶液20～40mL静脉注射。为缓解脑水肿，降低颅内压，可静脉注射25%山梨醇溶液或50%高渗葡萄糖溶液50～100mL。为促进毒物排除，可用利尿剂（呋塞米）。为缓解兴奋和痉挛发作，可静脉注射 25% 硫酸镁注射液 20~40mL，心脏衰弱时，可皮下注射安钠咖等。

另外，可灌醋 200mL（加水）与生豆浆 750~1 000mL，或用甘草 50~100g，绿豆 200~300g 煎服。或食醋 100mL、白糖 50g，绿豆面 50g，加水 500~1 000mL，灌服，2次/d。

2. 预防 用含盐量高的泔水、咸菜等作为猪饲料时，要限制用量，并与其他含盐量低的饲料搭配。日粮中食盐含量不应超过 0.5%，并要搅拌均匀。平时应供给足够的饮水。

三、铜中毒

铜中毒是动物摄入过量的铜而发生的以腹痛、腹泻、肝功能异常和贫血为特征的中毒性疾病。

【病因及发病机制】 铜作为金属酶组成部分，直接参与体内生化代谢和维持体内铁的正常代谢，有利于血红蛋白合成和红细胞成熟，并参与骨髓形成。因此，是机体必需的微量元素，但过的铜又会对机体构成危害。猪对饲料中铜的需要量为 5~10mg/kg，由于铜对猪具有促生长作用，目前在生长猪的配合饲料中添加高铜现象十分普遍，一般添加量可达 100~250mg/kg，与猪的耐受量接近，计量稍有不准或混合不均匀就会造成猪发生中毒。在实际的养猪生产中，高铜饲料促进猪生长的同时极易造成猪胃溃疡甚至胃穿孔。

铜盐具有腐蚀性，过量摄入时可刺激胃黏膜，引起急性出血性坏死性炎症。肝是铜的主要贮存器官，当肝从血液中吸取的铜超过其最大贮铜能力时，可抑制多种活性酶而使肝功能异常，肝细胞变性、坏死，并使肝排铜发生障碍，造成血铜迅速升高，引起猪暴发式溶血而死亡。暴发溶血时，肾铜浓度增加，肾小管被血红蛋白阻塞，造成肾小管和肾小球坏死，因而出现肾衰竭。猪尿血严重，最终导致机体严重缺氧，引起机体呼吸困难、气喘、心力衰竭、死亡。

【临床症状】 急性铜中毒主要表现严重的胃肠炎，引起呕吐、腹痛、腹泻、流涎，粪及呕吐物中含绿色至蓝色黏液，食欲下降或废绝，后期体温下降，脱水和休克。呼吸频率增快、心悸亢进、痉挛、麻痹。如果动物未死于胃肠炎，3d 后则发生溶血和血红蛋白尿。

慢性铜中毒初期症状不明显，随着中毒的发展，猪表现为食欲下降，消瘦，粪稀薄，有时呕吐，贫血，可视黏膜黄染。

【病理剖检特点】 急性铜中毒可见胃肠黏膜不同程度的炎症。慢性铜中毒可见肝脂肪变性，肾炎，脾肿大，肺水肿，黄疸。胃溃疡病例，胃内大出血，胃底部大面积溃疡灶，与周围组织界限明显，各段肠道出血严重，似煤焦油状，胃穿孔病例则为广泛性腹膜炎病变。

【诊断要点】 急性中毒有大量摄入铜盐的历史和严重的胃肠炎症状。慢性铜中毒溶血前期，临床症状多不明显，即使出现溶血现象也不易做出肯定诊断，必要时测定肝铜、肾铜、血铜、粪铜以及饲料中的铜。

【防治措施】

1. 治疗 首先应停止铜供给，供给容易消化的青绿饲料。

（1）急性中毒时，应立即用 1% 亚铁氰化钾溶液洗胃，配合适当的牛奶、豆浆、蛋清或活性炭以保护肠黏膜并减少铜的吸收，无腹泻者可用缓泻剂，以排除毒物。静脉注射三硫钼酸钠，剂量为每千克体重 0.5mg，稀释为 100mL。3h 后根据病情可再注射 1 次，可促进铜通过胆汁排入肠道。对亚临床中毒及经抢救脱险的动物,每天在日粮中补充100mg钼酸铵和1g硫酸钠,可减少死亡。

(2) 慢性铜中毒可用乙二胺四乙酸二钠,或二巯丁二钠。同时注意对症治疗,及时补液,预防感染,保护肾功能。

(3) 发病猪群每日饮服维生素C适量,解毒、止血、激活胃肠道酶,促进溃疡面愈合,同时降低各种应激因素带来的不利影响。

(4) 发病猪群辅以维生素K、复合维生素B、铁制剂,起到止血、健胃、纠正贫血的作用。

2. **预防** 按营养需要在饲粮中添加铜盐,并注意混合均匀。在使用高铜作为促生长剂时,应在饲粮中相应提高钼、锌等元素的水平。尽量减少饲养管理方面带来的应激因素。日粮中补充维生素E硒粉,恢复细胞膜完整性的同时,纠正高铜对体内维生素的破坏。

四、硒中毒

硒中毒是动物摄入过量的硒或注射过量的硒制剂而发生的急性或慢性中毒性疾病。急性中毒以腹痛、呼吸困难和运动失调为特征,慢性中毒主要以脱毛、蹄匣变形或脱落、跛行为特征。

【病因及发病机制】 硒是动物体内一种必需的微量元素,它在体内参与谷胱甘肽过氧化物酶的组成,对保护细胞膜结构的完整性和正常功能具有重要作用。猪对饲料硒的需要量为0.01～0.1mg/kg。硒也是一种高毒性元素,在日粮配合时,硒添加量过多或混合不匀,以及富硒地区,由于植物性饲料和饮水中含硒量过高而引起慢性中毒。日粮中硒含量5mg/kg即可出现明显的中毒症状,2mg/kg时出现可疑的表现。当猪摄入过量的硒时,抑制多种含硫酶的活性,干扰细胞代谢过程。过量的硒通过胎盘屏障,干扰胎儿细胞氧化过程,引起胎儿畸形。硒还能影响维生素C、维生素A和维生素K的代谢,对循环系统造成损害。

【临床症状】 急性中毒表现为呕吐,共济失调,呼吸困难,口鼻流出白色或粉红色泡沫样分泌物,以头抵地或角弓反张,腹痛,腹泻。有的猪腹肌紧张。

慢性中毒表现为衰弱消瘦,全身脱毛,皮肤有褶皱,蹄冠肿胀,蹄变形,甚至蹄匣脱落,四肢僵直,步态僵硬,严重跛行,后肢瘫痪。采食量下降,腹泻,增重率和饲料报酬降低。繁殖母猪怀孕率下降,产出的仔猪瘦小或死亡。

【病理剖检特点】 实质器官充血、出血,体腔积液。肝变性、坏死、硬化。脾肿大、灶状出血。脑充血、出血、水肿。肺水肿,间质出血。心脏扩张,心内、外膜出血,心肌充血。

慢性主要表现营养不良和贫血,胸腔、腹腔和心包积水。心肌萎缩,心脏扩张,肝硬变和萎缩,肾小球肾炎,蹄变形。

【诊断要点】

(1) 根据采食高硒饲料的病史进行诊断。

(2) 临床上根据视力下降、运动障碍、脱毛及蹄变形等症状进行诊断。

(3) 饲草料及血液、被毛和组织硒含量分析是诊断本病的主要依据。硒中毒动物的血液硒含量大于1.5mg/L,毛硒含量超过5mg/kg,尿液硒含量超过4mg/L。

【防治措施】

1. **治疗** 硒中毒没有特效解毒药，急性和亚急性中毒可采取对症治疗和支持疗法。可用0.1%砷酸钠溶液皮下注射，同时静脉注射葡萄糖、维生素C，有一定效果。

2. **预防** 预防本病的关键是日粮添加硒时，一定要根据机体的需要，控制在安全范围内，并且混合均匀。在治疗动物硒缺乏症时，要严格掌握用量和浓度，以免发生中毒。在富硒地区，增加日粮中蛋白质的含量，适当添加硫酸盐、砷酸盐等硒拮抗物。

五、砷中毒

【病因】 本病主要是动物采食被无机砷或有机砷农药处理过的种子、喷洒过的农作物、污染的饲料和牧草，误食毒鼠的含砷毒饵，或饮用被砷化物污染的水引起急性中毒。

另外，用对氨苯砷酸及其钠盐作为育肥动物的饲料添加剂，促进猪、鸡的生长，提高饲料的利用率和预防肠道感染等，由于添加不匀，用药过量和长时间连续应用而发生中毒。

【中毒机制】 当砷制剂进入体内后，对体内含巯基的酶类有抑制作用，引起机体新陈代谢障碍，可导致组织细胞死亡。同时它还可使血管麻痹及肝等发生退行性变性。所以砷中毒时神经系统、毛细血管、肝和心脏等处病变最明显，各组织器官发生出血、水肿。砷化物有较强的腐蚀性，对消化道造成炎症，甚至引起糜烂、溃疡、出血。

【临床症状】

1. **最急性中毒** 病猪看不到任何症状而突然死亡，或者病猪出现腹痛、站立不稳、虚脱、瘫痪，最后死亡。

2. **急性中毒** 多在采食后数小时发病，表现剧烈的腹痛不安，呕吐，腹泻，粪便中混有黏液和血液。病猪呻吟，流涎，口渴喜饮，站立不稳，呼吸迫促，肌肉震颤，甚至后肢瘫痪，卧地不起，脉搏快而弱，体温正常或低于正常，可在1~2d内因全身抽搐和心力衰竭而死亡。

3. **亚急性中毒** 可存活2~7d，病猪仍以胃肠炎为主，表现腹痛、厌食、口渴喜饮，腹泻，粪便带血或有黏膜碎片。初期多尿，后期无尿，脱水。心率加快，脉搏细弱，体温偏低，四肢末梢冰凉，后肢偏瘫。后期出现肌肉震颤、抽搐等神经症状，最后因昏迷而死。

4. **慢性中毒** 临床表现神经症状，如运动失调、视力减退、头部肌肉痉挛、偏瘫等。出现食欲不振和消化不良、便秘与腹泻交替、渐进性消瘦等症状。

【病理剖检特点】 尸体不易腐败为本病的特征。食道、气管周围结缔组织水肿，黏膜充血。胃肠有炎性变化或发生水肿，出血及黏膜脱落，严重者胃肠壁糜烂、穿孔。心冠部、肝、脾出现脂肪变性。胸膜、心外膜、肺、脾出血。

【诊断要点】

1. **根据砷接触史进行初步诊断**

2. **临床诊断** 出现消化功能紊乱、胃肠炎、神经功能障碍等。

3. **剖检诊断** 尸体不易腐败，胃肠道黏膜出血、发炎，严重者胃肠壁糜烂、穿孔。

4. **实验室诊断** 采集可疑饲料、饮水、乳汁、尿液、被毛及肝、肾、胃肠及其内容物，进行毒物分析，可提供诊断依据。

【防治措施】

1. **治疗**

(1) 特效解毒。常用巯基络合剂和硫代硫酸钠。静脉注射 25% 硫代硫酸钠 10～20mL；肌内注射二巯丙醇，每千克体重 2.5mg，每隔 4h 给药 1 次。

(2) 急救处理。用 1% 硫酸铜溶液催吐或给牛奶、蛋清等，并立即用 0.1% 高锰酸钾洗胃和导胃，以排出毒物、减少吸收，然后内服解毒液，或其他吸附剂与收敛剂。内服解毒液组成为 A 液（硫酸亚铁 10g 加常水 250mL）和 B 液（氧化镁 15g 加常水 250mL），临用时混合震荡成粥状后口服，剂量为 30～60mL，每隔 4h 重复给药 1 次。硫酸亚铁和氧化镁加水所生成的氢氧化铁能与胃肠道内的可溶性砷化物结合，最后生成不溶性亚砷酸铁沉淀并随粪便排出体外，而不被肠道吸收。其他吸附剂与收敛剂可选用牛奶、鸡蛋清、豆浆或木炭末。同时用硫酸镁、硫酸钠等盐类泻剂，以促进消化道毒物的排出，清理胃肠。

(3) 对症治疗。强心补液、缓解呼吸困难、镇静、利尿、调整胃肠机能。

纠正脱水和电解质紊乱：静脉注射生理盐水及 10%～25% 葡萄糖溶液，配合维生素 C。

镇静止痛止痉：当病畜腹痛不安时，注射 30% 安乃近注射液或口服水合氯醛，对肌肉强直性痉挛、震颤的病畜可使用 10% 葡萄糖酸钙溶液静脉注射。出现麻痹时，注射维生素 B_1 5～15mg。出血明显的应注射维生素 K。

2. 预防

(1) 控制饲料原料质量，保证砷含量不超标。

(2) 使用有机砷促生长剂时，一定要用量合理，计量准确，并保证搅拌均匀。

禁用含钾制剂，因其可形成亚砷酸钾而被迅速吸收后，反而加重病情。

六、黄曲霉毒素中毒

黄曲霉毒素中毒是猪食入由黄曲霉和寄生曲霉素产生的有毒代谢产物——黄曲霉毒素而引起的，以消化机能紊乱、全身广泛性出血、腹水、神经症状和肝细胞变性、出血、坏死为特征的中毒性疾病。

【病因及发病机制】 黄曲霉常现于温暖潮湿的气候条件下。25℃、谷物的水分含量为 13%～18%，是玉米等谷物中黄曲霉毒素的产生的理想条件。黄曲霉可产生多种黄曲霉毒素，如黄曲霉毒素 B_1、B_2、C_1、C_2 和 M_2，其中主要的是黄曲霉毒素 B_1，且毒性最强。当用感染黄曲霉菌的花生、玉米、棉籽、黄豆以及这些作物的副产品作饲料时，都能引起猪中毒。黄曲霉毒素被动物摄入后，迅速由胃肠道吸收，经门静脉进入肝，在肝内达到最高浓度。所以，肝含毒量最高，受到的损害也最为严重。

黄曲霉毒素对 RNA 酶聚合力有抑制作用，影响 RNA 合成，并进而影响蛋白质的合成。黄曲霉毒素还可改变 DNA 的模板性质，干扰 DNA 的复制及转录。

【临床症状】 猪常在采食发霉饲料后 1～2 周出现症状。急性病例，多发于 2～4 月龄小猪，无前期症状，突然死亡，或在发病后 2d 内死亡。亚急性型，病猪表现精神不振，不吃食，后躯衰弱，走路蹒跚，可视黏膜苍白、黄染，粪便干燥，直肠出血，体温正常或升高，有时站立一隅或头抵墙脚。育成猪和成年猪多取慢性经过，走路僵硬，常离群独处，头低垂，弓背，卷腹，粪便干燥，异嗜，喜吃稀食和生青饲料，甚至啃食泥土瓦砾。有的呈现兴奋狂躁，离群呆立，或角弓反张，黏膜发黄。有的病猪眼鼻周围皮肤发红，以后变蓝色。

【病理剖检特点】 急性病例，除表现全身皮下脂肪不同程度的黄染外，主要病变为贫血和出血。全身黏膜、浆膜、皮下和肌肉出血。胸、腹腔可见大量出血。肝黄染、肿大、质地变脆，表面常有出血斑点。肠黏膜出血、水肿。心内、外膜常有明显出血。慢性病例主要是肝硬化、脂肪变性（肝呈土黄色、质地变硬）及胸、腹腔积液，肾常呈苍白、变性，淋巴结充血、水肿。

【诊断要点】 本病的诊断主要从病史调查入手，并对饲料样品进行检查，结合临床表现和病理剖检点等，可初步诊断。确诊必须对可疑饲料进行产毒霉菌的分离培养，测定饲料中黄曲霉毒素含量，必要时还可进行雏鸭毒性试验。

【防治措施】

1. **治疗** 如已发现中毒，立即停喂发霉饲料，给予多汁青绿饲料，减少含脂肪多的饲料。本病尚无特效解毒剂，一般采取对症疗法。可服盐类泻剂，排除胃肠内有毒物质。解毒保肝，防止出血，可用葡萄糖、维生素C静脉注射或用钙制剂、乌洛托品静脉注射。

2. **预防** 预防中毒的根本措施是不喂发霉饲料。平时加强饲料保管工作，玉米、花生等收获时必须充分晒干，种子或油饼切勿放置阴暗潮湿处。加工饲料时，可加入丙酸钠、丙酸钙等防霉剂，每吨饲料中添加1～2kg。轻度发霉饲料，可按1:3比例加入清水浸泡，反复浸泡漂洗多次，直至浸泡的水呈无色为止，但饲喂量仍要限制，猪每天每头不超过500g。也可在饲料加入"脱霉剂"。

七、T-2毒素中毒

T-2毒素中毒是由单端孢霉烯族化合物中的T-2毒素引起的，以拒食、呕吐、腹泻及诸多脏器出血等为特征的中毒性疾病。本病多发生于猪。

【病因】 T-2毒素是由各种镰刀菌产生的。猪T-2毒素中毒是由于猪采食被T-2毒素污染的玉米、麦类等饲料所致。

【中毒机制】 ①T-2毒素对皮肤和黏膜具有直接刺激作用，引起口腔、食道、胃肠道烧灼，造成口、唇、胃肠黏溃疡与坏死，导致动物呕吐、腹泻、腹痛、体重下降、饲料利用率降低和生产性能下降等；②T-2毒素能对造血器官造成损害；③T-2毒素能引起凝血功能障碍，引起全身各组织器官出血。

【临床症状】 急性中毒通常在采食后1h左右发病，表现拒食，呕吐，精神不振，步态蹒跚。接触污染饲料的唇、鼻周围皮肤发炎、坏死，口腔、食道、胃肠黏膜出现炎性病变，临床上多表现为流涎、腹泻及出血性胃肠炎症状。慢性中毒时，多数病猪生长发育迟缓，形成僵猪，并伴有慢性消化不良和再生障碍性贫血。母猪受胎率、产仔率降低，常发生流产、早产或产死胎。

【病理剖检特点】 口腔、食道和胃肠黏膜发炎、出血和坏死。肝、脾肿大、出血，心肌出血，脑实质出血和软化。骨髓和脾等造血机能衰退。病理组织学变化可见肝细胞坏死，心肌纤维变性，骨髓细胞萎缩，细胞核崩解。

【诊断要点】 可根据流行病学、临床症状、病理剖检点进行初步诊断。确诊必须测定饲料中的T-2毒素，也可进行产毒霉菌的分离培养。

【防治措施】

1. **治疗** 当怀疑为T-2毒素中毒时，应停止采食霉败饲料，尽快投服泻剂，以清除胃肠内毒素。同时给予黏膜保护剂和吸附剂，保护胃肠道黏膜。对症治疗可静脉注射葡萄糖溶液、乌洛托品注射液及强心剂等。

2. **预防** 一是注意饲料在田间和贮藏期间防霉；二是加工饲料时，可加入丙酸钠、丙酸钙等防霉剂。当饲料轻微霉变时，可去毒或减少饲料中毒素的含量（如水浸法、去皮减毒法、稀释法等），或者在饲料中加"脱霉剂"。最好是不要饲喂霉变饲料。

八、玉米赤霉烯酮中毒

玉米赤霉烯酮中毒，又称 F-2 毒素中毒。本病猪多发，尤其是 3～5 月龄仔猪。以阴户肿胀、流产、乳房肿大、过早发情等雌激素综合征为临床特征。

【病因及发病机制】 玉米赤霉烯酮为禾谷镰刀菌产生的霉菌毒素，在湿热条件下可在各种农作物上生长，常见于天然霉变的谷物或饲草。它主要是谷物在贮存过程中产生的毒素，而不是在大田里。玉米赤霉烯酮是一种雌激素毒素，主要破坏动物的繁殖功能，降低 3-α-羟化类固醇脱氢酶的活性。

【临床症状】 猪中毒时首先表现拒食和呕吐。玉米赤霉烯酮主要危害繁殖后备小母猪和成年母猪。配种初期可导致猪的胚胎发育中止、吸收，不仅损失了这窝仔猪，而且母猪需要数月时间才能再次发情。发情周期无规律、假孕，母猪断奶配种间隔时间延长。窝产仔数减少、仔猪初生重降低，流产、死胎、弱胎，仔猪四肢外张。母猪外阴红肿，阴户哆开，阴道黏膜充血、肿胀、出血，严重的阴道和直肠脱垂。育肥猪常见的中毒症状为直肠和阴道脱垂。雌性仔猪外阴、乳头肿大。哺乳母猪乳汁减少，甚至无乳。同时也破坏公猪的繁殖性能，表现为公猪性欲减弱、精液质量降低、畸形精子数增加等。

【病理剖检特点】 玉米赤霉烯酮中毒的主要病理剖检点在生殖器官。阴唇、乳头肿大，乳腺间质性水肿。阴道黏膜水肿、坏死和上皮脱落。子宫颈上皮细胞增生，子宫壁肌层增厚，各层明显水肿和细胞浸润。子宫角增大和子宫内膜发炎。卵巢发育不全，部分卵巢萎缩。公猪睾丸萎缩。

【诊断要点】 根据病因、临床症状、病理剖检点及饲料中玉米赤霉烯酮检测进行综合诊断。确诊尚须对饲料样品进行产毒霉菌的培养、分离和鉴定以及生物学实验。

【防治措施】

1. **治疗** 立即停喂被毒素污染的饲料，换成优质安全的饲料。进行强心、利尿、解毒等对症治疗。静脉注射 50%葡萄糖，同时饲喂绿豆浆，辅助中药茵陈汤进行综合治疗。对处于休情期的未孕母猪，1 次给予 10mg 的前列腺素 $F_{2\alpha}$，或者每天 5mg，连用 2d，有助于清除滞留黄体。消化功能紊乱者，待中毒症状缓解后，内服胃蛋白酶、乳酶生、酵母片等帮助消化。对直肠和阴道脱垂严重的，采取药物或手术治疗。

2. **预防** 同 T-2 毒素。

典型案例介绍与讨论

【病案一】秋收季节，阴雨绵绵。不久，某猪场的猪出现异常，但体温变化不大。仔猪精神沉郁，食欲减退或废绝，口渴，粪便干硬呈球状、表面被覆黏液和血液，可视黏膜苍白、后期黄染，后肢无力，步态不稳，间歇性抽搐，严重者卧地不起，甚至死亡。育成猪和成年猪精神沉郁，食欲减少，生长缓慢或停止，消瘦，可视黏膜黄染，严重的出现神经症状。实验室检查不出病原，抗生素治疗没有效果。你认为该猪场的猪可能得的是什么病？如何防治？

【病案二】2020年6月20日，某猪场共饲养猪80头，其中种公猪2头，妊娠母猪20头，空怀母猪8头，体重10kg以上的断乳仔猪30头（未去势）。从外地进了一批廉价的玉米，饲喂一段时间后，猪群出现异常。病猪体温、大小便均正常，精神稍差，日渐消瘦；妊娠母猪采食减少，未发生流产；空怀母猪配种两次未受孕；小母猪未到发情日龄均出现阴户红肿，大的如核桃，阴门外翻，阴道黏膜充血、红肿等，似自然发情；种公猪性欲减退，配种后受胎率低，小公猪有的乳头粗大，未去势小公猪睾丸萎缩。全群无一头猪死亡。抗生素治疗无效。你认为该猪场的猪可能患何种病？如何防治？这个病例对我们有什么预警？

综合测试题

【思政园地】立志成为高技能人才，为乡村振兴贡献力量

一、填空题

1. 饲料中的硝酸盐在硝化菌的作用下还原为剧毒的_____，可引起猪中毒。猪发生亚硝酸盐中毒时，剖检变化的主要特征是血液呈_____状、_____色、凝固_____；胃肠道黏膜_____和_____。

2. 常见的霉菌毒素中毒有_____中毒、_____中毒_____和_____中毒。

3. _____中毒时，可用乙二胺四乙酸二钠解毒；_____中毒时，可用二巯基丙醇解毒。

二、判断题

1. 亚硝酸盐中毒的特效解毒剂为美蓝和甲苯胺蓝。　　　　　　　（　　）
2. 猪亚硝酸盐中毒用大剂量美蓝解毒。　　　　　　　　　　　　（　　）
3. T-2毒素中毒在临床上表现雌激素综合征。　　　　　　　　　　（　　）

三、问答题

1. 简述猪中毒病的特点、发生原因和防治措施。
2. 怀疑发生亚硝酸盐中毒时，怎样检验亚硝酸盐的存在？本病具有哪些剖检变化？
3. 猪铜中毒时有什么表现？如何防治？
4. 如何防治猪硒中毒？
5. 猪砷中毒的诊断要点有哪些？
6. 如何预防猪霉变饲料中毒？

模块三 猪病防控技术

【知识目标】
1. 能正确分析猪群免疫失败的原因。
2. 会选择合适的消毒方法和消毒药物。
3. 能用正确的方法熟练进行各种疫苗的接种,确保免疫接种成功。

【技能目标】
1. 会使用常用消毒器械。对猪舍、用具、地面和粪便等进行消毒。能制订猪场的消毒程序。
2. 能设计制订不同猪群的免疫程序和药物预防保健程序。
3. 能设计制订猪场寄生虫净化程序或方案。

【德育目标】 具有责任意识、环保意识与团队精神,养成良好的生活卫生习惯。

项目一 猪场消毒技术

在养猪生产中,消毒是猪场生物安全体系中一项经常采用的非常关键的措施。消毒的实质就是通过采用物理学、化学、生物学手段杀灭和减少生产环境中的病原体,从而使生产环境中病原体数量减少到最安全水平,以预防控制疫病的发生。

一、消毒剂的选择及影响消毒剂效力的因素

消毒剂种类繁多,商品名五花八门。在养猪生产中,最常用的消毒剂按化学成分大致可以分为酸、碱、醇、醛、酚、碘、氯、季铵盐类等类型。不同成分的消毒剂,对"目标微生物"作用各异,使用方法与配比亦不同。消毒药的选择应根据病原体的种类和被消毒物体的性质而定。病毒性传染病常用碱性的消毒液为宜。对细菌性传染病,细菌能形成芽孢的,用比较热的、浓的消毒液,不能形成芽孢的用一般消毒液即可。圈舍常用热碱水液消毒,饲养用具常用新洁尔灭等消毒液,具体情况具体分析。在临床实践中,养猪户最关心的问题是什么样的消毒剂效果最好,其实,最好的消毒剂是不存在的,清扫、消毒过程和技术才是最重要的。消毒剂的效力受多种因素的影响。

1. **温度** 大多数消毒剂在18~48℃可产生最佳效果。但也不尽然,一些含有挥发性的卤素类消毒剂在较高温度下,会迅速挥发殆尽,从而缩短了作用时间,而影响消毒效果。
2. **湿度** 空气相对湿度保持在65%以上,消毒剂的效力增强。

3. 浓度 消毒剂效力与其浓度正相关。消毒剂浓度越高，效果越好，但对组织的刺激性也越大。消毒剂浓度越低，其效力越差。

4. 有机物 清洁光滑的表面易于消毒，有机物对多种消毒剂的干扰都很大。猪场有机物主要是猪粪便。病原微生物与猪排泄物或分泌物一起存在，有机物在病原微生物表面形成一层保护层，它们妨碍消毒剂与病原微生物的接触，使其免受消毒剂的作用，或延迟消毒剂的作用；有机物和消毒剂作用形成溶解度比原来更低或杀菌作用比原来更弱的化合物。当不溶性化合物形成后，保护病原微生物免受不利环境因子的影响，降低消毒剂对病原微生物的作用；其中，季铵盐类、乙醇、次氯酸盐等受有机物影响较大，醋酸、环氧乙烷、甲醛、煤酚皂等受有机物影响较小。因此，在实施消毒工作前都必须对猪舍进行清扫和清洗。虽然清洗和清扫工作费时、费力，但是在生物安全措施中却是主导环节。

5. 消毒剂的作用时间 消毒剂与病原体作用时间的长短影响消毒效果。病原微生物接触消毒剂的时间越长，效果越好，反之较差。

6. 微生物的特点 不同的微生物，对药物的敏感性是不同的。病毒对碱类敏感，而细菌的芽孢耐受力极强，较难杀灭。处于生长繁殖期的细菌、螺旋体、支原体、衣原体、立克次氏体对消毒药耐受力差，一般常用消毒剂都能收到较好的效果。

7. 相互拮抗 两种防腐消毒药合用时，由于物理性、化学性配伍禁忌而产生相互拮抗，如阳离子表面活性剂和阴离子表面活性剂共用，可使消毒作用减弱至消失。

8. 环境的酸碱度 酸碱度的改变可以从两个方面影响杀菌作用。一是对消毒剂的作用，可以改变其溶解度、离解程度和分子结构；二是对病原微生物的影响，微生物生长的pH范围是6～8，pH过高或过低对微生物的生长均有影响。酚、次氯酸等消毒剂在酸性条件下效果好。

因此，在养猪生产实践中要根据实际情况，合理选择消毒药物，对影响消毒效果的多种因子给予全面的考虑，选择时要注意下列几点：

（1）选择高效适用消毒剂。首先详细阅读药物说明书，无论是国产还是国外生产的消毒剂，一定要先查消毒剂的有效成分属于哪一种类型，不说明有效成分的消毒剂千万不能使用。

（2）选择生物安全性高的低毒、无异味、低残留的消毒剂。

（3）选择价廉易得的消毒剂，节约开支，增加收益，但杜绝不顾消毒效果，一味追求低廉价格而使用劣质消毒剂。

（4）注意消毒剂的化学性质及其相关的特性。应选择化学性质稳定、不易挥发、有效期长的消毒剂。如福尔马林的贮藏温度冬季不应低于10℃，否则甲醛在低温时会形成不可逆的不溶性多聚体结晶而影响消毒效果。

（5）不同场所选择使用不同的消毒剂，因地制宜，根据不同环境特点选择与其相适应的消毒剂，不仅会达到良好效果，还能节约成本。如饮水消毒常用漂白粉，其杀菌力强，使用方便且成本低。氢氧化钠、石灰水常用于空舍、运输车辆、地面、污水的消毒，费用低，效果好。病毒、细菌的芽孢、霉菌孢子对季铵类消毒剂不敏感，而应使用碘类消毒剂或碱类消毒剂。

二、消毒的分类

在养猪生产中，根据不同目的要进行不同方式的消毒，一般的方式有下列3种：

模块三　猪病防控技术

1. **预防消毒**　又称定期消毒，是根据生产需要定期对出入圈舍、道路、饲养用具、猪体的消毒，定期向消毒池内投放消毒剂，以及人员、车辆、饲料、饮用水的消毒和粪便、污水、垫料等的无害化处理。预防消毒是猪场常规工作之一，是猪场预防传染病的重要措施之一。

2. **紧急消毒**　又称即时消毒，当猪群中有个别或少数猪发生可疑传染病或突然发生死亡时，立即对其所在栏、圈舍进行局部强化消毒，包括对发病或死亡猪的消毒以及无害化处理。紧急消毒具有防止传染病扩散、蔓延的作用，降低疾病的发生率和死亡率，把疾病造成的损害控制在最低限度。

3. **终末消毒**　也称大消毒，是采用多种消毒方法对全场或部分猪舍进行全方位的彻底清理和消毒，主要用于规模化猪场全进全出生产系统中。当猪群全群痊愈或最后一头猪死亡，经过两周再没有新的病例发生，在解除封锁前均应进行大消毒。

规模化猪场的技术人员，了解和掌握上述几种消毒种类，并在实际工作中能认真坚持和落实，从而把病原微生物消灭在萌芽状态，是规模化猪场防制猪疫病的基本策略之一。

三、消毒方法

在养猪生产中，根据环境对微生物作用的方式和消毒的手段不同，消毒方法主要分为物理消毒法、化学消毒法及生物消毒法三大类。

1. **物理消毒法**　主要包括机械性清扫刷洗、高压水冲洗、通风换气、高温高热（烧灼、煮沸、烘烤、焚烧）和干燥、光照（日光、紫外线光照射）等。

2. **化学消毒法**　采用化学药物（消毒剂）消灭病原是消毒中最常用的方法之一。理想的消毒剂必须具备对病原体杀灭力强、性质稳定、维持消毒效果时间长、对人畜毒性小、对消毒对象损伤轻、价廉易得、运输保存和使用方便、对环境污染小等特点，同时使用消毒剂时要考虑病原体对不同消毒剂的抵抗力，消毒剂的杀菌谱、有效使用浓度、作用时间，对消毒对象以及环境温度的要求等。

3. **生物学消毒法**　对养猪生产中产生的大量粪便、污水及杂草采用发酵法，利用发酵过程所产生的热量杀灭其中的病原体，可采用堆积发酵、沉淀池发酵、沼气池发酵等。

四、消毒设施和设备

消毒设施主要包括场区和生产区的大型消毒池、畜舍出入口的小型消毒池、人员进入生产区的小型消毒池、更衣室及消毒通道、消毒处理病死猪尸体坑、粪污消毒处理的堆积发酵池等。常用的消毒设备包括手动、电动、机动喷雾器，高压清洗机、高压灭菌器、火焰消毒器等。

五、消毒程序

根据消毒种类、对象、气温、疫病流行的规律，将多种消毒方法科学合理地加以组合而进行的消毒过程称为消毒程序。例如全进全出系统中的空栏大消毒的消毒程序可分为以下步骤：清扫—高压水冲洗—喷洒消毒剂—清洗—干燥—熏蒸（或火焰消毒）—喷洒消毒剂—转进猪群。还应根据自身的生产方式、猪场主要存在的疫病、消毒剂和消毒设施、设备的种类等因素制订消毒程序。有条件的猪场还应对生产环节中关键部位的消毒效果进行监测。

项目二　猪场免疫接种技术

使用疫苗（菌苗）等各种生物制剂，在平时对猪群有计划地进行预防接种，在可能发生或疫病发生早期对猪群实行紧急免疫接种，以提高猪群对相应疫病的特异抵抗力，是规模化猪场综合性防疫体系中一个极为重要的环节，也是构成养猪业生物安全体系的重要措施之一。

一、猪用疫苗类型

由病原微生物、寄生虫及其组分或代谢产物所制成的，用于人工自动免疫的生物制品称为疫苗。疫苗的种类主要包括传统疫苗和新型疫苗，不管是传统疫苗还是新型疫苗，它们产生免疫的基本原理是一致的。

1. 传统疫苗　包括灭活苗和活疫苗。

（1）灭活苗。选用免疫原性强的细菌、病毒等经过人工培养后，用物理或化学方法将其灭活，其传染因子被破坏而保留免疫原性所制成的疫苗称为灭活苗。目前广泛使用的灭活苗有：

①组织灭活苗。取患传染病的病死猪典型的病变组织，经处理后加入灭活剂制备而成的。

②油佐剂灭活苗。是以矿物油为佐剂与灭活的抗原液混合乳化制成，大多数病毒性灭活疫苗采用这种方式。油佐剂疫苗注入肌肉后，疫苗中的抗原物质缓慢释放，从而延长疫苗的作用时间。这类疫苗需 2～8℃保存，禁止冻结。

③氢氧化铝胶灭活苗。是将灭活的抗原液按一定比例加入氢氧化铝胶制成。大多数细菌性灭活疫苗采用这种方式。疫苗作用时间比油佐剂疫苗快。2～8℃保存，不宜冻结。其制备比较简单，价格较低，免疫效果良好，但缺点是难以吸收，在注射部位易形成结节，影响肉产品的质量。铝胶苗在生产上应用较广泛，如猪丹毒氢氧化铝灭活苗、猪肺疫氢氧化铝菌苗等。

④蜂胶佐剂灭活疫苗。以提纯的蜂胶为佐剂制成的灭活疫苗，蜂胶具有免疫增强的作用，减少疫苗反应。这类灭活疫苗作用时间比较快，但制苗工艺要求高，需高浓缩抗原配苗。2～8℃保存，不宜冻结，用前需充分摇匀。

（2）活疫苗。即弱毒苗，病原微生物毒力逐渐减弱或丧失，但能保持良好的免疫原性，用此种活的、变异的病原微生物制成的疫苗称为活疫苗。弱毒苗可通过筛选自然弱毒株和人工致弱两种途径获得。这类疫苗能有效地刺激机体的免疫系统，免疫期长，免疫效果好，使用方便，可用做群体免疫。

在生产实践中，为节省人力物力和时间或提高免疫覆盖面，通常使用多价苗和联合疫苗。多价疫苗是由同种病原的不同型制成，如口蹄疫病毒多价灭活苗；联合疫苗是将不同种类的病原微生物分别制苗后混合而成的制品，如猪瘟、猪丹毒、猪肺疫三联苗。

2. 新型疫苗　新型疫苗相对于传统疫苗而言，是采用现代生物工程技术研制的疫苗或

模块三 猪病防控技术

仅包括与免疫有关成分的疫苗。主要有基因工程苗、合成多肽疫苗、抗独特型抗体疫苗及病毒抗体复合物疫苗等。

二、免疫接种途径和方法

免疫途径的选择，关系到疫苗免疫的效果。选择合适的免疫途径和方法从以下两个方面考虑：一是病原体的入侵门户及定位，便于促进局部免疫的快速效应；二是疫苗的种类和性质，影响免疫效果。对猪进行免疫接种常用的方法主要有以下几种：

1. **皮下注射**　皮下注射是将疫苗注入猪的皮下组织，疫苗可通过毛细血管和淋巴系统吸收，疫苗吸收缓慢而均匀，维持时间长。

2. **肌内注射**　此法吸收快，作用迅速，灭活疫苗必须采用肌内注射法，不能口服。猪肌内注射部位多选择在耳侧中部靠近耳根的最高点松软皱褶和绷紧皮肤的交界处，或肌肉丰富的臀部。

3. **胸腔注射**　猪站立保定，注射部位在右侧第七肋间与肩关节水平线相交点的下方约2cm处。

4. **后海穴注射**　在尾根与肛门中间凹陷处注射，进针深度可按猪龄大小为0.5～4.0cm，2日龄仔猪为0.5cm，随猪龄增大则进针深度加大，成年猪为4cm，进针时保持与直肠平行。注射有关预防腹泻的疫苗时多采用后海穴注射。

5. **口服法**　事先将猪食槽等用具清洗干净，按瓶签说明的头份数，用冷水稀释，依所喂头份加入少量精饲料中，充分拌匀，让猪自行采食，或逐头灌服所稀释疫苗。由于消化道温度和酸碱度都对疫苗的效果有很大的影响，这种方法使用比较少。

6. **滴鼻接种**　属于黏膜免疫的一种，黏膜接种可刺激机体产生局部免疫，建立针对相应抗原的黏膜免疫，目前使用比较广泛的是猪伪狂犬病基因缺失疫苗的滴鼻接种。

7. **超前免疫**　是指在仔猪未吃初乳时注射疫苗，注苗后1～2h才喂给初乳，目的是避开母源抗体的干扰和使疫苗尽早占领病毒复制的靶位，尽早刺激机体产生基础免疫，这种方法常用于初生仔猪猪瘟疫苗的免疫。

三、免疫接种的类型

免疫接种是使猪群产生主动免疫的措施。通过有计划地接种疫苗，可使猪群产生持续时间较长的特异性免疫力，并可通过重复注射使其强化和延长。通过采用有效而省力的免疫方法，适时进行免疫接种，对于控制猪群疫病流行，具有关键性的作用。根据免疫接种进行的时间，可分为预防接种和紧急接种两类。

1. **预防免疫接种**　在经常发生某些传染病的养猪场或农户，或有某些传染病潜在的养猪场或农户，或受邻近地区某些传染病经常威胁的养猪场或农户，为了防患于未然，在平时有计划地给健康猪群进行的免疫接种，称为预防接种。

预防接种发生的反应由多方面的因素造成，生物制品对机体来说都是异物，接种后总有个反应过程，其反应的性质和强度有所不同，在预防接种中成为问题的不是所有的反应，而是指不良反应。所谓不良反应，是经预防接种后引起了持久的或不可逆的组织器官的损害或功能障碍而致的后遗症。反应的类型可以分为：

(1) 正常反应。是指由于制品本身的特性而引起的反应，其性质与反应强度随制品而异。例如某些制品有一定毒性，接种后可以引起一定的局部或全身反应。有些制品是活菌苗或活疫苗，实际上是一次轻度感染，也发生某种局部或全身反应。

(2) 严重反应。和正常反应在性质上没有本质区别，但程度较重或发生反应的猪超过正常比例。引起严重反应的原因较多，如疫苗质量较差、使用方法不当、接种剂量过大，接种技术不正确、接种途径错误等，或个别猪发生过敏。这类反应可通过控制疫苗质量和严格遵照说明书使用而减少到最低限度。

(3) 并发症。与正常反应性质不同的反应。主要包括超敏感，扩散为全身感染，诱发潜伏感染等。

同一个场区，同一类猪群，在同一个季节内往往可能有两种以上的疫病流行。同时接种两种以上的疫苗，一方面可分别刺激机体产生抗体，一方面很有可能减弱机体产生抗体的机能，这时会降低预防接种效果。因此，应根据不同疫病的流行情况，制定合理的免疫程序。

疫苗免疫接种是控制疫病发生和流行的有效手段，但不是对所有的疫病都是十分有效的，一些疫苗本身的免疫效力就不高，其免疫效果不确实或无从评价，这类疫苗在生产上尽量少用或不用；有的活苗本身就存在着毒力返强的危险性，使用疫苗不但控制不了疾病，反而会给猪场带来无穷的后患。而且，疫苗效力的充分发挥还需要以良好的饲养管理和卫生条件作为保障。

2. 紧急免疫接种　紧急接种是在猪场发生传染病时，为了迅速控制和扑灭疫病的流行，面对疫区和受威胁区尚未发病的猪群进行的应急性预防接种。从理论上说，紧急接种以使用免疫血清较为安全有效。但因血清用量大，价格高，免疫期短，且在大批猪群接种时往往供不应求或根本就没有相应的血清制品，因此在实践中很少使用。多年来的实践证明，在猪场内使用某些疫苗紧急接种是切实可行的，尤其是一些急性传染病发生时做紧急接种，效果较好。

紧急接种时，必须对所有受到传染威胁的猪逐头进行详细观察和检查，仅能对正常无病的猪进行紧急接种。对病猪及可能受到感染的潜伏期病猪，必须在严格消毒下立即隔离，不能再接种疫苗。由于外表正常无病的猪可能混有一部分潜伏期病猪，这一部分病猪在接种疫苗后不能获得保护反而促使它更快发病。因此，紧急接种后一段时间内猪群中发病数反而有增多的可能，但由于一些急性传染病其潜伏期较短，而疫苗接种后又很快产生抵抗力，因此，发病数不久即可下降，最终能使传染病流行很快停息。

紧急接种在疫区及周围受威胁区，受威胁区的大小视疫病的性质而定。某些流行性强大的传染病如口蹄疫等，则在周围 5～10km 以上。这种紧急接种，其目的是建立免疫带或免疫屏障以包围疫区，防止扩散。紧急接种是综合防治措施的一个重要环节，这一措施必须与疫区的封锁、检疫、隔离、消毒等综合措施密切配合才能取得良好的效果。

四、免疫失败的原因分析

免疫预防是防控猪传染病最经济而有效的办法。猪群大量个体没有受到免疫接种的保护，称为免疫失败。或者猪群进行了免疫，但不能获得抵抗感染的足够保护力，仍然发生相应的亚临床感染甚至临床型疾病，属于免疫失败。免疫后，猪群或猪只抗体水平或细胞免疫水平不能达标，保持持续性感染带毒状态，也同样属于免疫失败。免疫失败与以下因素有关：

（一）疫苗的质量问题

疫苗质量包括疫苗本身的质量及疫苗的保存质量。

1. 疫苗质量　疫苗质量主要指疫苗种毒抗原性的好与坏、抗原浓度、生产工艺等，与生产厂家的质量控制有关。

2. 保存质量　疫苗的贮存、运输过程中处理不当造成疫苗效力下降。如冻干苗需要低温保存，而且低温保存时间不宜过长；贮存及运输应避免忽冷忽热或阳光照射，否则会造成部分抗原的失活。灭活苗在使用前必须充分摇匀后使用，尤其是对放置一段时间内的组织灭活苗和铝胶苗。油剂苗不应出现破乳现象，因此，贮存时切忌冻结。

3. 免疫接种剂量低于推荐剂量　根据免疫学理论，免疫保护需要疫苗有良好的免疫原性，而且需要一定的抗原剂量，注入动物机体内的抗原量必须达到一定水平时才能刺激机体产生相应的抗体，才能使机体产生保护性免疫应答。疫苗接种剂量过少，进入机体的抗原量不能刺激机体产生足够的抗体获得免疫，但疫苗剂量也不宜过大，过大极易出现免疫耐受或免疫麻痹现象。

（二）猪群本身的原因

1. 免疫抑制性疫病　免疫抑制性疾病造成猪体细胞免疫和体液免疫的抑制，猪群整体健康水平下降，影响最终免疫效果。

2. 遗传因素、免疫状态　动物机体对接种抗原的免疫应答在一定程度上是受遗传控制的。因此，在接种疫苗的猪群中，不同品种，甚至同一品种不同个体对同一疫苗的免疫应答程度都有差异。

3. 母源抗体的干扰　母源抗体干扰阻碍仔猪主动免疫的产生，仔猪首免日龄的确定应根据抗体测定的结果确定。

4. 疫苗的选择　许多疫病的病原含有多个血清型，要控制这些变异型的疾病，就要用变异型病原制造的疫苗才有效。

5. 潜在性感染　免疫应答是一系列链式反应，疫苗接种后需数天才能在体内产生免疫力。因此，对于感染潜伏期的猪，不能接种疫苗，疫苗接种后不仅不会使猪得到保护，反而促使其死亡。

6. 药物及饲料添加剂　各种抗生素、磺胺类药物及其制品，都具有抑制和杀灭疫（菌）苗的作用，或干扰免疫系统作用的发挥，致使接种后的疫苗效力减弱或抑制，影响免疫效果，导致失败。

（三）免疫途径的影响

每种疫苗均有其最佳的接种途径，随便改变可能会影响免疫效果。应仔细阅读瓶签说明书，严格按要求使用。

五、疫苗接种注意事项

（1）疫苗为特种兽药，运输疫苗应使用放置冰块的保温瓶、桶。

（2）疫苗应妥善保管、避光保存；在使用前，轻轻摇动，直到瓶内的冻干饼充分混悬均匀；病毒性冻干苗常在-15℃以下冻结保存；灭活苗于2～8℃贮存，要避免冻结。

（3）严格按说明书规定的方法稀释、注射。首先要做疫苗的真空试验。接种疫苗的全过程都要树立无菌操作观念。疫苗从冰箱内取出后，应恢复至室温再进行免疫接种（特别是灭活疫苗）。

（4）不能随便加大疫苗的用量，确需加大剂量时要在当地兽医指导下使用。

（5）每注射一头猪后，应换消毒过的针头，防止交叉感染。

（6）将每种疫苗的编号、类型、规格、生产厂名、有效期、批号以及接种人员姓名及接种日期等详细记录，并适时抽查监测免疫效果。

（7）疫苗免疫接种前，应详细了解被接种猪群的品种及健康状况。凡瘦弱、有慢性病、怀孕后期或饲养管理不良的猪不宜接种。

（8）防止药物对疫苗接种的干扰，在免疫接种前后10d内尽量不要用抗生素类药物，注射两种以上的疫苗时应防止疫苗之间的相互干扰现象，以防影响免疫效果。

（9）气温骤变时，应避免进行免疫接种。在高温或寒冷天气注射疫苗时，应选择合适时间注射，并提前2～3d在饲料或饮水中添加抗应激药物（如电解多维等），可有效减轻猪群的应激反应。

（10）有的疫苗在制备过程中需要加入其他物质，如营养素、动物血清、动物组织、异源蛋白、佐剂等，在免疫后可能引起过敏反应，在注射后应仔细观察，有的仔猪因个体差异，注射半小时后会出现体温升高、发抖、呕吐和减食等症状，一般1～2d后可自行恢复，重者可注射0.1%肾上腺素注射液1mL即可消除过敏性反应。

六、猪常用疫苗的使用方法

1. **猪瘟兔化弱毒疫苗** 预防猪瘟。建议使用脾淋疫苗。猪瘟兔化弱毒疫苗按瓶签说明的剂量加生理盐水稀释，大小猪均肌内注射或皮下注射1mL。哺乳仔猪产生免疫力不强，必须在断奶后再注射1次。注射7d后产生免疫力，免疫期1年以上。疫苗-15℃保存，有效期1年，0～8℃保存6个月。

2. **猪瘟、猪丹毒二联冻干苗** 预防猪瘟和猪丹毒。按瓶签说明的剂量稀释，大小猪均肌内注射或皮下注射1mL。注射7～9d后产生免疫力，断奶后半个月接种，免疫期猪瘟1年，猪丹毒6个月。疫苗-15℃保存，有效期1年，0～8℃保存6个月。

3. **猪瘟、猪丹毒、猪肺疫三联冻干苗** 预防猪瘟、猪丹毒、猪肺疫。按瓶签说明的剂量用20%铝胶生理盐水稀释，大小猪一律肌内注射1mL。未断奶的仔猪接种，须隔2个月再补注1次。注射7～9d后产生免疫力，免疫期为猪瘟1年，猪丹毒、猪肺疫6个月。疫苗在-15℃保存，有效期1年，0～8℃保存6个月。

4. **猪丹毒氢氧化铝甲醛菌苗** 预防猪丹毒。10kg以上的断奶仔猪均可皮下注射5mL，10kg以下的小猪或未断奶仔猪可注射3mL，间隔40d左右再注射3mL。注射14～21d后产生免疫力，免疫期6个月。菌苗在2～15℃保存，有效期为1年。防止冻结，使用时应充分摇匀。

5. **猪丹毒弱毒冻干苗** 预防猪丹毒。按瓶签说明的剂量用20%铝胶生理盐水稀释后,断奶后两周一律皮下或肌内注射 1mL。注射 7d 后产生免疫力,免疫期 6 个月。疫苗在 -15℃ 保存,有效期 1 年,0~8℃ 保存 9 个月。免疫前后 10d 不能使用抗生素类药物。

6. **猪副伤寒弱毒冻干菌苗** 预防仔猪副伤寒。此疫苗适用于 1 月龄以上哺乳或断奶健康仔猪。按瓶签标明的头份数,加入稀释液,口服或注射,瓶签注明限于口服者不得注射。口服法按瓶签标明的头份,临用前用冷开水稀释,每头份 5~10mL,均匀地拌入小量新鲜冷饲料中,让猪自行采食,最好在喂食前先喂食拌好疫苗的饲料,使每头猪吃到足够量的疫苗。

7. **猪链球菌病冻干疫苗** 此疫苗专用于预防由兽疫链球菌引起的猪败血性链球菌病。使用时按疫苗瓶签注明的头份,每头份加入 20% 氢氧化铝胶生理盐水或生理盐水 1mL,稀释溶解,断奶后的仔猪、成年猪(包括怀孕前期的母猪)每头猪皮下注射 1mL。该疫苗也可供口服,每头猪口服 4mL(含活菌 2 亿个),口服前停水 3~4h,按猪只头份所需要的疫苗量拌入饲料中饲喂。注射 7d 后产生免疫力,对仔猪有较强的免疫力。疫苗在 -15℃ 保存,有效期 1 年,0~8℃ 保存 8 个月。

8. **猪肺疫氢氧化铝甲醛菌苗** 预防猪肺疫。断奶后的猪不论大小,均皮下注射或肌内注射 5mL。注射 14d 后产生免疫力,免疫期 6 个月。疫苗 2~15℃ 保存,有效期为 1 年。防止冻结,使用时应充分摇匀。

9. **口服猪肺疫弱毒冻干菌苗** 预防猪肺疫。按瓶签说明,用水稀释混入饲料或饮水中服用。口服 7d 后产生免疫力,免疫期 6 个月。疫苗在 -15℃ 保存,有效期 1 年。本菌苗只能口服不能注射。

10. **兽用乙型脑炎弱毒疫苗** 预防乙型脑炎。按瓶签注明头份稀释后,大小猪一律皮下或肌内注射 1mL。免疫对象为 5 月龄以上的种猪。2~8℃ 保存,有效期为 3 个月。冻干苗在 -15℃ 保存 1 年。

11. **猪细小病毒灭活氢氧化铝疫苗** 预防猪细小病毒病。主要用于后备种猪。肌内注射 2~3mL。疫苗 4~8℃ 保存,有效期为 1 年。防止冻结,避免日光直射。

12. **仔猪红痢氢氧化铝菌苗** 预防仔猪红痢。怀孕母猪产前 1 个月肌内注射 5mL,隔半个月再注射 5mL。疫苗 2~15℃ 保存,有效期为 1 年。疫苗防止冻结。

13. **猪口蹄疫灭活疫苗** 预防猪口蹄疫。25kg 以上每头皮下注射 3~5mL,10~25kg 仔猪每头 2mL,注射后 14d 产生免疫力,免疫期 5 个月。疫苗 4℃ 保存 1 年,防止冻结。

14. **猪喘气病灭活疫苗** 预防猪喘气病。按瓶签标明头份,用生理盐水稀释,右侧胸腔注射。疫苗在 -15℃ 保存,有效期 1 年,0~8℃ 保存 30d。

15. **大肠杆菌双价基因工程苗** 预防仔猪黄、白痢。对怀孕母猪产前 40~42d 和 15~20d 分别肌内注射 2mL。仔猪通过母乳获得免疫。疫苗在 2~8℃ 保存,有效期为 9~12 个月。

16. **高致病性猪蓝耳病灭活疫苗** 使用农业农村部批准生产使用的高致病性猪蓝耳病灭活疫苗,规范免疫操作。目前批准临时生产的高致病性猪蓝耳病灭活疫苗的免疫期暂定为 4 个月。接种后 28d 可产生免疫保护力。灭活疫苗耳后根肌内注射 2mL。

17. **猪伪狂犬病基因缺失弱毒疫苗** 预防猪伪狂犬病。哺乳仔猪滴鼻接种,每个鼻孔接种 0.5mL，免疫后 48h 可产生坚强的免疫力。严格规范免疫操作。

18. 猪传染性胃肠炎、流行性腹泻二联苗　可根据本场具体疫情选用，按说明书使用。

19. 传染性萎缩性鼻炎灭活疫苗　用于预防猪传染性萎缩性鼻炎。严禁冻结，在 2~8℃ 下避光保存。用前应使疫苗达到室温，并充分摇匀，可根据本场具体疫情选用，按说明书使用。

20. 猪传染性胸膜肺炎灭活疫苗　可根据本场具体疫情选用，按说明书使用，主要预防由胸膜肺炎放线杆菌 7 型菌株（国内多发型）引起的猪传染性胸膜肺炎。颈部皮下或肌内注射。

七、免疫程序制订

免疫接种是预防猪场疫病流行的重要措施。免疫程序的制订，应考虑本地区疫病流行情况、母猪母源抗体状况、猪的发病日龄和发病季节、免疫间隔时间以及免疫效果影响因素。拟订一个好的免疫程序，不仅要有严密的科学性，而且要符合当地猪群的实际情况，也应考虑疫苗厂家推荐的免疫程序，根据综合分析，拟订出完整的免疫程序。

项目三　猪场药物保健预防技术

规模化养猪生产中疫病复杂，除了应用药物治疗和疫苗免疫，控制感染性疾病最有效的一个措施就是群防群治。即将安全价廉的化学药物添加到饲料或饮水中，以控制整个猪场细菌性和寄生虫性疾病的发生，该措施便于宏观控制，方便经济，不需要花时间和精力对每头猪进行注射或灌服给药；可减少对猪的刺激，降低猪应激性疾病的发生；通过长期连续或定期间断性混饲或混饮用药，能对猪场的某些顽固性细菌性疾病进行根治。因此，应根据养猪不同阶段疾病发生特点，有针对性地选择药物进行预防保健。

一、猪场预防用药存在的问题

1. 药物种类繁多，商品名五花八门，使用方法与配比不同　许多养猪户甚至较有规模的养猪场对使用药物的安全性了解不够，盲目加大用药剂量，认为药物剂量越大防控效果越好，结果不但达不到预期的预防效果，反而加大药物使用成本，人为地造成药品的浪费。

2. 随意进行药物配伍　药物配伍时既要考虑药物间的协同作用，又要考虑拮抗作用。生产中，许多养殖户发现猪发病后，盲目选购几种药物，在不详细查询药物的理化性质及配伍禁忌的情况下，自行随意搭配使用，轻者造成药物疗效降低或无效，重者造成猪中毒。

3. 不按规定疗程用药　有些养猪户在用药过程中自认为效果不理想，就频繁更换药物，往往延误治疗时机，造成疫病难以控制；有的养猪户则见治疗有好转就停药，结果导致疾病复发而难以治愈。

4. 重治疗轻预防　许多养猪场预防用药意识差，不发病不用药，不清楚根据疾病的发生规律适时进行预防用药，把疾病消灭在感染前期，其后果是疾病发展到中、后期才实施治疗，严重影响治疗效果，增加用药成本。

5. 盲目应用"新特药"　有些养猪户盲目使用"新特药"，对信誉好且价格合理的生产厂家的药物不重视，一味追求"新特药"，认为效果好，不管多贵都使用。

二、预防保健药物的合理应用

科学合理地使用预防保健药物，是养猪场一项很重要的技术工作，是把由疫病造成的经济损失减少到最低限度的有效措施。

1. **正确诊断、准确选药，严格掌握适应证** 对疾病做出正确的诊断是选择药物的前提，有了确切的诊断，才能明确致病微生物的种类，掌握不同抗菌药物的抗菌谱，从而选择对病原菌高度敏感的药物。

2. **制订合适的给药方案** 抗生素在体内要发挥杀灭或抑制病原菌的作用，必须在靶组织或靶器官内达到有效的浓度，并能维持一定的时间。因此，必须有合适的剂量、间隔时间及疗程。同时，血液中有效浓度维持时间受药物在体内的吸收、分布、代谢和排泄的影响。因此，应在考虑各药的药物动力学、药效学特征的基础上，结合猪群的体况、病情，制订合适的给药方案，包括药物种类、给药途径、剂量、间隔时间及疗程。同时使用药物预防必须严格遵守有关法规。

3. **采取综合预防治疗措施** 机体的免疫力是协同抗菌药的重要因素，外因通过内因而起作用，在预防和治疗中过分强调抗菌药的功效而忽视机体内在的因素，往往导致疾病的防治失败。因此，在选用抗菌药物的同时，必须强调猪群的年龄、生理、病理状况及综合治疗的重要性，加强患病猪群的饲养管理，提高机体的抵抗力，改善机体的功能状态，纠正水及电解质平衡失调、改善微循环，补充血容量，以充分发挥药物的治疗作用。

三、预防保健用药注意事项

在生产中，进行预防保健用药需注意以下几个问题：
（1）能饮水用药的就不拌料用药，能拌料用药的就不注射用药。
（2）考虑联合用药、交叉给药、轮换给药，提倡脉冲式给药，重点环节给药。
（3）注意药物配伍禁忌，不要随意同时使用多种药物。
（4）预防剂量的控制。预防剂量一般为治疗剂量的 1/4～1/2，必须严格控制药物剂量，尤其不要将用于治疗的口服剂量换算成饲料添加量用于长期预防。
（5）药物与饲料混合。将药物添加到饲料中预防或治疗疾病，药物的量较饲料量低得多，药物所占的比例极小，因此，混合时必须依照生产工艺执行，通常采用等量递升法，即先取与量小成分（药物）等量的量大成分（饲料），与量小成分共同混合，再逐渐等量递升量大成分混合，直至混合完毕。
（6）添加方式。药物可以混饲，也可以混饮。添加到饲料中比较适合于疾病的预防，添加到饮水中用药比较适合于疾病的治疗。

四、预防保健药物使用参考

（1）在小猪生后 2～3d，进行群体补铁，有助于猪群的生长发育，提高免疫机能和抗病能力，防止仔猪贫血症的发生。

（2）气候骤变、猪群转栏、合群、长途运输、预防接种等许多因素极易导致猪的应激性增高，在生产中合理地使用电解多维能预防或迅速缓解应激状况，保证正常生产和提高机体免疫应答能力。

（3）在某些阶段仔猪总会发生不同程度的腹泻，大量使用口服补液盐给猪群补充水分和电解质，纠正酸中毒，可以提高疗效。同时在饲料中加入一定量的酸化剂，如乳酸、延胡索酸、柠檬酸等有机酸，以保证仔猪胃肠道正常的生理生化功能。

（4）对于包括血痢、猪慢性萎缩性鼻炎、猪弓形虫病、猪沙门氏菌病、猪喘气病等慢性疾病和容易在猪场反复感染流行的顽固性疾病，除使用一定的抗生素以外，有效、方便、经济的给药方法是在饲料或饮水中添加维生素或微量元素制剂，如维生素A、维生素E和硒，以保持呼吸系统屏障作用的完整性，有效地防止疫病发生或终止其流行。

（5）适时利用微生态制剂进行药物预防，控制猪群消化道疫病，促进其生长发育。

（6）利用中草药药物残留低、副作用少和不易产生耐药性等优点，在仔猪断奶期间，可在饲料中适当添加一定量的中草药免疫增强剂，提高猪群非特异性免疫力。

五、不同猪群预防保健药物使用参考

1. **后备猪**　后备猪引入第一周及配种前一周，饲料中适当添加一些抗应激药物如维生素C、电解质添加剂等；同时饲料中适当添加一些抗生素药物如多西环素、支原净、泰乐菌素、土霉素等。

2. **妊娠母猪**　母猪怀孕第一周饲料中适当添加一些抗生素药物如泰灭净、利高霉素、泰乐菌素等；同时饲料添加亚硒酸钠-维生素E；妊娠全期饲料添加防治霉菌毒素药物如霉可脱；产前第二周加驱虫药效果最佳。

3. **产前产后母猪**　产前产后母猪两周饲料中适当添加一些抗生素药物如多西环素、金霉素等；产前肌内注射1次长效土霉素等。

4. **哺乳仔猪**　仔猪吃初乳前口服庆大霉素；3日龄内补铁、补硒；7日龄左右开食补料前后及断奶前后饲料中适当添加一些抗应激药物如开食补盐、维生素C、多维等；哺乳全期饲料中适当添加一些抗生素药物如恩诺沙星等。

5. **断奶保育猪**　断奶保育猪第一周饲料或饮水中适当添加一些抗生素药物如泰乐菌素、多西环素、支原净等，饲料或饮水中适当添加一些抗应激药物如维力康、开食补盐、维生素C等。

6. **公猪**　每月饲料中适当添加一些抗生素药物，如土霉素预混剂、支原净、泰乐菌素等，连用一周。

7. **空怀断奶母猪**　断奶至配种空怀期饲料中适当添加一些抗生素药物如土霉素预混剂、支原净、泰乐菌素等；配种前肌内注射多西环素。

项目四　猪场驱虫技术

在规模化养猪场生物安全体系中，采取科学的驱虫技术，选择最佳的驱虫药物，制定周密的驱虫计划是提高猪群健康水平的又一重要措施。

一、猪场寄生虫感染特点

猪场常见寄生虫有三类：线虫类、螨类和原虫类。主要包括猪蛔虫、毛首线虫（鞭虫）、食道口线虫（结节虫）、猪球虫、结肠小袋纤毛虫、猪疥螨等。

1. **不同阶段猪群的寄生虫感染率** 从高到低的排列顺序是：种公猪、种母猪、育肥猪、生长猪、保育猪。种猪是猪场最主要的带虫者，是散播寄生虫的源头。
2. **各类寄生虫感染率** 从高到低的排列顺序是：猪蛔虫和毛首线虫感染率最高，其次是结肠小袋纤毛虫和猪球虫，食道口线虫的感染率较低。
3. **猪场寄生虫病存在较严重的混合感染**

二、猪场驱虫模式特点

1. **局部猪群用药驱虫模式** 以发现猪群寄生虫感染病征的时刻确定为驱虫时期。在中小型猪场（户）使用非常普遍。优点是直观性和可操作性较强。
2. **一年两次全场驱虫模式** 每年春季 3—4 月进行第一次驱虫，秋冬季 10—12 月进行第二次驱虫，每次都对全场所有存栏猪全面驱虫。该模式在较大的规模猪场使用较多，操作简便，易于实施。但是，两次驱虫的时间间隔太长。
3. **阶段性驱虫模式** 在猪的某个特定阶段进行定期驱虫。常用的方案是种母猪产前 15d 左右驱虫 1 次；保育仔猪阶段驱虫 1 次；种公猪 1 年驱虫 2～3 次。该模式在管理比较规范的猪场使用较多，但是用药时间非常分散，实际操作执行不便，不能彻底净化猪场各阶段猪群的寄生虫感染。
4. **"四加一"驱虫模式** 该模式的驱虫以种猪为驱虫重点，包括种公猪、空怀母猪、怀孕母猪 1 年 4 次驱虫，仔猪在保育结束（60 日龄左右）时驱虫 1 次，引进种猪并群前驱虫 1 次。该模式的特点如下：①强化对种猪的驱虫强度；②帮助仔猪安全渡过易感期；③猪场能够减少重复感染的机会。

三、驱虫药物的选择

1. **广谱、高效、低毒驱线虫药** 左旋咪唑、阿苯达唑等，对猪疥螨和原虫、鞭虫无效。
2. **高效、广谱的驱体内外寄生虫药** 阿维菌素、伊维菌素、多拉菌素等,对吸虫和绦虫无效。
3. **驱体表寄生虫药** 伊维菌素等。
4. **驱猪球虫、弓形虫药** 磺胺类药物及其他。

四、猪场驱虫遵循原则

（1）尽量选择广谱、高效、低毒、便于投药、价格便宜、无残留或少残留、不易产生耐药性的药物。

（2）必要时联合用药、轮换用药。

(3) 准确地掌握剂量，间隔一定的时间进行二次或多次驱虫。
(4) 混饮投药前禁饮，混饲前禁食。
(5) 大规模用药前需进行安全试验。
(6) 遵守有关药物在组织中的最高残留限量和休药期的规定。

五、猪场寄生虫控制参考程序

(1) 全场普注 1 次药物。
(2) 怀孕母猪产前 1～2 周内驱虫 1 次。
(3) 种公猪每年至少 2 次。
(4) 仔猪转群时普注 1 次药物。
(5) 后备种猪转入种猪舍前 15d 左右驱虫 1 次。
(6) 新引进的猪注射驱虫药后再和其他猪并群。
(7) 注意圈舍的清洁和粪便的处理。

没有任何一种驱虫程序能够统一用于各养猪场。在生产实践中，猪场可在寄生虫流行规律调查的基础上，选择有针对性的驱虫药物及适宜的驱虫时间，制订周密的驱虫计划，灵活掌握使用，以达到最佳效果。

典型案例介绍与讨论

2017 年 10 月，某猪场 304 头 50～70kg 的猪表现咳嗽、呼吸困难、发热、皮肤发红、口鼻流白沫。初诊为猪巴氏杆菌病。兽医用青霉素 800 万 U、链霉素 300 万 U、2.5%恩诺沙星 20mL、复方庆大霉素 20mL、30%安乃近 20mL、10%复方氨基比林 20mL、地塞米松 50mg 肌内注射。每天 2 次、连续 5～6d。结果发病 63 头猪衰竭死亡，病前比较强壮的 241 头猪，体温偏低，频频腹泻，皮肤苍白，贫血，食欲下降。请根据以上情况做出初诊，分析原因，制订措施。

【思政园地】科学防控动物疫病，牧医学生任重道远

一、填空题

1. 初生仔猪采用超前免疫时，接种猪瘟弱毒苗的时间是 _____ 接种后过 _____ 再给乳猪吃初乳。

2. 猪副伤寒弱毒冻干苗有两种接种方法，即 _____ 和 _____，一般在仔猪 _____ 和 _____ 日龄进行二次免疫。

3. 预防猪流行性乙型脑炎，在每年的 _____ 月接种，_____ 月龄以下的仔猪不接种。

4. 仔猪免疫接种猪链球菌弱毒菌苗的时间是 _____，成年猪可在每年的 _____ 各接种 1 次。

5. 种公猪每年要接种 _____ 次猪瘟、猪丹毒、猪肺疫三联苗，后备猪要在

_____加强免疫一次猪瘟、猪丹毒、猪肺疫三联苗。

6. 猪瘟兔化弱毒苗的注射方法是_____，猪丹毒弱毒冻干苗的注射方法是_____，猪喘气病疫苗的注射方法是_____，猪口蹄疫灭活疫苗的注射方法是_____。

7. 药物预防仔猪黄痢的方法是：1日龄肌内注射_____，哺乳前口服_____，哺乳前母猪乳头、乳房用_____擦拭消毒。

8. 预防仔猪白痢的发生，可在7日龄时用_____拌料，仔猪与母猪共同饲喂。

9. 断奶后仔猪很容易发生腹泻，故应在断奶前后饲料中添加_____，为了减轻因断奶造成的应激，可同时在饲料中添加_____。

10. 阿维菌素或伊维菌素的作用是_____，注射方法是_____，用药剂量是_____。

11. 母猪产后注射抗生素的目的是_____和_____。

12. 粪便生物热发酵消毒，一般要发酵_____月，发酵方法有_____和_____。

二、判断题

1. 仔猪超前免疫接种猪瘟兔化弱毒苗以后，可立即让仔猪吃初乳。（ ）
2. 未断奶仔猪接种猪瘟兔化弱毒苗以后，产生的免疫力不坚强，在断奶后（一般在60日龄）要加强免疫1次。（ ）
3. 仔猪副伤寒的免疫接种时间是在70日龄。（ ）
4. 母猪要在怀孕后期接种猪细小病毒灭活苗。（ ）
5. 免疫接种预防仔猪黄、白痢是给仔猪注射大肠杆菌菌苗。（ ）
6. 免疫接种时，如猪群个别猪有体温升高等情况，为了防止漏免，也要同时进行接种。（ ）
7. 为了预防仔猪贫血病的发生，可在10日龄时给仔猪注射补铁制剂。（ ）
8. 仔猪去势时，用青霉素粉处理阉割伤口，是为了防止伤口感染，特别是为了防止破伤风的发生。（ ）
9. 用2%敌百虫溶液喷雾猪体，是为了防止发生皮肤及体内寄生虫病。（ ）
10. 猪舍带猪消毒可用3%氢氧化钠溶液。（ ）
11. 用任何消毒药品消毒时，浓度愈高，消毒效果愈好。（ ）
12. 对污染的环境采用化学方法消毒时，温度愈低，消毒效果愈好。（ ）
13. 被消毒物品表面有大量有机物存在时，并不影响消毒剂的消毒效果。（ ）

三、问答题

1. 从免疫接种、药物预防及消毒3个方面考虑，如何预防仔猪大肠杆菌病？
2. 请设计断奶仔猪的药物预防方案。
3. 请设计断奶仔猪的免疫预防程序。
4. 猪出栏后，空圈应如何消毒？
5. 粪便消毒的方法有哪些？
6. 疫苗在使用时应注意哪些问题？
7. 试析猪场猪群免疫失败的原因。
8. 影响消毒效果的因素有哪些？

模块四 实验实训

【思政园地】畜牧业生物安全与宜居宜业和美乡村建设

项目一 猪场疫病防控关键技能

【技能目标】
1. 能够学会畜禽舍、用具、地面及粪便的消毒方法。
2. 能掌握免疫接种的方法及疫苗的使用常识、免疫档案的填写。
3. 学会猪尸体运送和处理方法。
4. 体会猪场疫病防控技能在实际中的作用,逐步树立专业自豪感。

技能实训一 猪场消毒

猪场消毒

【应用价值】 在养殖生产实践中,消毒是一项经常采用的非常关键的措施。通过消毒,可杀灭和减少生产环境中的病原体,从而使生产环境中病原体数量减少到最安全水平,控制猪场疫病的发生。

【实训课时】 4学时。

【任务目标】能够学会畜禽舍、用具、地面及粪便的消毒方法。

【知识储备】

(1) 畜舍消毒常用的方法有_____、_____、_____、_____。
(2) 畜舍消毒常用的消毒剂有_____、_____、_____、_____。
(3) 可用于带畜消毒的消毒药剂有_____、_____、_____。
(4) 应用化学消毒剂进行消毒前,最好先做好_____、_____等物理清除法处理。
(5) 配制1‰的百毒杀溶液500L,需要百毒杀_____mL。

【材料及用具】 喷雾器、台秤、量筒、盆、桶、清扫及洗刷用具、高筒胶靴、工作服、胶手套、消毒药品。

【方法步骤】

(一) 常用消毒器的使用(教师示范)

手动喷雾器、机动喷雾器、火焰喷灯。

(二) 常用消毒液的配制浓度

2%~3%氢氧化钠溶液、20%石灰乳液、0.5%过氧乙酸(或0.2%次氯酸钠,或0.1%百毒杀,或0.1%新洁尔灭)等。

（三）消毒步骤

1. 进入猪场大门的消毒

（1）按猪场员工要求，进入猪场前应换鞋、更衣，通过喷雾消毒通道或经紫外线照射10～15min后，方可进入生产区。进入生产区时必须脚踏消毒池，消毒盆洗手消毒。

（2）进入生产区后边参观边向猪场主管询问了解猪场消毒制度，并作记录。

2. 猪场生产区环境消毒

（1）实习物品准备。2%～3%氢氧化钠溶液、塑料桶或陶瓷桶、水鞋、橡胶手套、喷雾器等。

（2）消毒方法。将药液喷洒消毒生产区道路及两侧5m左右范围和猪舍间空地，要求药液喷洒均匀，地面湿润滴水，不留死角，每月消毒2次。

3. 空猪舍消毒

（1）物品准备。2%～3%氢氧化钠溶液、0.5%过氧乙酸、塑料桶或陶瓷桶、水鞋、橡胶手套、喷雾器等。

（2）消毒方法。清除粪便及污物后，先用2%～3%氢氧化钠溶液喷洒猪舍墙壁、地面至湿润滴水为度，不留死角。空舍1周，清水冲洗待干燥后再用0.5%过氧乙酸喷雾消毒，即可进猪。

4. 猪舍带猪消毒

（1）物品准备。塑料桶或陶瓷桶、水鞋、橡胶手套、喷雾器等。

（2）消毒方法。清洁猪舍地面后，选择能带猪消毒的药液喷雾，用量$1000mL/m^2$（按猪舍面积计算）。消毒时"按先里后外，先上后下"的顺序均匀喷洒至湿润滴水为度，最后打开门窗通风去除药味。每周消毒1次。消毒药要轮换交叉使用。

5. 用具消毒 料槽、饮水槽、勺、铲、推车等饲养用具清洗后用0.1%新洁尔灭或2%氢氧化钠溶液冲洗消毒，然后用清水冲洗干净，去除药味。每天清洗消毒1次。

6. 粪便消毒

（1）物品准备。漂白粉或生石灰粉，铁铲等。

（2）消毒方法。

①化学药品消毒法。将漂白粉或生石灰粉与粪便按1∶5混合，然后深埋地下2m左右（本法适合于烈性传染病病原污染的少量粪便的处理）。

②堆积法。在远离人畜居住的地方设堆粪场，在地面挖深20～30cm、宽2m圆坑，将粪便倒入做圆锥状堆积，高1～2m，压实，外面覆压10～15cm厚泥土封表，夏季封存3周以上，冬季封存3个月以上，利用生物热对粪便进行消毒。

【注意事项】 配制氢氧化钠溶液时，应戴橡胶手套操作，不可用手直接接触，以免灼伤，也不宜用金属容器储存氢氧化钠溶液。

【实训报告】 写出空舍消毒的方法步骤。

猪免疫接种

技能实训二 免疫接种

【应用价值】 使用疫苗（菌苗）等各种生物制剂，对猪群有计划地进行预防接种，以提高猪群对相应疫病的特异抵抗力，是规模化养猪场综合性防疫体系中一个极为重要的环节，是构成养殖业生物安全体系的重要措施，需要熟练掌握。

【实训课时】　4学时。

【任务目标】　能够学会免疫接种的方法及疫苗的使用常识、免疫档案的填写。

【知识储备】

（1）猪瘟疫苗的注射时间为＿＿＿＿＿＿、＿＿＿＿＿＿、＿＿＿＿＿＿。

（2）后备母猪需要注射的疫苗为＿＿＿＿＿＿、＿＿＿＿＿＿、＿＿＿＿＿＿。

【材料及用具】（以猪瘟疫苗的免疫接种为例）猪瘟兔化弱毒疫苗（或脾淋苗）3瓶，电炉、消毒锅，金属注射器（5mL、10mL或20mL），针头若干（12~16号），75％酒精棉球，5％碘酊棉球，猪瘟疫苗使用说明书1份，镊子1把，动物免疫档案复印件每人1份。

【方法步骤】

（1）将注射器、针头、镊子等煮沸消毒备用。

（2）教师指导学生阅读疫苗使用说明书，并进行讲解。

（3）疫苗稀释。教师先示范操作，然后由学生分组操作。

（4）免疫接种。教师先做免疫接种示范操作，然后由学生分组进行操作。

（5）动物免疫档案填写。免疫接种操作结束，由教师指导学生填写动物免疫档案。

【注意事项】

（1）注意做好操作者的安全防护，只能在安全的情况下进行操作。

（2）使用疫苗前必须阅读疫苗包装标签和说明书，了解疫苗性状、保存要求、有效期、注射剂量、注射方法、免疫期以及生产厂家。

（3）开启后的疫苗按规定在一定时间内用完，没有用完的作废弃处理，用后的疫苗空瓶不能随意丢弃。

（4）家畜接种疫苗后可能会出现不良反应，若发生严重症状应及时救治。

【实训报告】

（1）填写猪瘟免疫档案。

（2）简述猪瘟兔化（或脾淋苗）弱毒苗的保存及使用方法。

技能实训三　病死猪无害化处理

【应用价值】　病死猪，特别是患猪传染性疫病和寄生虫病致死的猪，是疫病重要传染源。及时进行无害化处理病死猪是消灭传染源、终止疫病传播、防止污染环境的最有效措施之一。

【实训课时】　4学时。

【任务目标】　掌握猪尸体运送和处理的方法。

【知识准备】

（1）动物尸体的处理方法有＿＿＿＿＿＿、＿＿＿＿＿＿、＿＿＿＿＿＿。

（2）尸体处理过程中所用的消毒药有＿＿＿＿＿＿、＿＿＿＿＿＿、＿＿＿＿＿＿等。

【材料及用具】　病死猪，运尸车，消毒液，纱布，喷雾器，大铁锅，工作服，工作帽，胶鞋，手套，口罩，风镜，消毒液及消毒器。

模块四　实验实训

【方法步骤】

1. **尸体的运送**　参与运送病死猪尸体的人员，均应穿戴工作服、工作帽、胶鞋、手套、口罩、风镜。运尸车应不漏水，最好是车内壁钉有铁皮的特制运尸车。尸体装车前，在车厢底部铺一层石灰，并应先用蘸有消毒液的湿纱布，堵塞尸体的天然孔，防止流出分泌物和排泄物。尸体装车时，把尸体躺过的地面表土铲起，连同尸体一起运走，并用消毒液喷洒地面。装运过尸体的车辆、用具，人员被污染的衣物等，均应进行严格消毒。

2. **高温煮熟处理法**　将肉尸分割成重2kg、厚度8cm的肉块，放在大铁锅内（有条件的可用蒸汽锅），煮沸2～2.5h，至猪的深层肌肉切开为灰白色。适用对象为患猪肺疫、结核病、弓形虫病等的病死猪。

3. **化制处理法**

（1）土灶炼制。先在锅内放入1/3清水煮沸，再加入需化制的脂肪和肥膘小块，边搅拌边将浮油撇出，最后剩下渣子，用压榨机压出油渣内油脂。这种方法不适用于患有烈性传染病的患病动物肉尸。

（2）湿炼法。用湿压机或高压锅炼制患病动物肉尸和废弃物。用这种方法可以处理烈性传染病动物肉尸。

（3）干炼法。将动物肉尸切割成小块，放入卧式带搅拌器的夹层真空锅内，蒸汽通过夹层，使锅内压强增加，升至一定温度，可以破坏炼制物结构，使脂肪液化从肉中析出，同时也杀灭细菌。适用于患炭疽、口蹄疫、猪瘟、布鲁氏菌病等动物肉尸的处理。

4. **尸体掩埋法**　选择远离住宅、道路、放牧地、池塘、河流等，地下水位低，土质干燥的地方，挖一长2m、宽1.5m、深2～2.5m的坑，先向坑内撒一层新鲜石灰，尸体投入后，再撒一层石灰，然后用土掩埋夯实。

5. **尸体焚烧法**　将患病动物尸体、内脏、病变部分投入焚化炉中烧毁炭化。也可在地面挖一长2.0m、宽1.0m、深0.6m的坑，将挖出的土堆在坑的四周成为土埂，坑内装满木柴，在坑口放上3根用水泡湿的横木，将尸体放在横木上，在尸体和木柴上浇柴油点燃，直至将尸体烧成黑炭为止，最后就地埋在坑内。适用于患烈性传染病的动物尸体处理。

6. **发酵法**　将尸体抛入专门的尸体坑内，利用生物热的方法将尸体发酵分解，以达到消毒的目的。应选择远离住宅、农牧场、草原、水源及道路的僻静地方。尸坑为圆井形，深9～10m，直径3m，坑壁及坑底用不透水材料制成（多用水泥）。坑口高出地面约30cm，坑口设盖，盖上有小的活门（平时上锁），坑内有通气管。如有条件，可在坑上修一小屋。坑内尸体可以堆到距坑口1.5m处。经3～5个月后，尸体完全腐败分解，此时可以挖出做肥料。如果土质干硬，地下水位又低，加之条件限制，可以不用任何材料，直接按上述尺寸挖一深坑即可，但需在距坑口1m处用砖头或石头向上砌一层坑缘，上盖木盖，坑口应高出地面30cm，以免雨水流入。

【实训报告】　养殖过程中，发现有5头猪患有口蹄疫，请你根据所学知识，设计一个具体的处理病死猪尸体的方法。

技能随堂小考核

考核项目	考核重点	考核内容	分值
消毒	1. 消毒器材的准备	1. 认知养殖场常用消毒器械 2. 使用前的调试、检查	5 10
	2. 常用消毒液的配制方法	1. 熟悉常用消毒剂名称 2. 消毒药液浓度表示 3. 配制步骤（称量、混合等）	10 10 15
	3. 畜（禽）舍、土壤、粪便等消毒步骤、方法	1. 机械清扫 2. 喷洒消毒剂 3. 地面土壤消毒 4. 粪便消毒（焚烧、掩埋、发酵）	5 15 15 15
免疫接种	疫苗稀释	1. 阅读疫苗使用说明书，了解其用途、用法、用量和注意事项等 2. 检查疫苗 3. 按说明书要求稀释疫苗 4. 将稀释好的疫苗放于冷藏箱内，冷藏备用	5 15 20 10
免疫接种	疫苗接种	1. 了解猪的健康状况，病弱及怀孕猪暂不接种 2. 安装调节好注射器，排净注射器及针头内水分 3. 准确吸取疫苗 4. 消毒注射部位	10 10 15 15
病死猪无害化处理	病死猪无害化处理	1. 病死猪尸体的运送 2. 无害化处理操作	30 70

项目二　猪病诊断基本技能

【技能目标】

1. 学会猪尸体剖检方法及根据组织器官病变特征诊断猪病。
2. 学会被检病料的采取、保存及运送方法。
3. 学会病原学诊断技术。
4. 学会血清学诊断技术。
5. 学会体内、体外寄生虫的检查方法。
6. 培养热爱专业、精益求精的工匠精神。

技能实训一　病死猪病理剖检

【应用价值】　动物尸体剖检是兽医专业最基本的一项技能，通过剖检，有针对性地采集合适的样本进行检验，根据组织器官病变典型特征，能够有效地诊断猪病。

【实训课时】　4学时。
【任务目标】　学会规范的病理剖检术式。
【知识准备】
（1）尸体剖检一般应先＿＿＿＿＿＿检查，接着再＿＿＿＿＿＿检查。
（2）进行病死猪尸体剖检的步骤是＿＿＿＿＿＿＿＿＿＿＿＿＿＿＿＿＿＿＿＿。
【材料及用具】　剖检器械一套、盆、桶、工作服、水鞋、乳胶手套、注射器、针头、新鲜病死猪1～2头。
【方法步骤】
（一）剖检顺序
剖检顺序→外部检查→内部检查→剥皮及皮下检查→剖开腹腔一般视检→腹腔脏器的摘除和检查→剖开胸腔一般视检→胸腔器官的摘除和检查→口腔和颈部器官的摘除及检查→盆腔器官的摘除和检查→剖开颅腔，摘除脑检查→剖开鼻腔检查→剖开脊椎管摘除脊髓检查→肌肉、关节的检查→骨和骨髓的检查。
（二）剖检步骤
1. **了解发病情况**　判断疾病范围，确定剖检侧重点。
2. **尸体外部检查及外表检查**　主要检查及营养状态，天然孔以及可视黏膜变化，体表整洁度以及色泽变化等。
（1）注意湿冷、尸斑、尸僵、尸体腐败等死后征象。
（2）营养状态检查。根据肌肉发育和皮下脂肪情况来确定猪生前的营养情况，以此判定病死猪是急性死亡还是慢性消耗性死亡。突然死亡的育肥猪，尸体皮下脂肪较多，肌肉丰满发达；慢性消耗性疾病死亡的病死猪及老龄猪，尸体皮下脂肪极少，肌肉单薄，肋骨、脊柱、骨骼外角、坐骨结节等显著突出，眼窝下陷。
（3）可视黏膜检查。主要检查眼结膜、鼻腔、口腔、肛门和外生殖器等可视黏膜的色泽及病变，检查天然孔的开闭状态，有无分泌物、排泄物以及分泌物和排泄物的性状、数量、气味等。
（4）体表检查。主要检查尸体的头部、躯体、四肢等部位的变化。
①头部检查：注意口腔、牙龈等有无溃烂、水疱、出血、坏死；查看眼睛及眼结膜有无肿胀、外伤、充血、出血、分泌物；查看鼻孔和鼻盘有无分泌物、水疱、溃疡、是否干燥；查看耳朵颜色及病变。
②躯体的检查：注意皮肤色泽及皮肤病变，是否有外伤、溃疡、出血、坏死等。
③四肢的检查：注意四肢关节有无肿胀，皮肤有无出血，蹄部有无外伤、水疱、溃疡、红肿等变化。
3. **内部检查**
（1）皮下组织检查。从颌下、胸、腹正中至耻骨前缘切开皮肤，检查下颌淋巴结、腹股沟淋巴结是否有充血、出血、炎症、水肿等病变。检查皮下脂肪的沉积量、性状及其色泽；下组织湿润和干燥程度；皮下各部位淋巴结大小、硬度、色泽以及其切面变化；注意皮下有无出血、水肿、炎症、脓肿；暴露血管的充盈度，血液凝固状态等。
（2）体腔剖检。分别打开腹腔、胸腔（如需进行实验室检查，先采集病料）。
①腹腔及腹腔器官检查：从剑状软骨后方沿腹中线由前向后切开腹壁至耻骨前缘（注意

不要切伤腹部器官），观察腹部器官位置，腹水数量、颜色、性状，腹膜及腹腔脏器浆膜是否光滑、粘连。各器官外表、色泽、大小及硬度，观察有无充血、出血、水肿、梗死等病变，重点检查肠系膜淋巴结有无充血，出血，水肿。

②胸腔及胸腔器官检查：用剪刀由后向前剪断肋软骨与胸骨结合部，用力往两侧压断肋骨，充分暴露胸腔。检查胸腔、心包腔有无积液及其性状；检查心包薄厚，心脏大小，表面光滑度及完整性，有无增生物、猪囊虫，切面色泽、心血性状等；检查胸膜是否光滑，有无粘连。检查肺大小、两侧对称性，各肺叶色泽、质地、有无脓包、水肿、变性、炎症变化等。然后分离咽、喉、气管、食管周围组织，将喉、气管、心脏、肺一同采出检查。

③骨盆腔脏器的检查：检查各器官的大小、形态、色泽、光滑度、充盈度。观察有无出血、粘连、肿大、萎缩、淤血、坏死、结节、肿瘤等，检查被膜是否容易剥离，肾盂变化等。

④大脑检查：如怀疑为败血症、伪狂犬病等可进一步剖开颅腔检查大脑，观察脑膜有无充血、出血等变化。

（三）病理剖检变化识别

病理剖检变化识别详见表 4-1、表 4-2。

表 4-1　猪尸体外部病变与所提示疾病

器官	病理变化	提示疾病（或病变所在部位）
头、蹄	耳朵、鼻、嘴唇发绀	血液循环障碍性疾病
	眼结膜充血	热性病
	眼结膜苍白	贫血性疾病
	眼结膜黄染	黄疸性疾病
	额部、眼睑水肿	仔猪水肿病
	鼻歪斜、颜面部变形	猪传染性萎缩性鼻炎
	口、蹄出水疱、糜烂、溃疡	猪口蹄疫、猪水疱病等
	咽喉部明显肿大	急性猪肺疫
	下颌淋巴结肿大、化脓	猪链球菌病（局部化脓型）
	关节肿胀	猪链球菌病、猪丹毒、副猪嗜血杆菌病
皮肤	针尖大出血点、指压不退色	急性猪瘟
	方形、菱形红色疹块	亚急性猪丹毒
	皮肤发红，脐部、四肢内侧、腹下、毛孔处有较多出血点	败血性疾病
	背部、耳、四肢、腹侧、臀部出现大小不均出血斑点或斑块	弓形虫病、猪瘟、猪副伤寒、猪链球菌病等
	剧痒、脱毛、皮炎、粗糙鳞屑、结痂	皮肤病（猪虱、疥癣等）
	弥散性或局灶性淤血、发紫	败血性疾病
肛门	周围沾污粪便	肠炎

表 4-2　组织器官病变与所提示疾病

器官	病理变化	提示疾病（或病变所在部位）
淋巴结	局部淋巴结充血、出血、水肿	局部感染
	下颌淋巴结化脓	链球菌病
	全身淋巴结充血、出血	败血症
	下颌淋巴结干酪样坏死	结核病
胃肠	胃肠黏膜充血	胃肠炎
	胃肠壁水肿	猪水肿病
	盲结肠黏膜弥漫性、糠麸样坏死	仔猪慢性副伤寒
	盲结肠黏膜纽扣状溃疡	慢性猪瘟
	大肠出血性炎症	猪痢疾（血痢）
肝	棕黄色、肿大	猪支原体病
	白色坏死点	伪狂犬病
	灰白色斑点及硬变	猪蛔虫病
	充血、肿大、充血	败血症或中毒
肾	小点出血	急性猪瘟或伪狂犬病
	充血、肿大、充血	败血症或中毒
肺	纤维素性肺炎	急性猪肺疫或猪传染性胸膜肺炎
	水肿、间质增宽、出血、坏死	猪弓形虫或蓝耳病
	尖叶、心叶、膈叶肉变、胰变	猪气喘病
	局部化脓	链球菌病
心脏	心内外膜出血点	败血症
	心肌条纹状坏死（虎斑心）	口蹄疫
	二尖瓣菜花样结节	慢性猪丹毒
	心肌内有灰白色米粒大囊泡	猪囊尾蚴病
浆膜	胸膜炎	急性猪肺疫或猪传染性胸膜肺炎
	腹膜炎	腹部伤口感染或败血性链球菌病
睾丸	肿大、发炎、坏死	布鲁氏菌病或乙型脑炎
肌肉	咬肌、心肌等肌肉有米粒大灰白色囊泡	猪囊尾蚴病

（四）病理剖检记录

剖检记录是后续诊断综合分析的原始材料，也是重要的流行病学资料，有保存价值。剖检记录应按一定的格式规范书写，记录内容力求完整、详细。对病变组织的形态、大小、重量、位置、色彩、质度、性质、切面结构变化等要客观地描述和说明，切不可用诊断术语和名词来代替对病变的描述。

1. **基本情况**　包括动物的种类、性别、年龄以及序号标识码，临床症状，死亡时间，送检时间，剖检地点，突检时间等。

2. **病理剖检情况**　根据剖检所见，对各器官组织的病理变化进行全面分析，分清主要病理变化，次要病理变化，原发性和继发性的病理变化等。

3. **剖检诊断** 提出初步剖检诊断病名和死亡原因，提出处理意见和建议。

(五) 剖检注意事项

(1) 剖检对象选择。必须在流行病学调查和临床诊断的基础上，决定是否需要病理剖检，如确定剖检应选择具有典型症状的濒死病猪。

(2) 剖检时间。猪病死后应尽快进行剖检（病死后 4~6h）。

(3) 剖检地点。病理剖检应选择远离养殖场，且便于清理和消毒的地点，最好在剖检实验室进行。

(4) 注意将尸冷、尸斑、尸僵、尸体腐败等死后尸体变化与剖检所见病变进行区别。

(5) 病理解剖必须做好个人防护。

(6) 病理解剖必须做记录。

(7) 病理解剖力求全面观察，切不可片面观察做出判断。

(8) 剖检结束后消毒剖检场地，将污物、尸体运到指定地点进行无公害处理。

病死猪病理剖检及病料采集技术

【实训报告】 写出猪瘟、猪口蹄疫、猪丹毒、仔猪副伤寒、猪气喘病、猪弓形虫病各有何主要剖检变化。

技能实训二 病料采取、包装及送检

【应用价值】 病料采集、包装、送检，是猪病实验室诊断的基础，病料的采集、样品的处理和保存是否恰当，直接关系实验结果的准确性。目前养殖场疾病复杂，多呈混合感染和继发感染，单凭临床经验难以做到确切诊断。通过从病猪或尸体采集病料，进一步进行实验室检验，才能有针对性采取防控措施，减少临床工作的盲目性。

【实训课时】 2学时。

【任务目标】 学会被检病料的采取、保存、包装、送检的方法。

【知识准备】

(1) 死猪剖检越早越好，一般不超过_____h。

(2) 剖检地点应选择一个较偏僻，远离_____、_____、_____、_____的地点进行。

【材料及用具】 剖检器械一套、载玻片、试管、棉签、盆、桶、工作服、防护服、胶靴、橡皮或塑料围裙、乳胶手套、口罩、灭菌吸管、灭菌棉签、纱布、无菌样品容器、平皿、采血针头、生理盐水、0.1%新洁尔灭、5%碘酊、75%酒精、3%来苏儿、30%甘油缓冲液或50%甘油缓冲液或10%饱和食盐水或10%甲醛、病料送检单、不干胶标签、记号笔、记录本等。

(一) 病料采取

1. 液体样品

(1) 血液。通过耳静脉或前腔静脉采血。

①全血样品。进行血液学分析，样品中加抗凝剂。采血时预先在采血管内放入抗凝剂0.1%肝素或3%~5%枸橼酸钠并旋转湿润内壁，直接将血液滴入抗凝剂中，立即连续摇动，充分混合。

②血清样品。制作血清样品的血液中不加抗凝剂。

③血浆样品。采血试管内先加抗凝剂，血液采完后，使血液与抗凝剂充分混合后静置，上层即为血浆。

（2）其他液体样品。

猪采血及血清制备技术

①乳汁。取乳者的手和动物的乳头用新洁尔灭消毒后挤乳，弃去最初几把乳汁，然后收集10～20mL乳汁装入灭菌瓶内冷藏。

②脓汁、鼻液、水疱液、水肿液和开放性化脓灶。用灭菌的棉拭子蘸取脓汁，迅速放入有保存液的灭菌试管中。未破的水疱液、脓肿及腹水用灭菌注射器抽取，当脓汁黏稠时，先向脓汁内注射灭菌生理盐水1～2mL，然后抽取放入灭菌试管中。尸体剖检后的胸水、水疱液、关节囊液等用灭菌吸管吸取，放入灭菌容器中。

③胆汁。用灭菌注射器吸取胆汁数毫升，置于灭菌容器。

2. 固体样品

（1）淋巴结及内脏。采取病变组织器官邻近的淋巴结，将淋巴结与周围组织脂肪组织一并采集。实质器官选择病变明显的部位。

（2）其他固体样品。

①水疱皮。病变部清洗，剪去新鲜水疱皮3～5g，放入有保存液的小瓶。

②粪便。用清洁玻璃棒挑取新鲜的粪便少许（约1g）至小瓶内，或用棉拭子从直肠内掏取。

③肠。用线扎紧病变明显的两端，自扎线处外侧剪断，把该段肠管置于灭菌容器中；也可将肠管剪一小口，用灭菌棉拭子擦取肠管黏膜及其内容物。肠管和棉拭子必须置于单独的灭菌容器内。

④皮肤。取一块儿大小约10cm×10cm的皮肤保存于30%甘油缓冲液或饱和食盐水溶液中。

（3）拭子样品。

①泄殖腔拭子。将棉拭子插入泄殖腔1.5～2cm，旋转后粘上粪便。

②喉气管拭子。将棉拭子插入口腔至咽的后部，直达喉气管，轻轻擦拭并慢慢旋转，粘上气管分泌物。

（4）镜检样品。供显微镜检查用的液体、固体病料均可制成涂片、触片等送检。

（二）病料的保存

1. **细菌病料**　保存在30%甘油缓冲盐水溶液中。

2. **病毒材料**　保存在50%甘油缓冲盐水溶液中。

3. **病理组织学材料**　保存在10%福尔马林溶液中，24h换液一次。

（三）包装送检

病料采集后应立即送到实验室，若不能立即送检，应尽快冷藏放入冰箱或加冰的保温箱、保温瓶或冷冻（病毒样品）。血清短期保存可冷藏，长期保存要冻结。

（四）病料的记录

采取病料时应详细填写病料送检单，内容包括单位、病料名称、动物种类、检验目的、采样日期、发病动物的主要临诊症状和剖检变化、治疗情况、流行情况等，以供检验人员综合分析用。

（五）注意事项

（1）无菌采集。采取病料的全过程必须无菌操作，尤其是供细菌学检查的病料。

（2）安全采集。采集病料做好个人安全防护，同时防止病菌扩散污染环境。

（3）典型采集。要求采集样品具有针对性、代表性。

（4）适时适量采集。根据检验项目的不同，严格按规定时间采集病料。取材时间越早越好。采集病料的数量要满足检验需要，并留有余样，以备复检使用。

（5）对采集的样品标有清晰的唯一性标识，防止样品在传递和检疫检验过程中混淆。

（6）在采样过程中做好采样记录。最好对采样过程以录像、照片等图像信息方式保存。

（7）应用不漏水容器搬运尸体，剖检结束后应消毒剖检场地，将污物及尸体运到指定地点无公害处理。

【实训报告】 根据实际操作情况，写出采样过程及体会。

技能实训三　病原学诊断技术

一、涂片染色及细菌分离培养（以猪丹毒和猪肺疫为例）

【应用价值】 对猪丹毒和猪肺疫进行临床诊断、病理剖检诊断，再通过实验室细菌学诊断，做出准确的诊断结论，减少疫病造成的损失。

【实训课时】 2学时。

【任务目标】 初步学会猪丹毒、猪肺疫的细菌学诊断技术。

【知识准备】

（1）菌体染色方法有4种，分别是____、____、____、____。

（2）革兰氏阳性菌在镜下的染色特点是____。

（3）革兰氏阴性菌在镜下的染色特点是____。

（4）猪丹毒杆菌是革兰氏____性菌、巴氏杆菌是革兰氏____性菌。

（5）巴氏杆菌形态可描述为____。

【材料及用具】 显微镜、香柏油、载玻片、接种环、酒精灯、革兰氏染色液、美蓝染色液、二甲苯、手术剪、镊子、一次性注射器、血液琼脂培养基、恒温培养箱、染色架、水槽、疑似猪丹毒或猪肺疫病死猪1~2头。

【方法步骤】

1. 病料直接涂片镜检

（1）猪丹毒杆菌。无菌采取病料（疑似败血症猪丹毒取耳静脉血或心血、肝、脾、淋巴结等；疑似慢性猪丹毒取心内膜疣状增生物或关节液）做涂片至少3张，革兰氏染色后镜检。如发现革兰氏阳性、细长、散在、成对或成丛的纤细小杆菌，特别是在白细胞内排列成丛，在心内膜疣状物中多为弯曲长丝状，可初步诊断为猪丹毒杆菌（败血症猪丹毒镜检效果较好）。

（2）巴氏杆菌。无菌采取新鲜病料（心血、肝、脾、淋巴结等）做涂片至少3张，碱性美蓝或瑞氏染色后镜检，如发现典型的两极浓染的小杆菌，即可初步诊断为巴氏杆菌。

2. 细菌分离培养

(1) 猪丹毒杆菌分离培养。无菌取病料（心血、肝、脾、淋巴结等）接种于血液琼脂培养基，于37℃恒温培养24～36h。如在血液培养基上出现针尖大，呈透明露滴状的细小菌落，菌落周围有狭窄的绿色溶血环，取此菌落涂片，革兰氏染色后镜检，如发现革兰氏阳性纤细杆菌可诊断为猪丹毒杆菌。

(2) 猪巴氏杆菌分离培养。无菌取病料接种于血液琼脂培养基上，于37℃培养24h。如出现灰白色、圆形、湿润、露滴状、不溶血的小菌落，取菌落涂片，革兰氏染色后镜检，如发现两极浓染革兰氏阴性小杆菌，即可诊断为猪巴氏杆菌。

【实训报告】

(1) 简述猪丹毒杆菌和猪巴氏杆菌形态和培养特征。

(2) 叙述本次实验的细菌学检查方法。

技能拓展训练——药敏试验

【材料及用具】

(1) 新华滤纸、无菌平皿、无菌小瓶、无菌水，无菌吸管，玻璃弯棒、无菌镊子、打孔机、恒温培养箱。

(2) 培养24h的大肠杆菌、葡萄球菌、沙门氏菌斜面菌种，牛肉膏蛋白胨琼脂培养基、青霉素、头孢拉定、链霉素、卡那霉素、诺氟沙星等。

【操作步骤】

1. 药敏纸片的制备

(1) 取新华1号定性滤纸，用打孔机打成直径6mm的圆形纸片，放入一清洁干燥的青霉素空瓶中。

(2) 瓶口以单层牛皮纸包扎于160℃干热灭菌1～2h，或高压灭菌后（121.3℃、103.4kPa，15～20min）在60℃条件下烘干。

(3) 制备相应浓度的抗菌药物。青霉素10IU/片、头孢拉啶30μg/片、链霉素10μg/片、卡那霉素30μg/片、诺氟沙星10μg/片。

(4) 将欲测的抗菌药物溶液加入已灭菌的纸片，摊平在培养皿中，于37℃温箱内烘干2～3h。

2. 药敏试验（药敏纸片法）

(1) 制平板。取无菌平皿，将已熔化并冷却至45℃左右的牛肉膏蛋白胨琼脂培养基按无菌操作法倒入平皿中，使之冷凝成平板。

(2) 制备菌悬液。挑取普通营养琼脂平板上的纯培养菌落，置于3mL生理盐水中，混匀后与菌液比浊管比浊。调整浊度与比浊管（0.5麦氏单位）相同。

(3) 接种。用无菌棉拭子蘸取菌液，在管壁上挤压去掉多余菌液。用棉拭子涂布整个培养基表面，反复几次，每次将平板旋转60°，最后沿周边绕两圈，保证涂抹均匀。

(4) 加药物纸片。用无菌镊子将浸药滤纸片分别平铺于含菌平板上，注意药物纸片放好后不要移动，并在平皿背面做好标记。

(5) 培养。将平皿置于37℃恒温箱中培养24h，观察结果。

3. 结果判定 以抑菌圈直径大小判定敏感性（图4-1），其直径大小与药物浓度、划线细菌浓度有直接关系。

【注意事项】

（1）接种菌液的浓度必须标准化。

（2）接种细菌后应及时贴上含药纸片并放入37℃恒温箱中培养。

（3）结果判定不宜过早，一般为18～24h，如培养过久，细菌可能恢复生长而使抑菌环变小。

（4）试验过程中要防止污染抗菌药物，否则可发生抑菌环变小或无抑菌环现象。

（5）蛋白胨可使磺胺失去作用，因此磺胺类药物应采用无胨培养基。

【实训报告】 药敏试验的步骤及判定。

药敏试验

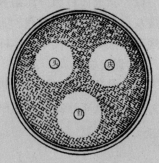
图4-1 药敏试验示意

二、体表寄生虫虫体检查（以猪疥癣为例）

【应用价值】 对猪疥癣进行临床诊断，再通过实验室进行虫体检查诊断，做出准确的诊断结论，可减少疫病造成的损失。

【实训课时】 2学时。

【任务目标】 掌握猪疥癣的临床检查和治疗方法，了解猪疥螨虫体的实验室检查方法。

【知识准备】

（1）猪疥螨是寄生在猪____内的一种_____性寄生虫病。病猪以_____和____为特征。

（2）临床上，用伊维菌素进行_____注射可以治疗猪疥癣。

【材料及用具】 显微镜、剪毛刀、外科刀、酒精灯、培养皿、试管、载玻片、盖玻片、胶头滴管、50％甘油生理盐水或液体石蜡、10％NaOH溶液、患疥癣的病猪1～2头。

【方法步骤】

1. 临床诊断方法

（1）视诊。观察病猪是否有皮炎、剧痒、局部脱毛、严重的消瘦、精神沉郁、食欲减退、发烧、生长缓慢等症状。

（2）流行情况调查（问诊）。询问是否有饲养管理和环境卫生差（阴暗、潮湿、拥挤），小猪多发等特点。根据症状特征和流行情况可做初步诊断。

2. 实验室检查

（1）刮取病料。在患部与健康部皮肤交界处剪毛，用无菌外科手术刀轻轻刮下表层痂皮至稍微出血为止，将刮取物置于培养皿或试管内。

（2）镜检。

①直接涂片法。将刮下的病料少许置于载玻片上，加数滴50％甘油生理盐水或液体石蜡，加盖玻片，在低倍镜下观察虫体。此法适合于检查皮屑中虫体较多的病料。

②浓集法。将刮取的病料放于试管中，加3～5倍10％NaOH溶液，加热煮沸至痂皮等大部分固体物被溶解后，静置20min，吸取管底沉渣，滴于载玻片上，加盖玻片，在低倍镜

下观察虫体。病料中含虫体较少可用此法。

【实训报告】 写出疥癣检查的过程及结果。

三、体内寄生虫检查（以猪蛔虫病为例）

【应用价值】 对猪蛔虫等主要寄生虫及其虫卵的形态进行观察、进行粪便中蛔虫虫卵检查，做出准确的诊断结论，可以减少疫病造成的损失。

【实训课时】 2学时。

【任务目标】 掌握主要寄生虫及其虫卵的形态和蛔虫虫卵粪便检查方法。

猪场寄生虫检查方法

【知识准备】

(1) 虫卵检查法共有三种，分别是_____、_____、_____。

(2) 猪肺丝虫、猪蛔虫其虫卵形态特征是_____、_____。

【材料及用具】

1. **标本** 猪蛔虫、猪巨吻棘头虫、肺丝虫及其虫卵的挂图，CAI课件和虫体标本。

2. **器材** 显微镜（每人一台），离心机4台，天平4台，粪盆4个，粪筛（金属筛或纱布）4个（块），火柴或牙签4盒，镊子4把，漏斗4个，载玻片及盖玻片每人两片，小试管及试管架每组一套，胶头滴管4个，金属圈（直径0.5～1cm）及铁架台各4个，烧杯4个，V形量杯4个。

3. **药品** 饱和食盐水，50%甘油生理盐水或生理盐水。

4. **粪便材料** 新鲜猪粪。

【方法步骤】

1. **虫体识别** 利用虫体标本、挂图、课件识别猪蛔虫、肺丝虫等寄生虫及其虫卵形态。

2. **粪便的采取、保存和送检**

(1) 粪便的采取。用镊子剥开自然排出的粪便外层，取中间未被污染的新鲜猪粪20～30g装入粪盆中，写上编号送检，每采一头猪粪，用镊子清洗一次，以免交叉污染。

(2) 保存。采取的粪便应立即送检，如不能立即送检，应放在阴暗处或冰箱中保存。若需保存时间较长，可将粪便浸入50～60℃的5%～10%福尔马林溶液中，以固定粪便中虫卵形态，抑制微生物繁殖。

3. **虫卵的检查**

(1) 直接涂片法。在洁净载玻片上滴加50%甘油生理盐水或生理盐水2～3滴，再用镊子夹取少量粪便放入其中，用牙签或火柴棒将其拌匀，去除粪渣，涂成薄层或加盖玻片后，用低倍镜观察，此法最简便，但检出率低，应做2张以上涂片。

(2) 沉淀法。由于虫卵比水重，可集沉于水底，适用于蛔虫卵检查。

①自然沉淀法。取粪便约3g置于烧杯中，加10～15倍水拌匀混合，用金属筛或纱布将粪液过滤于V形量杯中，静置10～30min，倾出上清液，用吸管吸取沉淀物滴于载玻片上，涂成薄层或加盖玻片后用低倍镜镜检。

②离心沉淀法。取粪便3g置于烧杯中，加10～15倍水拌匀混合，用金属筛或纱布将粪液过滤，取滤液装入离心管中，以2 500～3 000r/min速度离心1～2min，倾出离心管上清液，用吸管吸取沉淀物滴于载玻片上，涂成薄层或加盖玻片后用低倍镜镜检。

(3) 饱和食盐水漂浮法。取5～10g粪便置于烧杯中，加饱和食盐水15～20倍搅拌混合，用金属筛或纱布将粪液过滤，滤液置于另一个烧杯中静置15~20min，用金属圈（直径0.5~1cm）蘸取不同部位液面抖落于载玻片上，涂成薄层或加盖玻片后用低倍镜镜检。

【实训报告】

（1）描述猪蛔虫虫卵大小、形态、颜色、卵壳特征。

（2）画出蛔虫虫卵图。

四、PCR诊断技术（以猪伪狂犬病为例）

【应用价值】 由于养殖场疾病混合感染和继发感染的复杂性，单凭临床经验难以做到确切诊断而贻误病情。通过采集病料，用PCR诊断技术检测动物的病毒核酸，最终查清病原，才能针对性采取相应的防治措施，减少临床工作的盲目性。

【实训课时】 2学时。

【知识储备】 PCR实验的关键环节有_____、_____、_____、_____、_____等。

【材料及用具】 试剂盒组分、分析天平、离心机、PCR扩增仪、电泳仪、电泳槽、紫外凝胶成像仪、微波炉、移液器等。

【方法步骤】

1. 样品制备

（1）组织样品的处理。称取组织0.1g于研磨器中磨碎，再加1mL生理盐水继续磨至无块状物。然后将样品转至1.5mL灭菌离心管中，8 000r/min离心2min，取上清液200μL于1.5mL灭菌离心管中。

（2）全血样品的处理。待血凝后取血清200μL于1.5mL灭菌离心管中。

（3）阳性对照的处理。混匀后8 000r/min离心2min，取200μL于1.5mL灭菌离心管中。

（4）阴性对照的处理。混匀后取200μL于1.5mL灭菌离心管中。

2. 病毒DNA提取

（1）取出已处理的样品、阴性对照和阳性对照，分别加入600μL裂解液和10μL蛋白酶K，充分颠倒混匀，55℃水浴1h。

（2）加入600μL异丙醇，颠倒混匀。

（3）吸取650μL混合液转入吸附柱中，12 000r/min离心45s，弃去收集管中液体，套回收集管。

（4）重复步骤（3）。

（5）向吸附柱中加入600μL洗涤液，12 000r/min离心45s，弃去收集管中液体，套回收集管。

（6）重复步骤（5）。

（7）空柱12 000r/min离心2min。

（8）将吸附柱移入新的1.5mL灭菌离心管中，在膜中央加入25μL洗脱液，室温静置1min，12 000r/min离心45s，获得总DNA。

3. PCR扩增

（1）反应体系。每份总体积20μL，分别取16μL PCR反应液A（用前混匀）、2μL PCR反应液B（用前混匀）和2μL模板DNA，混匀。

（2）反应程序。在PCR仪上运行以下程序：94℃ 3min；94℃ 30s，65℃ 45s，72℃

30s，40个循环；72℃延伸10min。

4. 电泳

（1）制胶。用50倍稀释的TAE电泳缓冲液配制1.5％琼脂糖凝胶。称4g琼脂糖放于500mL锥形瓶中，加入50倍稀释的TAE电泳缓冲液200mL（取4mL 50倍稀释的TAE电泳缓冲液，用双蒸水稀释至200mL），于微波炉中溶解，再加入10μL染色液混匀。

（2）点样。在电泳槽内放好梳子，倒入琼脂糖凝胶，待凝固后将PCR扩增产物10μL混合2μL上样缓冲液，点样于琼脂糖凝胶孔中，于50倍稀释的TAE电泳缓冲液中电泳。

5. 观察结果 紫外凝胶成像仪下观察结果。

【结果判定】 阳性对照出现220bp扩增带，阴性对照无带出现（引物带除外）时，实验结果成立。被检样品出现220bp扩增带为猪伪狂犬病毒阳性，否则为阴性。

【注意事项】

（1）本试剂盒有效期为6个月，不要使用超过有效期限的试剂，试剂盒之间的组分不要混用。

（2）所有试剂应在规定的温度储存，使用时拿到室温下，使用后立即放回。

（3）注意防止试剂盒组分受污染。使用前将塑料袋内试剂瞬时离心15s，使液体全部沉于管底，放于冰盒中，吸取液体时移液器吸头尽量在液体表面层吸取。

（4）严格按试剂盒说明书操作。操作过程中移液、定时等全部过程必须精确。

（5）所有接触病料的物品均应合理处理，以免污染实验室。

【实训报告】 叙述猪伪狂犬病PCR诊断方法。

五、实时荧光PCR（以非洲猪瘟为例）

【实训课时】 2学时。

【材料及用具】 DNA提取试剂盒、2×PCR缓冲液、引物探针、阴阳性对照、5U/μL *Taq*DNA聚合酶、无菌无核酸酶水、0.01mol/L PBS（pH7.2）、双蒸水、分析天平（感量0.1mg）、高速台式冷冻离心机（最高离心速度不低于12 000 r/min）、冰盒、实时荧光PCR仪及配套反应管（板）、组织研磨器、－20℃冰箱、可调移液器（2μL、20μL、200μL、1 000μL）、1.5mL离心管（无核酸酶）。

【方法步骤】

1. 样品采集及运输 样品采集及运输按照NY/T 541的规定执行，采集猪的脾、淋巴结、血液等组织材料或血粉用于检测，样品应在冷藏条件下尽快运输至实验室，避免反复冻融。采样时应穿戴个人生物安全防护装备，实施现场消毒和废弃物处理。

2. 样品处理 检测前样品应在二级生物安全柜中处理。取0.1～0.2g组织或血粉，经研磨破碎后加1mL的0.01mol/L PBS（pH7.2）制成匀浆，经10 000 r/min离心取上清；全血、血清样品直接取1mL，置于1.5mL离心管内盖紧管帽。将上述处理的样品置于60℃条件下灭活30min。

3. 样品保存 采集或处理好的样品在2～8℃条件下保存应不超过24h；如需长期保存，应放置－70℃冰箱，但应避免反复冻融（冻融不超过3次）。

4. 病毒DNA提取

（1）DNA提取应在样本制备区内采用以下方法进行，若使用其他等效的病毒DNA提取试剂，则按照试剂说明书操作。

(2) 待检样品、阳性对照和阴性对照的份数总和用 n 表示，取 n 个灭菌 1.5mL 离心管，逐管编号。

(3) 每管加入 200μL DNA 提取液 1，然后分别加入待测样品、阴性对照和阳性对照各 200μL，1 份样品换用 1 个吸头，混匀器上震荡混匀 5s。于 4～25℃条件下，13 000r/min 离心 10min。

(4) 尽可能吸取上清、弃去，吸头不要碰到沉淀，再加入 10μL DNA 提取液 2，混匀器上震荡混匀 5s。于 4～25℃条件下，2 000r/min 离心 10s。

(5) 100℃干浴或沸水浴 10min。

(6) 加入 90μL 无 DNA 酶的灭菌去离子水，13 000r/min 离心 10min，上清即为提取的 DNA，−20℃保存备用。

5. 实时荧光 PCR 操作

(1) 在反应混合物配制区、样品制备区和检测区分别进行（2）～（4）步骤。

(2) 每个检测反应体系需使用 20μL 实时荧光 PCR 反应液。反应体系为：2×PCR 12.5μL，dNTP 1.0μL，上游引物 1.0μL，下游引物 1.0μL，探针 1.0μL，*taq* 酶 0.5μL，去离子水 3.0μL。转移 PCR 反应管至样品制备区。

(3) 在上述的反应管中分别加入提取的 DNA 溶液 5μL，使每管总体积达到 25μL，记录反应管对应的样品编号。盖紧管盖后，瞬时离心。

(4) 将加样后的反应管放入实时荧光 PCR 检测仪内，记录反应管摆放顺序。选定 5-羧基荧光素（FAM）作为报告基团，小沟结合物（MGB）为淬灭基团，反应参数设置如下：预变性 95℃ 3min；95℃ 15s，52℃ 10s，60℃ 35s，45 个循环；在每次循环的 60℃ 退火延伸时收集荧光。试验结束后，根据收集的 Ct 值和荧光曲线判定结果。

【结果判定】

1. 结果分析条件设定　实时荧光 PCR 检测阈值设定原则：阈值线超过阴性对照扩增曲线的最高点，且相交于阳性对照扩增曲线进入指数增长期的拐点，或根据仪器噪声情况进行调整。每个样品反应管内的荧光信号到达设定的阈值时所经历的循环数即为 Ct 值。

2. 结果描述及判定　当阳性对照 Ct 值≤28.0 且出现典型扩增曲线，阴性对照无 Ct 值无扩增曲线时，实验成立。当被检样品出现典型的扩增曲线且 Ct 值≤38.0 时，判为非洲猪瘟病毒核酸阳性；被检样品无 Ct 值，判为非洲猪瘟病毒核酸阴性；对于 Ct 值>38.0 的样品且出现典型的扩增曲线，应重检，重检仍出现上述结果的判为阳性，否则判为阴性。

技能实训四　血清学诊断技术

一、金标快速检测（以猪瘟抗体检测为例）

【应用价值】　猪瘟抗体金标快速检测试验是利用免疫胶体金技术检测猪血清中的特异性猪瘟病毒抗体。具有简便、快速、特异、敏感之优点，应熟练掌握。明确其在养猪生产实际中的应用价值。

【实训课时】　2 学时。

【知识准备】

(1) 抗原是指_____。

（2）抗体是指_____。

【材料及用具】

1. **器材** 离心机、消毒盘、试管、注射器及针头、镊子、毛剪、猪瘟抗体金标快速检测试纸等。

2. **药品** 酒精棉球等。

【方法步骤】

（1）在检测试纸条的椭圆形加样区（S）内加入3～6滴待检血液或血清样品。

（2）将试纸条平放在桌面上，在室温下观察。

（3）结果判定。

A. 阳性：在检测区（T）和对照区（C）各出现一条紫红色线。

B. 阴性：只在对照区（C）出现一条紫红色线。

C. 无效：不出现紫红色线，视试纸条已失效。

（4）诊断参考。

①在检测区内出现一条颜色较深的紫红色线，说明猪瘟抗体滴度较高，不需进行疫苗接种。

②在检测区内出现一条颜色很浅的紫红色线，说明猪瘟抗体为最低保护滴度，这是接种疫苗的最佳时间，需及时进行疫苗接种。

③当检测区无紫红色线出现，说明猪瘟抗体低于最低保护滴度，如果猪群健康，应当立即进行猪瘟疫苗接种。如果猪群中已有个别猪出现疑似猪瘟病时，则可以作为诊断猪瘟病的一个依据。

【注意事项】 试纸条从铝箔袋中取出后应尽快进行实验，谨防吸潮，吸潮后的试纸条将失效，如果加样区沾水会出现假阳性。室温下保存有效期为1年。

【实训报告】 根据检测结果写出实训报告。

二、抗体阻断酶联免疫吸附试验（ELISA）（以猪瘟病毒抗体检测为例）

【应用价值】 血清学检测具有特异性强，敏感度高的特点，能为猪群免疫水平的监测提供可靠依据。

【实训课时】 4学时。

【材料及用具】 猪瘟抗体检测ELISA试剂盒、被检血清、移液器、酶标仪等。

【知识准备】

（1）猪瘟抗体检测应用的方法是_____。

（2）待检血清应是_____。

（3）猪瘟抗体检测应设有_____和_____对照组。

（4）接种猪瘟疫苗的猪群免疫抗体效价达到_____为免疫合格。

【方法步骤】 根据试剂盒说明书进行规范操作。

1. **洗涤液配制** 用蒸馏水或去离子水将浓缩洗涤液（2号液）按1∶10稀释，如取50mL浓缩液与450mL蒸馏水或去离子水充分混匀，即为工作洗涤液。

2. **样本稀释** 用样本稀释液（5号液）将待检血清样本按1∶40稀释，如取5μL样本与195μL样本稀释液均匀混匀。阳性、阴性对照品，不用稀释直接加样。

3. **加样反应** 每次试验设阴性对照2孔，阳性及空白对照各1孔（分别加入阴性、阳性对照及样本稀释液 100μL）。样本检测孔每孔加已稀释血清样品 100μL，于 37℃ 避光反应 30min，甩去孔内液体，每孔注满工作洗涤液洗涤 3 次，每次均需停留 1min 后再甩净，拍干。

4. 加酶反应 除空白对照孔外，每孔加酶结合物（1 号液）1 滴。于 37℃ 避光反应，30min 后甩去孔内液体，如上洗涤，拍干。

5. 显色反应 加底物液（3 号液）和显色剂（4 号液）各 1 滴，混匀，于 37℃ 避光显色 10min。

6. 终止反应 加终止液（6 号液）1 滴终止反应，加终止液后蓝色会变为黄色。

【结果判定】 以空白对照调零，用酶标仪检测，读取 450nm（630nm 做参比波长）处吸光度值。

试验成立的条件：阴性对照（N）值>1.0，同时阳性对照（P）阻断率>50%。

计算方法：阻断率（PI）=1−（样品 OD 值÷阴性 OD 均值）

判定方法：当阻断率（PI）>40% 则判为阳性；当 30%<阻断率（PI）<40% 为可疑；PI（阻断率）<30% 则判为阴性。

【注意事项】

（1）每种试剂盒都有自己的特定的阳性值及敏感范围。

（2）原则上针对同一疾病，不同厂家的 ELISA 试剂盒之间没有直接可比性，除非做过平行对比研究。

（3）同一病原的抗体检测可能针对的抗原表位不同，会得到不同结果，要格外慎重。

【实训报告】 根据实际操作，写出猪瘟 ELISA 抗体检测过程及进行结果判定，并对结果进行分析。

三、血凝（HA）和血凝抑制（HI）试验（以猪细小病毒病为例）

【实训课时】 8 学时。

【知识准备】

（1）凝集实验包括_____、_____。

（2）凝集实验常用的载体是_____、_____等。

【材料及用具】 0.9% 生理盐水、阿氏液、1% 豚鼠红细胞、25% 白陶土悬液、20% 豚鼠红细胞、96 孔板、微量移液器等。

【方法步骤】

1. 红细胞凝集实验（HA） 在 V 型 96 孔反应板上，每孔加入 50μL 生理盐水，于第 1 孔中加入 50μL 待测猪细小病毒液混匀后，吸 50μL 加到第 2 孔中，混匀后再吸 50μL 加到第 3 孔中，依次类推，直到第 11 孔混匀后弃去 50μL，此时病毒液的稀释度为 1:2 至 1:2048，第 12 孔加 50μL 生理盐水作为红细胞悬液对照，然后每孔均加入 50μL 1% 豚鼠红细胞混悬液振荡 15s，混匀后置于室温（25℃ 左右）2h，观察结果。在红细胞悬液对照不发生凝集的条件下即可进行实验组的结果判读。

+++：凝集的红细胞呈薄膜状均匀覆盖孔底，强烈凝集，实则皱缩成团。

++：凝集的红细胞覆盖孔底，但中央有少量红细胞沉降成小圆点。

+：红细胞沉于孔底中央，但周围仍有散在的液红细胞凝集。

−：红细胞全部沉于孔底中央，周围无散在的红细胞凝集。

待检病毒的血凝效价为可以完全凝集红细胞（＋＋＋）的最高稀释度。

2. 血凝抑制试验（HI）

待检血清的处理：取 100μL 待检血清，于 56℃ 水浴灭活 30min 后加入 300μL 25% 白陶土悬液，混匀后于室温作用 30min，10 000r/min 离心 5min，吸取上清液加入 100μL 20% 豚鼠红细胞泥，振荡混匀后于 37℃ 作用 1h，6 000r/min 离心 5min，收集上清即为 1∶4 稀释后的血清样品。

在 V 型 96 孔血凝反应板中，每孔中加入 50μL 生理盐水，红细胞对照孔加 100μL 生理盐水，随后在第 1 孔中加入经处理的待检血清 50μL，混匀后取出 50μL 加到第 3 孔中，依次类推直到第 10 孔弃去 50μL，此时待检血清的稀释度分别为 1∶8，1∶16…1∶4 096。除红细胞对照孔外，每孔再加入 4× 血凝单位的猪细小病毒液 50μL，此时第 11 孔即为病毒对照孔，振荡后于 37℃ 作用 1h，然后每孔加入 50μL 1% 豚鼠红细胞悬液，振荡混匀后置室温下作用 2h，观察实验结果。

【结果判定】 以能够完全抑制 4× 血凝单位病毒抗原的血清最高稀释倍数作为备检血清的血凝抑制抗体效价，当抗体效价在 1∶16 以上时判为猪细小病毒血凝抑制抗体阳性。

【实训报告】 根据实验结果写出实验报告。

技能随堂小考核

考核项目	考核重点	考核内容	分值
病死猪病理剖检	猪尸体剖检程序	1. 尸体剖检方法 2. 剖检注意事项 3. 病理剖检点的阐述	35 20 45
病料采取、包装及送检	采集病料	1. 无菌剪取 2cm×2cm×2cm 脾组织 2 块或无菌采取淋巴结 2~3 个（采取病变组织器官邻近的淋巴结，将淋巴结与周围组织一起采集）放于广口瓶内，加盖，用胶布封口密封 2. 填写并贴上标签，将病料放入冰瓶内冷藏	80 20
病原学诊断技术	猪丹毒和猪肺疫细菌学诊断要点	1. 采集病料 2. 涂片 3. 染色 4. 镜检 5. 分离培养	10 25 25 20 20
	猪疥癣的临床检查和实验室检查	1. 猪疥癣的临床诊断检查 2. 疥癣虫体实验室检查 （1）刮取病料操作 （2）镜检虫体	50 50 25 25
	猪粪便中虫卵检查	1. 直接涂片法 2. 沉淀法操作	50 50
	猪伪狂犬病 PCR 诊断	1. 核酸提取 2. PCR 扩增 3. 电泳 4. 分析结果	20 30 30 20

(续)

考核项目	考核重点	考核内容	分值
病原学诊断技术	非洲猪瘟病毒实时荧光PCR检测	1. 采样及样品处理 2. 核酸提取 3. 实时荧光PCR 4. 分析结果	20 30 30 20
血清学诊断技术	1. 金标快速检测试纸检测方法 2. 对实验结果进行判定和分析	1. 采集待检血清 2. 按试纸要求定性定量操作 3. 结果判定与分	10 50 40
	抗体阻断ELISA法评估养殖场免疫情况	1. 操作步骤 2. 判定结果	60 40
	血凝（HA）和血凝抑制（HI）试验	1. 血凝试验 2. 血凝抑制试验 3. 结果判定	35 35 30

项目三　猪病常用诊疗技术

【技能目标】
1. 掌握仔猪腹腔注射的操作方法。
2. 掌握猪腹股沟阴囊疝的临床诊断方法和手术治疗方法。
3. 掌握猪便秘的治疗方法。
4. 具有服务"三农"的意识，积极主动从事"三农"工作。

技能实训一　仔猪低血糖的腹腔注射疗法

【应用价值】　仔猪低血糖疾病在临床上比较常见。常可造成整窝仔猪死亡。通过腹腔注射温热营养液体得到纠正改善。腹腔注射方法临床上比较实用。

【实训课时】　2学时。

【任务目标】　了解腹腔注射补液的意义，掌握仔猪腹腔注射的操作方法。

【知识准备】

仔猪腹腔注射方法

（1）仔猪低血糖病的发病原因有_____、_____。
（2）仔猪低血糖病的诊断依据是_____。

【材料及用具】　低血糖仔猪1～2头（腹泻或缺奶仔猪）、10%～25%葡萄糖注射液、250～500mL玻璃瓶、30mL注射器、12号兽用针头、5%碘酊棉球、75%酒精棉球、热水、盆。

【方法步骤】

（1）将10%～25%葡萄糖溶液倒入250～500mL玻璃瓶中，加盖，将玻璃瓶置于38℃热水中水浴加温5～10min备用。

（2）由助手抓住仔猪两后肢并提起，使仔猪倒立，腹部朝外，消毒注射部位（注射部位在倒数第二对乳头内外 0.5cm 均可），注入经加温后的 10%～25%葡萄糖溶液 30～50mL（针头向下向内）。拔出针头，消毒注射部位。每天注射 2 次，注射后做好仔猪保温工作，可增强疗效。

【实训报告】
（1）论述仔猪低血糖病的发病原因、症状和诊断依据。
（2）叙述腹腔注射法操作过程。

技能实训二　猪腹股沟阴囊疝的诊治

【应用价值】　猪腹股沟阴囊疝在临床上比较常见，通过手术整复能够得到治疗。
【实训课时】　2学时。
【任务目标】　掌握猪腹股沟阴囊疝的临床诊断方法和手术治疗方法。
【知识准备】
（1）疝由_____、_____、_____构成。
（2）直肠脱也称_____，治疗以_____防止_____为原则。
【材料及用具】0.1%新洁尔灭、75%酒精棉球、5%碘酊棉球、保定架、灭菌纱布块若干、外科手术器械（手术刀、手术剪、止血钳、持针钳、缝针、缝线）、患阴囊疝病猪 1～2 头。
【方法步骤】

1. **临床症状观察**　先将患猪放于地上行走，观察两侧阴囊是否对称以及肿胀程度，然后驱赶患猪，观察肿胀是否增大；再将患猪两后肢提起，观察肿胀是否变化，刺激患猪鸣叫，观察鸣叫时肿胀是否增大，借此可以判断是可复性阴囊疝还是嵌闭性阴囊疝。

2. **手术整复**
（1）保定。倒挂保定。倒挂保定后，压迫疝轮的腹压减小，肠管往往因重力的作用自行复位（可复性疝），即使是不可复性疝，那些不和总鞘膜粘连的肠管也会自行退入腹腔内，使疝囊的体积缩小，皮肤松弛起皱，有利于疝囊的切开，缩短整复时间。
（2）术部。切口部位应选在贴近腹股沟管外环处。
（3）术部除毛消毒。术部剪毛，清水洗净术部，擦干，涂碘酊后用 75%酒精棉球脱碘。
（4）切开疝囊，还纳内容物。皱襞切开法，做一小的皮肤切口，然后再将皮肤剪至所需长度，对皮下组织应用手指轻轻钝性分离，不要弄破总鞘膜，使总鞘膜完全和皮下组织分离，将总鞘膜连同精索（未去势者要连同睾丸）拉出切口之外，如果是可复性疝，可用手指隔着总鞘膜将小肠送入腹腔；如果是不可复性疝，如有粘连，将鞘膜腔切开，分离和鞘膜粘连的肠管，然后将小肠送进腹腔内。
（5）闭锁疝轮。还纳内容物后，将总鞘膜管提起拉直，然后向同一方向捻转数周，紧贴外环处结扎，在结扎线下方 1cm 处，将总鞘膜管剪除（结扎线紧贴外环，可避免术后留下盲腔，通过捻转的方式可避免腹压升高时肠管再次进入鞘膜腔，有利于在疝轮外作结扎线），然后闭锁外环。
（6）缝合切口。清创，用结节缝合法分别缝合皮下组织和皮肤，然后在皮肤创口上涂碘酊。

（7）术后护理。术后保持猪栏干净，注射青霉素 1～3d，3d 内喂半饱。

【实训报告】 写出手术治疗猪腹股沟阴囊疝的方法与步骤。

技能实训三　猪便秘诊疗

【应用价值】 猪便秘在临床上比较常见，通过灌服相应的泻药能够得到治疗。

【实训课时】 2学时。

【任务目标】 掌握猪便秘的治疗方法，了解猪便秘的病因和诊断方法。

【知识准备】

（1）肠便秘也称_____，是由于_____和_____紊乱，肠内容物在肠腔内_____变干变硬，引起肠腔_____的一种_____性疾病。

（2）肠便秘治疗时主要应用_____药或用温肥皂水进行_____以软化_____、疏通肠道。

（3）灌肠时插入肛门的胶管应涂_____插入时不要_____以免损伤_____或造成_____。

【材料及用具】 金属注射器、药匙、硫酸钠、石蜡油、温肥皂水、橡胶瓶、患便秘病猪、5％葡萄糖生理盐水、10％安钠咖注射液。

【方法步骤】

1. 便秘诊断

（1）了解病情。是否饮水不足，或过食粗饲料，或发热，或在猪妊娠后期，或在分娩后便秘。

（2）观察症状特征。口唇干燥，排粪困难，粪干、硬、少，表面附黏液或血液，按压腹部有时能触到大肠内干硬的粪块。

2. 治疗

（1）一般疗法。调整日粮、降低饲料中粗纤维含量，给猪提供充足饮水。

（2）口服药物。

①将硫酸钠 30～80g 拌料喂服。此法对食欲尚好患猪效果较好。

②硫酸钠 30～80g，或石蜡油 50～100mL，加适量温水灌服。此法对少食或不食病猪灌服效果较好。

（3）灌肠。用温肥皂水或石蜡油灌肠。对粪便秘结较重的病猪，在服药的同时结合灌肠效果更好。

（4）强心输液。对粪便秘结较严重且不食的患猪，可用5％葡萄糖生理盐水500～1 000mL 输液，配合注射适量强心药，每日一次，连用 2～3d。

【实训报告】

（1）写出猪便秘的主要症状，分析此病例的发病原因。

（2）根据本病例的病情开 1 个治疗处方。

技能随堂小考核

考核项目	考核重点	考核内容	分值
猪便秘诊疗	1. 猪便秘临床诊断 2. 灌肠	1. 猪便秘临床诊断检查 2. 灌肠操作 3. 药物选用	50 35 15
猪腹股沟阴囊疝诊治	1. 猪腹股沟阴囊疝临床检查 2. 腹股沟阴囊疝手术操作	1. 猪腹股沟阴囊疝临床诊断检查 2. 无菌手术操作规范与熟练程度 （1）保定 （2）术部确定 （3）可复性疝与不可复性疝的确定 （4）缝合与护理	50 50 5 10 20 15
腹腔注射疗法	腹腔注射	1. 腹腔注射部位确定 2. 注射操作	35 65

技能考试综合题

（考核办法：每人考1题，由抽签确定，每题考核时间为10min）

1. 猪瘟疫苗稀释

序号	考核内容	配分	得分
1	阅读疫苗使用说明书，了解其用途、用法、用量和注意事项等	25	
2	检查疫苗	25	
3	按说明书要求稀释疫苗	25	
4	将稀释好的疫苗放于冷藏箱内，冷藏备用	25	
	合计	100	

2. 用已稀释好的猪瘟疫苗给猪免疫接种

序号	考核内容	配分	得分
1	了解猪的健康状况，病弱及怀孕猪暂不接种	25	
2	安装调节好注射器，排净注射器及针头内水分	25	
3	准确吸取疫苗	25	
4	注射：消毒注射部位→注射→消毒注射部位	25	
	合计	100	

3. 采取病猪蹄部水疱液送检

序号	考核内容	配分	得分
1	用清水清洗采集部位	25	
2	用无菌注射器从水疱中抽取水疱液1mL装入灭菌瓶内，加盖，胶布密封	25	
3	填写并贴上标签，将病料瓶装入冰瓶中冷藏	25	
4	填写送检单，尽快送检	25	
	合计	100	

4. 采取病猪蹄部水疱皮送检

序号	考核内容	配分	得分
1	用清水清洗采集部位	25	
2	剪取新鲜水疱皮3~5g装入灭菌瓶内，加盖，胶布密封	25	
3	填写并贴上标签，将病料瓶装入冰瓶中冷藏	25	
4	填写送检单，尽快送检	25	
	合计	100	

5. 采取病死猪（疑似细菌性传染病）病料送检

序号	考核内容	配分	得分
1	无菌剪取 2cm×2cm×2cm 脾组织 2 块或无菌采取淋巴结 2~3 个（采取病变组织器官邻近的淋巴结，将淋巴结与周围组织脂肪一起采集）放于广口瓶内，加盖，胶布封口密封	50	
2	填写并贴上标签，将病料放入冰瓶内冷藏	25	
3	填写病料送检单，立即送检（要求于 24h 内到达）	25	
	合计	100	

6. 识别急性猪瘟、慢性猪瘟、猪喘气病、猪口蹄疫、急性猪丹毒特征病变图片

序号	考核内容	配分	得分
1	急性猪瘟（脾边缘梗死）	20	
2	慢性猪瘟（大肠黏膜纽扣状溃疡）	20	
3	猪喘气病（肺尖叶、心叶、膈叶肉变）	20	
4	猪口蹄疫（口、蹄水疱及虎斑心）	20	
5	急性猪丹毒（皮肤"打火印"）	20	
	合计	100	

7. 测量猪的体温，说出猪正常体温值

序号	考核内容	配分	得分
1	将体温计的水银柱甩至 35℃ 以下，用 75% 酒精棉球消毒，涂石蜡油润滑	20	
2	测温。将体温计插入猪直肠内，保留 3~5min	20	
3	读数（用酒精棉球擦净体温计上的粪便或黏液后读数）	20	
4	测温完毕，将水银柱甩至 35℃ 以下，用酒精棉球彻底擦拭干净，放入体温计盒内	20	
5	猪正常体温值：38~40℃	20	
	合计	100	

8. 采集猪粪便检查猪蛔虫

序号	考核内容	配分	得分
1	从猪直肠内掏取或用镊子夹取新鲜无污染猪粪 30~50g，装入干净粪盒内	50	
2	填写并贴上标签	25	
3	填写送检单，冷藏送检（如运送路途远、时间长）	25	
	合计	100	

9. 采集疑似猪饲料中毒病料送检

序号	考核内容	配分	得分
1	取胃、肠内容物或剩余饲料 20~50g 放于广口瓶中，加盖，胶布密封	50	
2	填写并贴上标签	25	
3	填写送检单，冷藏送检（如运送路途远时间长）	25	
	合计	100	

附录

附录一　高致病性猪蓝耳病防治技术规范

附录二　非洲猪瘟疫情应急实施方案（第五版）

参考文献

安同庆,2017. 我国类NADC30猪蓝耳病的流行现状[J]. 中国猪业,12(11):24-25.

陈学风,2014. 猪病防治[M].3版. 北京:中国农业出版社.

郭坤,高晓娜,罗军荣,等,2017. 猪传染性胸膜肺炎放线杆菌的研究进展[J]. 黑龙江畜牧兽医,(3):59-62.

康笃利,2018. 2015—2017年国内部分地区猪伪狂犬病流行病学调查及猪伪狂犬疫苗免疫增强的研究[D]. 华南农业大学.

李娇,王文秀,谢金文,等,2018. 我国猪流行性腹泻疫苗研究与应用现状[J]. 养猪,(1):110-112.

李婷,2018. 猪肠病毒感染防治[J]. 中国畜禽种业,1:112-113.

任鹏举,李鹏,张秋雨,等,2018. 新型猪瘟疫苗的研究进展[J]. 中国畜牧兽医,45(7):1958-1964.

商雨,温国元,赵宗正,等,2018. 非洲猪瘟研究进展[J]. 湖北畜牧兽医,39(12):16-18.

王建华,2002. 家畜内科学[M].3版. 北京:中国农业出版社.

王桂香,2018. 论述猪肠病毒感染防治措施[J]. 中国畜禽种业,7:117-118.

魏凤,张文通,李峰,等,2018. 商品化猪支原体肺炎疫苗分类及特点[J]. 养猪,(3):74.

张传亮,2018. A型塞内卡病毒的流行、诊断与防控[J]. 中国畜牧兽医文摘,34(6):414.

张文通,魏凤,王金良,等,2017. 猪传染性胸膜肺炎实验室诊断方法综述[J]. 猪业科学,(2):105-106.

张永宁,梅琳,张舟,等,2017. 猪圆环病毒3型研究进展[J]. 东北农业大学学报,48(9):89-96.

张永宁,吴绍强,林祥梅,2017. 塞内卡病毒病研究进展[J]. 畜牧兽医学报,48(8):1381-1388.

赵双成,欧伟业,2018. 猪蓝耳病疫苗概述及免疫效果评估[J]. 猪业科学,35(03):62-63.

庄金秋,梅建国,王艳,等,2018. 猪圆环病毒3型的病原学特征及检测技术研究进展[J]. 猪业科学,35(6):98-100.

子建强,2019. 浅谈非洲猪瘟防治措施[J]. 兽医导刊,(2):119.

Jeffrey J. Zimmerman,Locke A. Karriker,Alejandro Ramirez et al,2014. 猪病学[M].10版. 赵德明,张仲秋,周向梅,等主译. 北京:中国农业大学出版社.

读者意见反馈

亲爱的读者：

  感谢您选用中国农业出版社出版的职业教育教材。为了提升我们的服务质量，为职业教育提供更加优质的教材，敬请您在百忙之中抽出时间对我们的教材提出宝贵意见。我们将根据您的反馈信息改进工作，以优质的服务和高质量的教材回报您的支持和爱护。

地 址：北京市朝阳区麦子店街 18 号楼（100125）
    中国农业出版社职业教育出版分社
联系方式：QQ（1492997993）

教材名称：＿＿＿＿＿＿＿＿ ISBN：＿＿＿＿＿＿＿＿

个人资料

姓名：＿＿＿＿＿＿＿＿＿＿＿所在院校及所学专业：＿＿＿＿＿＿＿＿＿＿

通信地址：＿＿＿＿＿＿＿＿＿＿＿＿＿＿＿＿＿＿＿＿＿＿＿＿＿＿＿＿

联系电话：＿＿＿＿＿＿＿＿＿＿电子信箱：＿＿＿＿＿＿＿＿＿＿＿

您使用本教材是作为：□指定教材□选用教材□辅导教材□自学教材

您对本教材的总体满意度：

 从内容质量角度看□很满意□满意□一般□不满意

  改进意见：＿＿＿＿＿＿＿＿＿＿＿＿＿＿＿＿＿＿＿＿＿＿＿

 从印装质量角度看□很满意□满意□一般□不满意

  改进意见：＿＿＿＿＿＿＿＿＿＿＿＿＿＿＿＿＿＿＿＿＿＿＿

本教材最令您满意的是：

□指导明确□内容充实□讲解详尽□实例丰富□技术先进实用□其他＿＿＿

您认为本教材在哪些方面需要改进？（可另附页）

□封面设计□版式设计□印装质量□内容□其他＿＿＿＿＿＿＿＿＿＿

您认为本教材在内容上哪些地方应进行修改？（可另附页）

＿＿＿＿＿＿＿＿＿＿＿＿＿＿＿＿＿＿＿＿＿＿＿＿＿＿＿＿＿＿＿＿＿

＿＿＿＿＿＿＿＿＿＿＿＿＿＿＿＿＿＿＿＿＿＿＿＿＿＿＿＿＿＿＿＿＿

本教材存在的错误：（可另附页）

第＿＿＿＿页，第＿＿＿＿行：＿＿＿＿＿应改为：＿＿＿＿＿＿

第＿＿＿＿页，第＿＿＿＿行：＿＿＿＿＿应改为：＿＿＿＿＿＿

第＿＿＿＿页，第＿＿＿＿行：＿＿＿＿＿应改为：＿＿＿＿＿＿

您提供的勘误信息可通过 QQ 发给我们，我们会安排编辑尽快核实改正，所提问题一经采纳，会有精美小礼品赠送。非常感谢您对我社工作的大力支持！

欢迎访问"全国农业教育教材网"http://www.qgnyjc.com（此表可在网上下载）

欢迎登录"中国农业教育在线"http://www.ccapedu.com 查看更多网络学习资源

图书在版编目（CIP）数据

猪病防治/陈学风主编 . —4 版 . —北京：中国农业出版社，2019.10（2024.6 重印）
中等职业教育国家规划教材 全国中等职业教育教材审定委员会审定 中等职业教育农业农村部"十三五"规划教材
ISBN 978-7-109-26211-9

Ⅰ.①猪… Ⅱ.①陈… Ⅲ.①猪病－防治－中等专业学校－教材 Ⅳ.①S858.28

中国版本图书馆 CIP 数据核字（2019）第 253188 号

中国农业出版社出版
地址：北京市朝阳区麦子店街 18 号楼
邮编：100125
责任编辑：李　萍
版式设计：张　宇　　责任校对：吴丽婷
印刷：三河市国英印务有限公司
版次：2001 年 12 月第 1 版　2019 年 10 月第 4 版
印次：2024 年 6 月第 4 版河北第 5 次印刷
发行：新华书店北京发行所
开本：787mm×1092mm　1/16
印张：11.75
字数：258 千字
定价：32.00 元

版权所有·侵权必究
凡购买本社图书，如有印装质量问题，我社负责调换。
服务电话：010-59195115　010-59194918